西方城市发展史

卓旻 著

中国建筑工业出版社

图书在版编目（CIP）数据

西方城市发展史 / 卓旻著． —北京：中国建筑工业
出版社，2014.12
ISBN 978-7-112-17555-0

Ⅰ．①西… Ⅱ．①卓… Ⅲ．①城市规划-城市史-西
方国家 Ⅳ．①TU984.5

中国版本图书馆CIP数据核字（2014）第277955号

责任编辑：李东禧 唐 旭
责任校对：李欣慰 陈晶晶

西方城市发展史
卓旻 著
*
中国建筑工业出版社出版、发行（北京西郊百万庄）
各地新华书店、建筑书店经销
北京富诚彩色印刷有限公司印刷
*
开本：787×1092毫米 1/12 印张：20 字数：384千字
2014年12月第一版 2018年8月第二次印刷
定价：58.00元
ISBN 978-7-112-17555-0
（26768）

城市是人类文明的巅峰。当代的发展速度或许可以让城市在短短几十年内就矗立起来，但是那些被称为伟大的城市，无不经过岁月的洗礼。我们希望自己的城市能历经时间而伟大，抑或从伟大变为平庸？当然，伟大绝不是臆想就可以实现的，但想必我们拒绝平庸。城市的面貌多种多样，城市文明却应该是普适性的。不可否认的是，二十世纪以来的城市发展是在以西欧和北美为代表的西方文明的思维方式主导下进行的，而且客观地讲这已经是一个不可逆的过程。在这样的背景下，深入了解西方城市的发展过程是必要的。"以铜为镜，可以正衣冠；以史为镜，可以知兴替。"本书并不试图也不可能提供某种解决城市问题的解药，但当我们足够了解城市历史的时候，相信有很多问题不需要去重蹈覆辙。

空间是将建筑与绘画雕塑区分开来的要素。同样，空间也是将城市与建筑区分开来的要素。在城市研究当中，空间和实体对于城市的构成同样重要。城市发展在不同地区和不同时间有着不同的形式，但是作为一种社会性和综合性的形式语言，西方城市和整个西方社会的历史、艺术、建筑的发展都有着千丝万缕的联系。所以西方城市的发展主线是清楚的，也是可以与相关学科进行横向联系的。但是这条线索并不是直线型的，城市如同人类社会不断在左右两派之间摇摆一样，也似乎永远在理性和感性之间、现实和浪漫之间、有序和混乱之间、单一性和多样性之间摇摆。所以，对于城市的评判很难以对错的标准进行，因为任何城市的展现只是某个历史时段的人类的集体选择而已。当对这一点有深刻的洞察之时，对于城市的看法就会更加客观，也会抛弃掉许多无谓的纠结。

本书对于城市空间发展的介绍包含两条主线。其中一条主线是城市结构模式的发展，这其中主要是三种模式：其一是从村镇联合的形式逐渐发展起来的、依附地形地貌的有机生长的模式；其二是体现殖民社会体制的格网模式，而西方殖民开拓的传统早在古希腊时代就已形成，所以格网模式也具有悠久的发展历史；其三是体现君王或国家权力意志的、讲求图案化的巴洛克式的城市发展模式，这类模式对于中世纪之后的西方大都会城市有着深刻的空间影响。另外一条主线主要聚焦于西方城市当中最具有特色的公共空间，从古希腊的阿哥拉，到古罗马的广场，再到中世纪前期的宗教性城市空间，并逐渐转向中世纪中后期的世俗性城市广场。这条主线相对微观，但对于理解西方城市空间和场所的发展非常重要。除此之外，还有一条隐含的主线，也即是西方城市理论的发展。文艺复兴以来西方学者就一直在思考是否存在某种理想的城市发展模式。随着工业革命的爆发，西方主要城市的近乎野蛮的生长，促使西方学者发展出各种理想化的城市空间发展的理论模型，试图以某种理性驾驭城市的发展。发展到近现代，众多其他领域的问题和城市的空间形式问题交织在一起，西方城市的发展已经脱离传统的空间形式的窠臼。现代城市的发展既体现了巨大的成就，也引发了深刻的反思，城市理论从某种层面来看更多地转化为一种形而上的思辨。所以，本书在后面几个章节逐渐从城市的空间形式转向城市主义理论的讨论。当然限于篇幅和写作逻辑，本书没有对此过度展开。

关于西方城市的发展，众多的西方学者从很多方面已经作了广泛深入的研究，从文艺复兴开始就一直没有间断过。但是每个学者的研究都不可能完全基于个人的经验，所有人无一例外地都是站在巨人的肩膀之上，所以西方学者的研究也是本书的基础。这里不再一一将这些大师们的名字列举，因为如果要罗列这个名单的话，实在过于冗长，而本书的具体内容中也都有所提及。但即便这样，将浩瀚的城市内容归结到一本书中仍是一个艰苦的工作。而学术方面的论著总是越写发现需要涵盖的东西越多。漫长的西方城市发展的每个历史时间段又都有大量的案例可以选取，如何取舍是个颇让人为难的事情，只能尽量选取最有典型意义的案例来加以详细阐述，如有不周到的地方在所难免。另外，要取信于人也就意味着大量文献和资料的收集、重读和引注。如前所述，关于城市研究方面的资料已经过于繁杂，时间久了之后，某些事实已成为记忆的一部分，自己都很难分清出处。但是本书还是尽最大努力进行图文的引注，对于重要的地名和人名也以所在国家的语言进行译注，以让读者更好地了解西方学者的研究。

写这本书的念头由来已久，开始动手写这本书其实已经在七八年前了，大部分的章节也在两三年前已经完成，但是杂事繁多，所以迟迟到今年才最后完成定稿。在此要感谢Marcia Brown女士，她的无私帮助使我受益良多。也要感谢我二十世纪九十年代美国学习期间的导师和著名的城市设计学者Robert Harris教授，他的教导引发并奠定了我对于西方城市的兴趣、阅读和学识。最后，当然要感谢我所热爱的家庭给我的一贯支持。

卓旻

2014 年 11 月 2 日

目　　录

Contents

第一章

CHAPTER 1

城市起源

ORIGINS OF CITIES

Space receives their being from locations and not from "space".
空间从其所处的场所获得存在的意义，而非空间本身。

-- Martin Heidegger, "Poetry, Language, Thought"

在人类文明的发展过程当中，如何获得更好的生存条件是一代代人确定无疑的奋斗目标。从茹毛饮血过渡到冠盖荫庇，是人类发展的一大进步。我们大概可以推测到这样的一个过程，一些早期的人类部落逐渐厌倦了逐草而居的生活，尤其在掌握了初步的农耕技术之后，发现在一些水源充足、土地肥沃的地方定居下来能更好地解决温饱问题。这些早期人类建立的安身立命之所当然远未达到城市的规模和功能，我们称之为"定居点" [settlement]。美国西部的科罗拉多州境内的科罗拉多高原之上的印第安人遗址——维尔第平台岩地 [Mesa Verde]，是人类早期定居点的极好例子。维尔第平台岩地由印第安部落安那萨奇人 [Anasazi] 从大约公元六世纪开始修建并居住，到大约公元十四世纪左右逐渐被废弃。废弃的原因学者和印第安人说法不一，印第安人认为这只是他们历史上持续不断迁移的一环而已。这里有几百处保存尚完整的定居点，每处定居点都以红土砖砌墙围护，里面是成套的居所。其中规模最大的定居点背靠悬崖而建，又称"悬崖宫" [Cliff Palace]，"悬崖宫"有 23 个下沉圆地穴，和 150 间左右的房间，可居住约 100 人。这些定居点内没有相连的街道，没有专门的手工作坊，也没有象征统治意义的权力机构。虽然存在较大的地穴，但很可能只是部落内部商量大事的地方。在这里，人们聚居在一起的目的简单而纯粹，就是为了躲避野兽或是其他敌对部落的侵袭，以提高自身生存的概率。

图1. "悬崖宫"，美国科罗拉多州的印第安人部落遗址，背靠悬崖而建。

人类的雄心当然不仅于此，定居下来的人们自然而然地开始展望一个更宏伟的目标——城市。城市确切产生的时间不得而知，但城市的出现无疑是早期文明的自发结果，城市的出现也标志着人类文明发展史上的一个重要台阶。城市，把这个单词分割开，是"城"和"市"两个不同意义的汉字。如果从汉语的结构来分析，这两个单字看似是并列结构，但其实还有主辅的关系——"城"主"市"辅。城中一定有市，但有市非一定有城。

在人类文明发展过程中，"城"的出现使得原本人类简单聚居的生存空间发生了裂变。古代文明的统治阶层筑"城"以建造王宫和庙宇，原先部落里并不固定的统治和祭祀的权利通过"城"这个载体被固定和制度化了。"城"的空间极大地区别于以前的聚落空间，首先在于它是神圣的、凌驾于其他空间之上的——是圣界 [temenos]。根据城市学家刘易斯·芒福德 [Lewis Mumford] 的研究，"城墙的第一次使用可能是在宗教层面，为了定义圣界的神圣边界，以及不让邪灵接近，而非阻止敌人。"[注1] 所以说，这个由城墙圈围起来的空间带给统治阶层所需的向心力远远超过以前部落里的祭祀场地，可以说"城"不仅是统治阶层的政治中枢，更是民众的信仰所在。而相应的，在古代城市的城墙圈定的区界以内，也通常能找到与周围其他建筑体量相差悬殊的三种巨大的石砌或土坯建筑——仓廪、庙宇、宫殿。这三种建筑代表了控制早期社会所必需的物质、信仰、家园的守护。当然仅有宗教或权力意味的"城"是缺乏发展潜力的，"城"的发展还需要一些刺激因素。"市"，也就是集市。虽然跟在"城"这个字之后，"市"却比"城"的产生要早很多。在人类文明开始专业分工之后，出于交换的需要，就自然而然地出现了集市。这是人们赖以生活和交流的空间，是世俗的空间。没有"市"的"城"是缺乏活力的，也没有发展的动力。只有当"市"出现在"城"里，两者真正结合在一起时，才开始了人类文明真正的城市发展史。同时，我们必须意识到正是因了"城"的存在才赋予了城市空间特定的象征意义，使其区别于别的空间、别的城市。

最早的城市当然和古代文明相关。古埃及是有史可考的人类最早的文明，据信早在公元前三千多年古埃及古王国时期下埃及人就在孟菲斯 [Memphis] 建城，其后因其巨大的墙垣而被称为"白城"[Inebou-Hedjou]。但就考古学意义而言，迄今发现的最早的城市是美索不达米亚平原上的由苏美尔人 [Sumerian] 建立的城邦国家 [city-state]。

据十九世纪中期的考古发现，早在公元前三千年左右，底格里斯河与幼发拉底河流域的美索不达米亚出现了世界最早的苏美尔城邦国家。从外部迁移到美索不达米亚南部干旱无雨地区的苏美尔人很早就学会了利用河水灌溉农田，并且通过疏浚河道建立了灌溉网络。这样的水利工程已经不是单个部落可以完成的了，客观上要求更高一个层次的社会组织来协调出现劳动分工的社会。其中一些苏美尔人部落因为农业的发展而日益强大，周边的弱小部落不得不向这些中心部落凝聚合并以获取生存保障。当这一凝聚过程完成时，这个已经变得非常庞大的且社会结构也逐渐复杂化的中心部落逐渐展现出城市的雏形。

由于地理环境的不同，古埃及的法老可以相对轻易地沿着尼罗河，在城邦出现之前就由上而下地统一埃及并建立王权。而两河流域的开阔平原使统一王权的形成变得非常困难，但这恰恰给当时城市的出现和发展提供了一个绝好的机会。在当时的苏美尔城市内部，如乌尔 [Ur]、乌鲁克 [Uruk]，国王和祭司的权力尽管不能与埃及法老相比，却也已经掌握了足够的资源并有能力控制着自己所在的城邦并发展它。这些城市即使按照现在的标准来看，也已经具有一定的规模。苏美尔城市里集中了政治、宗教、经济的中心，其辐射半径不容小觑。为了不同的目的——或是为了寻求强大城邦的庇护、或是受神灵的感召、或是希望做些小买卖——人们不断迁移到城市并聚居在一起。因为周围缺乏压倒优势的敌人，居住在城墙之内的市民开始了一种原始自治的社会形态，城市内部的社会分工越来越细致而专业，从而发展出一股强大的政治势力，形成了所谓的城邦国家。

差不多相同的时期（古代文明虽然相差几个世纪，但因为地缘阻隔给人的印象往往时间差异不大），古代印度河流域也出现了高度发达的城市文明——摩亨佐达罗 [Mohenjo-Daro] 和哈拉帕 [Harappa]。两个城市分别位于现今巴基斯坦的信德省和旁遮普省，从发掘的文物来看应该是两个高度相似的文明遗址，考古学家据此认为是一对姐妹城。摩亨佐达罗——在信德省方言中又称为"死者之丘"——据考证存在于公元前廿六世纪至前十九世纪之间，远在雅利安人入侵印度次大陆之前，由古代印度河流域文明的原住民建立。虽然年代久远，摩亨佐达罗精确展现了古代印度河流域的高度文明。城市内部的住宅方整带院落，外面的街道有明确的层级——有小巷、也有纵贯城市的宽阔大道。不仅如此，这还是第一个拥有非常成熟的给排水系统的城市：城市内遍布水井，形成一个供水网络；几乎每户人家都有冲凉的平台；不少人家还有用砖砌成的蹲坑和相应的排污管道；整个城市更有内径很大的排水槽可以将污水和雨水带走。1925 年在遗址内挖掘出土的大浴池是一个大约 12 米长、7 米宽、最深处 2.4 米的大型砖砌水池，位于城市中心，大浴池不仅考虑到了供水排水系统，甚至采用了防渗措施，这在当时无疑是一个技术上的奇迹，在古代世界可以说是独一无二的。整个遗址周密的布局和成熟的技术不禁让我们推测摩亨佐达罗或许也是人类第一个在某个规划纲领下建设发展的城市。

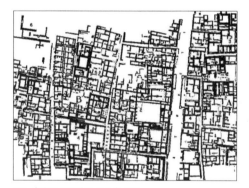  

图 2. 摩亨佐达罗遗址平面复原图
图 3. 摩亨佐达罗城市中心的大浴池
图 4. 哈拉帕复原意象图

除此之外，尽管关山阻隔，古代人类在世界各地独立地发展出各种形态的城市文明，比如古代中国的河南偃师二里头遗址和现墨西哥境内的古代阿兹特克人的特奥蒂瓦坎古城 [Teotihuacán]。但是由于本书对于西方城市空间发展这条主要脉络的关注视角，对于西方世界以外的古代城市文明不作详细介绍。从地缘关系来看，美索不达米亚平原上的城邦国家邻近小亚细亚，而小亚细亚一直以来是东西方民族你争我夺的地区，在古希腊和古波斯争雄之时即不断易手，而在古希腊盛期，古希腊人也在小亚细亚建立了数量颇为可观的古希腊殖民城市，所以两河流域的古代城邦国家或多或少地对于古希腊的城市文明可能有些影响。所以本书将以苏美尔人的城邦国家作为开篇。

乌尔
UR

如果从现在的耶路撒冷到两河流域在波斯湾的入海口之间画上一弯上弦新月，我们通常把这个地带叫作"肥沃新月地带"。从地理位置看，如果人类确实起源于非洲，那这里无疑是人类跨出非洲的第一站绿洲。这里的两条主要河流——幼发拉底河和底格里斯河给这片绿洲带来了肥沃的土地。尽管早期来到美索不达米亚平原定居的族群——苏美尔人——不得不面对年复一年的凶猛洪水，但是一旦服侍好了这两位充满暴力的洪水凶神，这里却是可以安居乐业之处。苏美尔人主要定居在两河流域南部，靠近波斯湾入海口，他们努力控制着这里的洪水——将洪水引入沟渠；将沼泽积水排干；建造堤坝保护村庄。在水资源得以控制并充分利用之后，这里的人类文明迅速发展起来。出于共同生存所需要的互相援助的目的，这里的早期人类聚落经过不断的集中合并，逐渐形成了一种迥异于早期聚落的聚居形态——城市。公元前三千年左右，苏美尔人建立了一系列的城邦国家，有名的如基什、乌尔、乌鲁克，这些是考古史意义上的人类最早的城市群。这些早期城市为古代世界的人们提供了一种前所未有的生活方式。

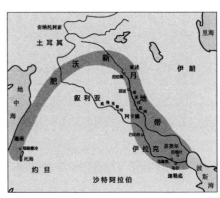

图5. 肥沃新月地带

早期苏美尔王朝就是由这些独立的城邦国家组成，作为最早出现的城市之一，乌尔城据传说是《圣经》里先知亚伯拉罕的故乡。尽管传说不一定确凿，但毫无疑问的这是当时两河流域南部农业、商业、宗教的中心。历史学家也以此城命名苏美尔人的早期王朝——乌尔第一王朝、第二王朝、第三王朝。大约公元前廿一世纪，第三王朝的创立者乌尔那姆 [Ur-Nammu] 统一了两河流域南部的一些城邦，建立了比较松散的中央集权的王朝。集权王朝对于人力和资源的控制使得大兴土木成为可能，从考古发现来看，据信现今两河流域古代城市的遗址大部分发端于其统治时期。当汉谟拉比在公元前十八世纪登上古巴比伦王位之时，乌尔城就已经是个相当古老的城市了。

乌尔城位处古代幼发拉底河的河口（由于几千年的河道改变，现在幼发拉底河与底格里斯河在入海之前已经合流），精于农耕的苏美尔人在城市的周围开发了阡陌纵横的灌溉农田，发达的农业和安定的生活不断吸引着周围的部落移居到这里。可是美索不达米亚平原是个酷热干燥的地方，而通过疏浚河道获得的灌溉水资源又是有限的，当新移民增加到一定程度之后，这里的居民不仅需要他们的神保佑他们每年可以有富余的收成，而且保护他们先前获得的灌溉权利不受侵犯。对于神灵的信仰不仅是对于往生的追求，更是代表着现世的生存保障，所以这里每个城邦都有着自己的保护神。随着城邦间联系的加强和融合，不同的神祇逐渐被联合成一个统一的神系。当然神祇的地位也不是一成不变的，神祇地位的高低则自然地取决于其卵翼之下的城邦的实力。这里的人们，从早期的苏美尔人到之后的闪米特人，都是多神论者，而且显然他们不希望那些已经被他们人格化的神祇遥不可及，而是希望神祇就在他们之间，因为和神在一起不仅荣耀而且安全，就这点而言早在村落时期已然如此。而当这些最早的城市出现时，城市就不只是自然和人类社会的分界，更是神祇的界域，一个没有神祇存在的城市是不可想象的。凡人的界域和神祇的界域——这两类不同属性的领地在乌尔城相互依存。

图6. 卫星图上的乌尔城遗址和考古复原平面图的叠加
（黑灰色线条为内城和外城的墙垣所在位置）
图7. 巴比伦时期的乌尔城考古复原平面图

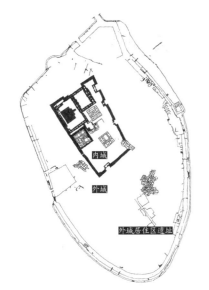

内城

外城

外城居住区遗址

圣界
THE TEMENOS

　　乌尔城以同心圆的形式分为内城和外城两部分，乌尔城的保护神是月神那纳 [Nanna]。作为主神，理应得到独立的居所和不间断的侍奉。作为城市中至高无上的神祇，那纳的神庙在乌尔的城市景观中占据了最显著的位置。神庙坐落在巨大的有阶梯的台座上，这个台座就是我们现在还能看到的被称作观象台 [Ziggurat] 的建筑。紧邻那纳神庙集中了城里所有最重要的建筑，包括高级祭司们日常居住的神庙和王室人员居住的宫殿。苏美尔人同时建造了城墙把这些建筑都包围在里面，从而形成了乌尔的内城圣界。可惜的是，内城除了观象台因为其巨大的体量而保留了下来，别的所有建筑物和外城的住宅区在公元前二世纪因为战乱被破坏殆尽。

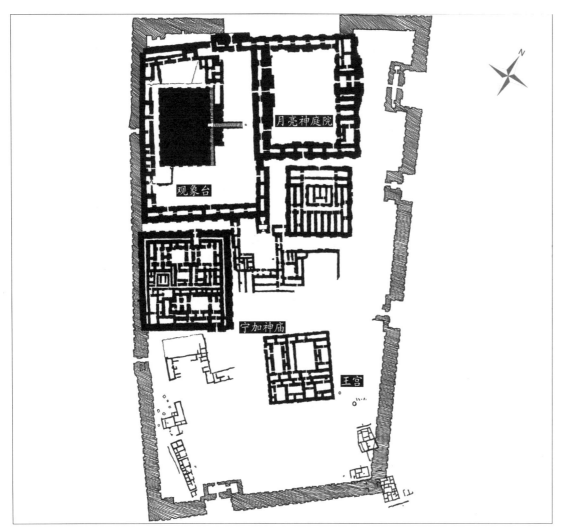

图8. 乌尔城内城平面

观象台

观象台——作为当时宗教活动的中心主体，是一个向内收缩的三层阶梯的大台座。台基实体由晒干的泥土砖砌成，表面则是由烧制过的泥土砖贴面。最低一层的占地大概在 60 米 x45 米，高 15 米，保存得很好，墙壁向内有个小的倾角。到上面，第二层只剩下台基的外缘还保存着，第三层就只看到内部的基础了。三个连续几百级台阶的阶梯——一个垂直，

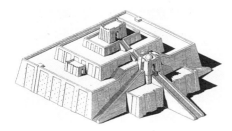

图9. 观象台复原意象图

另两个紧靠着台基——构成平面 T 字形的组合从地面通向第一层台座的顶部，然后中央的阶梯通过一个门厅继续向上通往现在已经消失的二三层台座和最上面的那纳神庙，这是乌尔的僧侣们向月亮神庙进发献祭的道路。"大型神庙的矗立，以其建筑学体量和象征意义的震慑，封印了（神权同王权的）这个联盟……古老庙宇的重建或恢复不只是形式上的虔诚，而是必要的合法性延续的建立，实质上是对圣殿和宫廷之间古老'盟约'的重新确认。"[注2]

在观象台的一层台基侧面还布满了小洞通向基座核心，每个小洞里面都是破碎的瓷片，考古学家相信这些是起排水作用的排水管，这也意味着观象台的上面极大可能还有花园或种有花草树木。或许观象台就是之后古巴比伦时期的传说中的空中花园的原型。

整个观象台坐落在自己的一个平台之上，周围有着单独的围墙把这个平台围合起来。与处在空旷的沙漠之中没有任何遮挡的古埃及金字塔不同，观象台的建造者们对于体量膜拜的观察距离并不太在意，而更看重的是和凡人领地的区分。沿着围墙是一圈有分隔的小房间，这些房间的作用不得而知，很有可能用来收藏祭祀用的器物或是通过战争从别的地方掠夺的财物。在这个平台之前，是另外一个由围墙围合的空间——月亮神庭院，沿着墙壁也是一圈小房间。

图10. 观象台整修前照片
图11. 观象台整修后照片

神庙和王宫

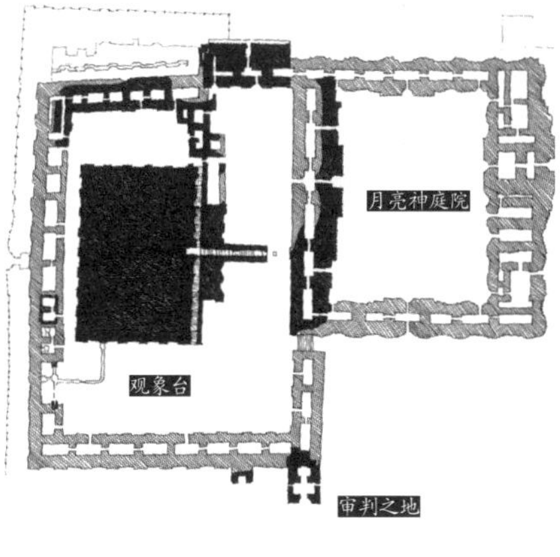

在观象台平台的南面是紧邻的祭司神庙 [Giparu]，和观象台之间仅隔了一条铺装步道。这是一个建筑综合体，是侍奉月亮神那纳的仆人们——他的妻子宁加 [Ningal] 和他的高级祭司们的日常生活起居的处所。从外表看，这是一个令人生畏的建筑物：79 米 x76.5 米见方，厚重的双层砖墙围合，塔楼坐落两侧，入口巨大，看上去简直像是一个城堡了。双层砖墙之间是一条狭窄的通道，围绕着神庙的三个周边，并且横贯中间，把神庙分成两大块。神庙的两部分都有自己的入口，并且对着中间的通道也都开有门洞。神庙的西北翼是高级祭师的住所和只有祭司们可以对宁加进行祭祀的小神庙，甚至包括祭司们的墓地；而东南翼则是向公众开放的大宁加神庙。

图12. 乌尔城内城观象台和神庙的复原平面图

祭司神庙再向东南方向不远，是另外一个稍小的方正的综合体 [E. hursag]，据信是王宫的所在。

圣界只有一个出入口，位于观象台平台的东南角，根据门枢的插口里的铭文，在当时是"审判之地"。司法对于当时的美索不达米亚人是个非常重要的概念，是两河流域文明的基石。这里的文明保留下来了数以万计的法律文件，第三王朝的创立者乌尔那姆就已经颁布了人类第一部法典——乌尔那姆法典，之后巴比伦王朝的汉谟拉比法典则是人类第一部比较完整的成文法典，这些法典的出现从一方面佐证了私有经济在当时的社会生活中已经占有重要地位。对于城市而言，很重要的是，司法公正必须在城邦的保护神——也就是最终的司法审判官——的前面执行，所以通向圣界的入口即是城市的"审判之地"。

凡界
LAND OF MORTALS

乌尔城的城墙之内除了内城之外到处都有居住区，但是从考古的发现来看，整个城市的发展显然没有经过事先的规划，而是经历了一种自发随机的扩张形式。乌尔城内发现了不止一条的主要道路贯穿城市而最终导向内城，毫无疑问当时必定有大量的人流携带着食物供给和手工业产品奔走在这些主干道路上，为内城的神庙和宫殿提供日常所需。这里的街道狭窄曲折，非常不规整，但这对于古代苏美尔人适应当地的地理气候环境却起了莫大的作用。两河流域的天气冬冷夏热，到了夏天酷热难当的时候，狭窄的街道配以建筑物立面上伸出来的凉篷远比宽阔的大道更能提供庇荫之处；而在严寒的冬天，狭窄的街道又可以显著降低那些突如其来的寒风和沙暴的力量。著名的考古学家莱昂纳德·伍利爵士﹝Leonard Woolley﹞指出这些古代美索不达米亚城市的外观一定很像今天的被城墙围合的北非城市。不超过八英尺宽的狭窄巷道构成了城市的交通网络。巷道内的住宅外墙都是没有窗子开向巷道的，但是这些住宅的内部却是宽敞的内庭院。沿着蔓延的低矮的平房向远处望去，是高耸的观象台上的陡峭锥塔主宰着城市的一切，就像现在的北非城市的清真寺的尖塔支配着穆斯林城市一样。

这些主要巷道所分割出来的街区都达到了一定规模，以致于有很多住宅坐落在街区中央，要出入这些住宅不得不经过一些非常狭窄的小巷。每个街区不仅有住宅，还有各种不同功能的建筑物，如商店、手工作坊、宗教场所。其中有一条特别狭窄歪曲的街道在形态上甚至已经和现代没什么两样了，沿街的房屋是不同的手工艺作坊的门面，而在街道转角处甚至是一个餐馆。

乌尔城不是一个经过事先规划而发展起来的城市，所以整个城市没有任何卫生设施的存在。因此，城市的竖向发展据推测是个非常有趣的过程。每户人家每天产生的生活垃圾非常简单地就被遗弃在道路中央，久而久之这里的道路就被不断抬高。而乌尔的居民却有他们的办法来解决这个问题，他们会相应地不断加高门槛来挡住道路上的垃圾，同时增加台阶来进出原本是与街道齐平的自家住宅。可是这个办法是治标不治本的，一到雨天，两河流域经常泛滥，洪水会轻而易举地把乌尔居民常年累月扔在道路上的垃圾冲进他们的住宅。而且不断加高的门槛总会有一天高到让人觉得再也难以忍受用那种钻老鼠洞的方式来进出自己家门了，这时候就是乌尔居民重新造他们的房子的时候了。他们把当初的围墙敲掉上半部，剩下的就当作新房子的地基，重新开始一轮发展。

住宅

乌尔居民的住宅基本上使用了相同的形制，除了在大小和具体的平面安排上有一些差异。这里的居民基本上都围绕着一个内庭生活，门厅、起居室、客人房、厨房、茅房、供神室等各种不同用途的房间围绕内庭布置，而比较私密的卧室都在二楼。内庭的地面向内倾斜，中央是一个带有下水的方形蓄水池，很有可能周围房间的屋顶也是向内倾斜通过内庭来排泄雨水的。从一层平面来看，周围房间都是没有窗的，如果有临街的窗的话，也只可能在二层了。这种外墙像堡垒一样的形式不但非常适宜当地的气候，而且很好地保证了内部的私密性。因为乌尔城的街道是那么的狭窄，如果再有临街的窗户的话，那街道空间和住宅空间将被彻底模糊，这对居民和行人都会是一种无所适从的感觉。

图13. 乌尔城外城街区平面图1
图14. 乌尔城外城街区平面图2

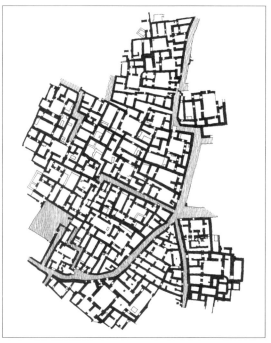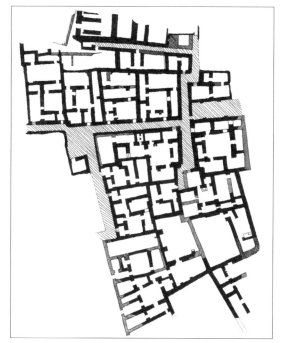

神社

乌尔城居民的信仰中有很多神，他们相信生活的任一方面都有特定的神掌管着。内城的观象台所供奉的月亮神那纳更多地代表了整个城市和统治阶层的意志，对于居民日常的宗教生活显然距离太远。为了满足日常的宗教需要，他们崇拜很多低等级的世俗的神祇。不像内城的那纳神庙和宁加神庙，供奉这些神祇的神社对于大众相当开放。乌尔城居民是相当虔诚的，考古发现的居住区内的神社都处在类似十字路口这样的显要位置。

神社的基本形式类似民宅，通常包含一个小庭院，而一个放置神龛的小房间一般正对神社大门，庭院周围可以设置不同功能的房间。街区里的神社和住宅连在一起，但也不难区分。神社的入口要比普通民宅的入口大得多，而且这些入口通常有很多装饰，门口两侧还有守卫的恶魔石雕。对于神社的建造，乌尔的居民没有像造自己的房子那样将就，他们把神社普遍建得高于道路平面，这样即使路面不断的抬高也不会使得神社看上去像民宅那样凹陷在道路两侧。

在供奉观象台上的主神月亮神的同时，这里的每个居民看来很可能还隶属于次一级的某个庙宇和神祇，并且要为这个神祇效力，这点似乎可以从居住区里的神庙的密度来佐证。每座神庙所统领的一个社区从外观形式上看就好像是现代的一个邻里单位 。

商店

乌尔城内还存在着相当数量的商店和手工作坊。通常来说，这里的商店是一条狭长的建筑物，临街是个不大的店面，后面是作坊和储藏室。这种"前店后坊"形式的平面在现在的阿拉伯地区的集市里仍旧非常普遍。乌尔的居民对于城市的发展采取了动态的态度，他们并不拘泥于现有的状况。乌尔城的商业越来越发达，只要有所需要，这里的居民会毫不犹豫地把他们的临街住宅改造成商业单位。

总结
CONCLUSION

可以说，居住在美索不达米亚平原上的人们充满活力和创造力，尽管刚开始的城市生活还比较单调，但是他们能够破天荒地开始这样一种生活，并能基本上满足居住的需要，这已经是一步伟大的跨越了。同时他们也是随性的人，这点完全可以从他们逐年抬高那日益被垃圾占满的街道体现出来。但对于这些刚开始接触城市生活的人来说，这也无可指责。

美索不达米亚人的宗教信仰是神圣的，祭祀的时候他们追随着祭司的引导登上观象台之巅向天神顶礼膜拜；他们的信仰又是融入世俗的，散落于街道各个角落的小神庙提供了人们可以随时接近神祇的场所。从某种角度看，美索不达米亚人的街道空间同时提供了早期人们在城市居住所必需的精神性和物质性的双重要求。这样一个混杂了各种功能的空间是有机的，也是富有生命力的。

可惜的是，精于水利的古代苏美尔人只知浇灌而不了解土地中的盐分必须用充足的水加以稀释并疏导出去。千百年的浇灌农业使得当地的地下水层的盐分逐年加浓，并最终侵入地表层使得土地盐碱化。随着北方古巴比伦人的兴起，这些两河流域南部的早期城市逐渐被废弃。但是这些早期城市在城市形态方面无疑为之后在美索不达米亚平原出现的城市提供了原型。因为地缘关系和文明的传播，我们进而可以推测古代两河流域的城市对于古希腊这个近邻在城邦自治或城市发展方面或许也有着相当大的推动作用。

CHAPTER 2

古希腊——奥林匹斯山下的城邦

ANCIENT GREECE - CITY STATES BY MOUNT OLYMPUS

He who is without a polis...is either a poor sort of being, or a being higher than man.

没有城邦的人……要么是可怜的人，要么高于凡人。

-- Aristotle, "Politics"

古代希腊文明的影响远远超出了古代希腊的疆界，可以说奠定了整个西方文明的基石。对于西方的建筑和城市空间发展而言，同样可以追溯到古希腊的形制。

与两河流域的干燥酷热和沼泽洪泛交织的地理环境相比，居住在希腊半岛和小亚细亚之间的爱琴海地区的古希腊人过着一种完全不同的生活方式。或许正是这里独特的气候和地理环境造就了灿烂的古希腊文明。海岛的地理特征决定了耕地的稀少；但是，这里不缺阳光和沙滩、葡萄酒和月桂——古希腊人有的是享受生活的时间，他们生活在太阳神阿波罗和酒神狄奥尼索斯所交织的理性和自由的世界当中。

古希腊文明据信最早起源于克里特岛 [Crete] 的爱琴文明，考古发现证实了爱琴文明与古埃及和古代两河流域的文明有着密切联系。爱琴文明实行的是王权制度，所以平民并没有太多集会讨论的权利，讨论国家大事的权利被包括国王、贵族、僧侣的少数精英阶层掌握着。在米诺阿 [Minos] 时期，王宫不仅是国王的居所，更是提供了一个被当时的精英阶层用于议事和活动的社交中心。克里特岛上现在还能看到米诺阿时期的克诺索斯 [Knossos] 王宫遗址。遗址中央是个开敞的内庭，主要的宫殿都是围绕着这个中央内庭布置。在这个庄重而堂皇的内庭，米诺阿的贵族阶层不仅在这里议事，也进行着各种社交活动。

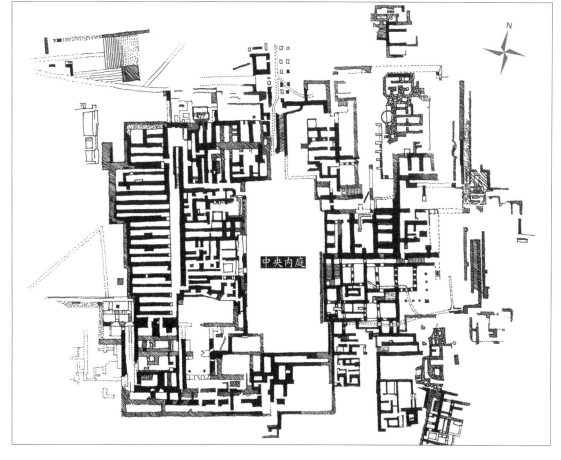

中央内庭

图1. 克诺索斯王宫遗址卫星图
图2. 克诺索斯王宫遗址平面图

克里特岛上同时期的法伊斯托斯 [Phaistos] 王宫的平面和克诺索斯王宫几乎如出一辙。从遗址平面来看，王宫内部有一系列的门厅、接待厅、国事厅等房间，但相较之下，视线的焦点不在任何一个内部房间，而恰恰是这些房间所围绕的一个开敞的中央内庭。这个内庭呈长方形布置，尺度颇大，几乎与它西侧的宫殿占地相同，而且四周极可能有敞廊围绕。贵族阶层的生活即使在早期文明如米诺阿时期也不是平民们可以享受到的特权。但是其后的古希腊民主制度的发展使得公民权利的重要性日渐凸显，而米诺阿时期王宫的宫殿内庭很可能就是之后希腊各城邦兴起的阿哥拉 [Agora] 的原型。

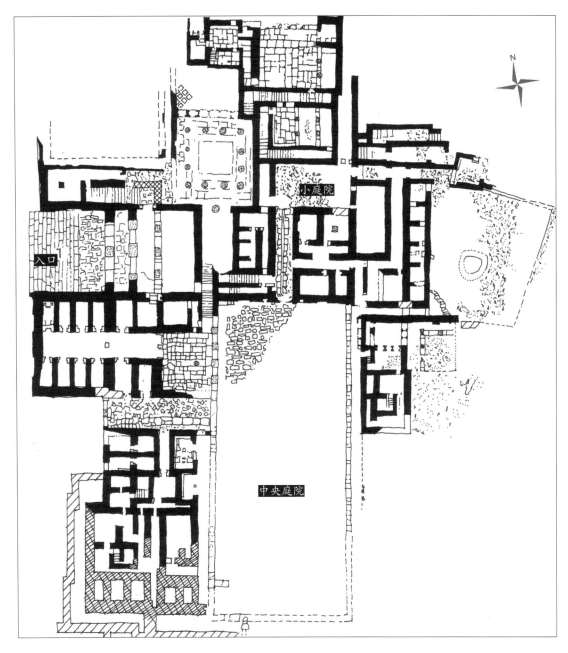

图3. 法伊斯托斯王宫遗址平面图
图4. 法伊斯托斯王宫遗址卫星图

爱琴文明在大概公元前十五世纪的时候可能因为异族的入侵而突然消失了。在今天的希腊本土，也就是希腊半岛的东北角，崛起了一个新的文明——迈锡尼 [Mycenae] 文明，可以说迈锡尼文明和克里特文明是一脉相承的。荷马 [Homer] 一生所写的两部史诗——《伊利亚特》[Iliad] 和《奥德赛》[Odyssey]——吟唱的就是这一时期的故事：迈锡尼国王阿伽门农出于称霸爱琴海的野心，在弟媳海伦被特洛伊王子帕里斯拐走后，统领希腊联军经过十年围城攻下了小亚细亚的名城特洛伊 [Troy]。迈锡尼文明到公元前十一世纪前后被另一支北方游牧民族——多利亚人 [Dorian] 摧毁，接下来的是长达三个世纪的"黑暗时期"。到公元前八世纪左右，在今天的希腊以及以希腊为中心的整个爱琴海甚至地中海地区，古希腊城邦开始迅速发展。

古希腊城邦在发展初期与其说是一个城市，不如说是周围村庄的聚会地。根据刘易斯·芒福德的分析，"古希腊城市就是典型的这种村庄的联合，或者说是村镇联合……但是城市的凝聚力从来就还不够完备，而城市的统治也并非绝对。"[注1] 那时的城市如果说存在着些许凝聚力的话，那必是宗祠或是神庙的所在。对于分散居住且没有太多共同利益的古希腊村民而言，能够让附近若干村庄的人同时进行一项建设活动，这项建设活动必然和他们的共同信仰有关。所以古希腊的城市建设或许可以更确切地被理解为宗祠或神庙的建设。而古希腊人的城市生活也应该主要是由敬神仪典派生出来的活动，起码初期应该是这样的。这也就是神庙成为我们对于古希腊文明的第一印象的原因。

在古希腊城邦联盟的中心——雅典 [Athens]，最早的定居点可以追溯到公元前三千多年。作为古希腊的中心，这个城市有着高贵的神话起源。根据古希腊的神话传说，智慧女神雅典娜和海神波塞冬为了争夺雅典的主神地位而展开了竞赛，看谁能带给雅典人所需的礼物谁就获得该城的保护权。波塞冬用他巨大的三叉戟猛击岩石，从岩石中涌出一股泉水，但这是一股盐水泉；而在雅典娜的矛下却生长出一棵象征和平和繁荣的橄榄树。雅典人选择了雅典娜的礼物，雅典娜因此成为雅典人的保护神，雅典也从此以雅典娜为名。雅典娜在古希腊奥林匹斯诸神中与众不同，她是天神宙斯和智慧女神的女儿，所以她既是女战神也是智慧女神。而她的出生更为殊异，宙斯将她的母亲吞入腹中，而得了严重的头痛，然后请求火神将其头颅打开，而女神正是在这时从宙斯的头颅中跳出来，披坚执锐而光彩照人。雅典娜在希腊化的世界中得到广泛的崇拜，她的出生隐喻了远古时期希腊地区文明的融合（代表力量的宙斯吞掉智慧女神），和新的文明的诞生（兼具力量和智慧的雅典娜的诞生）。远古时期的古希腊城市——如雅典的诞生和命名或许也正是这一融合的写照。在决定了共同的神祇之后，对于雅典娜的共同膜拜决定了共同的圣祠毋需重复建造。可以想见雅典周围的不同部落的村庄为了有效地抵御更大范围的敌对势力对于圣祠的侵扰，而开始了雅典卫城 [Acropolis] 的建设。卫城依山而建，从山门往上经过一系列的神庙来到卫城之巅，即是著名的帕提农神庙 [Parthenon]——供奉着雅典人共同的保护神雅典娜。作为周围众多村落的精神核心和圣界，卫城提供了雅典城市发展的凝聚力。每逢收获或是战争，雅典的公民们必定来到这里祈求雅典娜给他们带来丰收和胜利。

图5. 古希腊陶器上的雅典娜从天神宙斯头顶诞生的神话故事

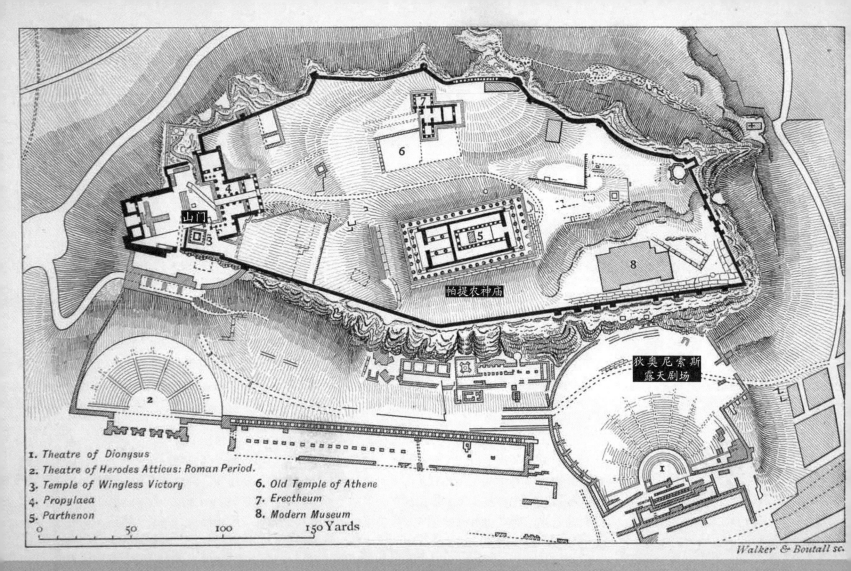

山门

帕提农神庙

狄奥尼索斯
露天剧场

1. Theatre of Dionysus
2. Theatre of Herodes Atticus: Roman Period.
3. Temple of Wingless Victory
4. Propylaea
5. Parthenon
6. Old Temple of Athene
7. Erectheum
8. Modern Museum

0   50   100   150 Yards

Walker & Boutall sc.

不管是出于对神祇的崇拜，对丰收的渴望，抑或是对死者的纪念，祭祀和仪典是古代文明包括古希腊城邦生活当中重要的一部分。除了古代文明常见的血牲祭供之外，古希腊人发展了一种独特的祭礼仪式，这类仪式如同地中海的阳光一样，以一种愉悦神祇和人类自身的方式发展和演变。

古希腊的村庄每年都要进行和酒神或丰收之神狄奥尼索斯相关的庆祝活动，酒神节是一个非常古老的节日庆典。祭司在仪典的过程当中，往往身着酒神特殊的服饰，使用具有象征意义的特殊的形体语言和声调，以营造神与观众之间的分界。久而久之，这种对立状态产生了"表演区"和"观众区"的明显分界。随着娱乐元素渐渐地从宗教仪典中独立出来，戏剧在古希腊诞生了。酒神节日的固定仪式"酒神颂"逐渐演化为悲剧这一表演形式，而喜剧则起源于节日最后的狂欢。同时，希腊人为他们的文化活动创造了一种新的建筑形式——露天剧场 [amphitheater]。沿袭宗教仪典中的祭礼和观演的分界，露天剧场包括表演区和观众席。表演区主要是剧场中央的一个圆形区域，演员们在这里跳舞和吟唱，乐池中央往往有个祭坛，据信是为祭祀狄奥尼索斯所造。乐池后面还有一个名为"景屋"[skene] 的建筑，早先演员们在里面更换服装和面具，逐渐地这个类似帐篷一样的临时结构演变成带有柱式的两层楼高的建筑，而且两侧有门让演员进出舞台，有些景屋甚至还有可上人的屋顶以便演员们登上去扮演奥林匹斯山上的众神。观众席通常利用山坡地势逐排升高，环绕在乐池周围。古希腊的露天剧场规模颇大，其大者可容纳一万多名观众。

戏剧作为一种源出于宗教仪式的活动，其表演场所露天剧场和神庙一样是具有某种精神投射性质的场所。公元前六世纪左右——早在卫城建设新的雅典娜神庙之前，雅典人就将原先在阿哥拉广场上举行的酒神节庆典中的戏剧相关的部分迁移到了卫城东南方向山角的酒神庙前。顺着卫城的南坡，这里建起了雅典最早的狄奥尼索斯露天剧场 [Amphitheater Dionysus]，并在之后的几个世纪逐渐完善起来（西南方向山脚处的另一处石砌剧场是古罗马共和时期建造的露天剧场）。对于古希腊人而言，参加艺术活动的重要性不亚于参加公民大会。一旦悲剧成了古希腊人民生活的一部分，人们就会特别严肃地对待它，一部新剧的上演和选举同等重要，其意义远远超过生活当中的消遣。

而希腊人另外一种纪念活动——面对死亡的仪典——则演化出另外一种富有生机的生活方式——体育竞技。面对死亡，希腊人不仅希望安慰死者的灵魂，更重要的是希望死者的

图8. 雅典卫城东南方向山脚的狄奥尼索斯露天剧场遗址

亲友能分享死者的荣耀或力量并激发生者更好地活下去。于是古希腊人尤其是英雄或国王的葬礼活动往往演变成独特的丧葬赛会。荷马史诗在其第一部史诗《伊利亚特》的第23卷中几乎用了一章记载了希腊英雄阿喀琉斯为他的密友帕特洛克罗斯举行的丧葬赛会。在完成好友的火葬堆之后，阿喀琉斯挽留住众英雄进行了包括战车、拳击、赛跑、铁饼等在内的竞技比赛，并拿出三角鼎、大锅、骏马、牡牛等作为获胜者的奖品。这是最早用文字记载了这一祭祀竞技的哀悼方式。

这种出于哀悼的竞技赛会逐渐演变成全体古希腊人的运动会，公元前776年，在伯罗奔尼撒半岛西部的奥林匹亚[Olympia]举行了人类历史上最早的运动会。作为献给宙斯的一项庆典，古代奥林匹克运动会对于古希腊人而言是神圣的，最早的竞技场遗址紧靠宙斯神庙和赫拉神庙的东侧，众神之父和天后的神庙周遭的空间无疑属于圣界，竞技场即在圣界之内。随着时间的推移，竞技运动的参与范围也越来越大，竞技场逐渐向东迁移，在公元五世纪初移出圣界到现在的位置，但是仍然与圣界以一条带拱门的石砌甬道相连以宣示竞技运动天生所拥有的神性。奥林匹亚的竞技场长约212米，宽约28米，现在四周是修葺整齐的覆盖青草的小斜坡，可以容纳几万人观看比赛。奥林匹克运动会每四年举行一次，以纪念众神之父宙斯。除此之外，众多的希腊城邦有着自己的赛会，如德尔斐[Delphi]举办的纪念太阳神阿波罗的皮提恩[Pythian]运动会，科林斯[Corinth]举办的纪念海神波塞冬的伊斯特弥恩[Isthmian]运动会，尼弥耶[Nemea]举办的纪念宙斯的尼弥恩[Nemean]运动会。以上四个赛会统称泛希腊运动会。

图9. 古希腊陶罐上的奥林匹克竞技

每当奥林匹克运动会举行之时，任何希腊人都可以在神的庇护下自由旅行，而不必受到敌对方的拘捕或伤害。因为运动会的实质是一种朝圣行动，而任何对于朝圣者的敌意行为即是对于神祇的冒犯。在这些竞技比赛的影响下，竞技场这一新的建筑形式逐渐进入古希腊的城市。这类往往是封闭长矩形的场地常位于法国梧桐的小树林中，四周是绿茵如碧的缓坡，安静而祥和，甚至闲散。

图10. 德尔斐的阿波罗神庙圣界遗址卫星图，内含神庙、露天剧场、竞技场等古希腊重要纪念设施。
图11. 德尔斐的奥林匹克竞技场入口遗址
图12. 德尔斐的奥林匹克竞技场场地遗址

在希腊中部的帕那索斯山脚有一个著名的希腊古城德尔斐。德尔斐在希腊神话中是宙斯亲定的世界中心，在古代希腊城邦中地位尊崇。在古代希腊，这里也是泛希腊的太阳神阿波罗的圣界，并以阿波罗的神谕之灵验闻名于古代希腊各城邦。墙垣围护的圣界区域的中心是在体量和面积上占据压倒地位的阿波罗神庙，圣界的西北角是紧邻神庙依山而建的剧场。竞技场显然因为对于场地尺度的需求而不在圣界之内，但是其所处的高过阿波罗神庙的山顶的独特位置仍然让其脱离于凡界之外，仿佛处于世界之巅，与奥林匹斯山的诸神近在咫尺。

我们从希腊神话中可以了解到古希腊神祇众多而且有着很强的人格特征。对于这些如同凡人一样有着七情六欲的神祇们，古希腊人自然地将对他们的崇拜发展成各种带有强烈世俗倾向的节日。而这些节日所特有的、最初完全属于圣界内的仪式和行为，又继续被古希腊人改造成具有神性和人文双重特质的、原始但充满激情的城市生活——戏剧和竞技。通过这种具有双重性的城市活动，古希腊人不仅试图印证神的存在，也将自己的信仰很好地传递到了他们的世俗生活，并以一种更有生命力的方式延续着，而城市的发展也不再局限于共同宗祠的建造这一推动力。

朝圣路上的阿哥拉
ATHENIAN AGORA

古希腊人是一个既崇尚理性又向往精神自由的民族，他们以理性的方式思考着自身和世界，同时也发现过分强调自我意志和自我控制的理性反而会使生命失去它本应该具有的许多重要意义，并且会使生活失去它应有的许多光彩。古希腊人长期的乐享生活的方式使得他们厌恶王权和集中统治。公元前六世纪初的梭伦 [Solon] 改革为雅典建立了第一个民主制度，除了奴隶之外雅典各个阶层的公民都有权利进行投票。到了公元前五世纪，伯利克里 [Pericles] 把这个民主制度推向了高峰，对内扩大了公民的参政范围，对陪审员发给津贴，使得最穷的人都有机会参与这个民主制度。这个时期可以说是希腊文明的黄金时期，希腊城邦的统治者不再是某位国王，而是全体公民。在这样的一个民主制度之下，城市里的世俗空间被提升到了与寺庙宫殿所在的圣界同等重要的地位。此时城市不仅要为公民提供一个被城墙保护的居住空间，更重要的是要为所有享有公民权的希腊人提供一个场所——让他们能够大声发表自己的意见或是进行全体公民可以参与的社交活动。

对于早期雅典而言，尽管这里是泛雅典公民的"聚会之地"，但是"古老的村庄要素看上去比城堡要素要强得多"。[注2] 这点从早期雅典的城市格局可见一斑，雅典城占统治地位的是独立的用于满足宗教仪式的卫城，除此之外只是和周围村庄联系的道路。"希腊城市在其形成阶段中从未中断过和附近乡村或村庄的联系：每个季节都有潮水涨落般的人群涌入或迁出城市。"[注3] 但正是卫城这样一个终极目的的存在，连接其和附近乡村的道路——即雅典娜节日大道 [Panathenaic Way]——变得异常重要。而经年的大量人口流动使得这样的圣道从"朝圣之路"愈来愈向世俗功用靠近。

附近村庄的公民从西北方向过来，沿着雅典娜节日大道绕过最后一个山丘就可以看到近在咫尺的卫城。大道自然是绕过山丘之后通向卫城山门的最短的直线道路，这样和山丘的山脊线形成了一个角度，两者之间自然形成了一个三角空地，可以让人在登卫城朝圣之前稍事修整。远在高处的卫城的雅典娜神庙注定是祭祀和膜拜的中心，但在靠近圣界之处，有这么一块得天独厚的背靠山峦且交通便利的场地，自然地这里成为雅典市民聚会交谈和节日庆典的场所。经过长达几个世纪的开发，这里最终形成了雅典的市民广场和市政中心——阿哥拉 [agora]。阿哥拉在希腊语中的含义是"聚集之地"，最早出现在《荷马史诗》的篇章当中，它是古希腊城邦的心脏，政治、商业、管理、和社交的聚焦点，宗教，司法和文化的中心。雅典阿哥拉的遗址是美国古典研究学会在二十世纪三十年代考古发掘完成的，根据当时考古队中的建筑师约翰·屈伏洛斯 [John Travlos] 所作的各时期阿哥拉详细的平面图，我们粗略地将阿哥拉从形成到盛期大致分为以下三个阶段。

阶段一，阿哥拉的成形

　　雅典城的建设可以说始于卫城，雅典人很早的时候就在卫城的高处修建了雅典娜神庙。这个时候的雅典只是古希腊城邦当中平凡的一员，所以通向卫城的雅典娜节日大道除了祭祀雅典娜的日子之外或许并不是太热闹。尽管如此，这条"朝圣之路"的周边，自然成为了市民们建造一些神庙和市政设施的最为合理和便利的场所。随着卫城作为雅典的精神中心的确立，雅典娜节日大道上的这块三角地也跟着发展起来。雅典人在大道的西边沿着山脚先是零零星星地修建了几座市政建筑：其中南边的是老议事厅，北边是几座小神庙。此时如果将这块三角地称为阿哥拉似乎还不恰当。但无疑这块空地提供了雅典附近村庄的公民一个极好的集会场所，而靠近交通便利的朝圣之路也为朝圣者提供了一个顺便进行货物交换的可能性。

　　雅典随着其海运贸易的发展逐渐繁荣起来，同时公元前五世纪开始，雅典在领导古希腊城邦联盟抵抗波斯人的战争中逐渐确立自己在希腊城邦中的霸主地位。虽然波斯人一度侵入雅典并对城市大肆破坏，但是雅典人带领整个希腊城邦同盟取得了整个战争的胜利。作为胜利者和联盟的霸主，雅典人在卫城的高处——被破坏了的雅典娜神庙之地——重新修建了美轮美奂的神庙以纪念这位雅典的保护神对城市的护佑，这也是我们现在所看到的雅典娜神庙的遗址。随着卫城的逐渐成形并且成为整个希腊城邦联盟的中心，在通向卫城的雅典娜大道和它西边的小山丘之间的这块三角地也陆续出现了更多新的建筑。

　　首先是山丘之上的火神庙 [Hephaisteion]（火神庙曾因神庙内英雄忒修斯的雕像而被误称为忒修斯庙）的落成。火神是奥林匹斯山的十二主神之一，同时又是雅典保护神雅典娜的接生者（他以斧子劈开宙斯的头颅将雅典娜带到这个世界）。火神庙在雅典的地位可能仅次于卫城的雅典娜神庙。火神庙的体量以及所在的较高的地势在这块三角地确立了空间秩序的统治地位，别的建筑围绕着它陆续落成。沿着火神庙确立的视觉轴线，雅典人在山脚处建了大阶梯，雅典公民可以坐在这里观看这里发生的一切活动。大阶梯两边分别是宙斯柱廊 [Stoa of Zeus] 和议事厅 [Bouleuterion]，从而形成了类似山门的入口空间。柱廊是为纪念战胜波斯人而建的，平面布置和火神庙呈垂直关系而和山体平行，好似在山脚设置了相当长的水平线，在视觉上拉长了作为火神庙基座的稳定感。新的议事厅盖在老的议事厅后面，议事座呈半圆形顺着山势逐级而上凹在小山丘内。紧邻议事厅的南面是圆庙休息厅 [Tholos]，其圆柱体造型很好地平衡了火神庙所定义的水平向空间。这块被雅典娜节日大道和山体所大概界定的场所已经初具雏形，接下来要完成这个公共空间的最终定义，南柱廊 [South Stoa] 作为这一空间的最后一个主要的建筑构成因素，很自然地被放置在它所处的位置。

　　至此，这块三角地从一块自然地形脱胎换骨，形成一个完全人为的、有着明确空间结构和统治轴线的不规则围合空间，现在我们可以公平地称之为阿哥拉。朝圣队伍如往常一样贯穿这个空间，但与以往不同的是，更多的雅典公民和城邦联盟的人将聚集在柱廊里或广场上观赏这个仪式。靠近古希腊的精神中心——卫城——这一优越的地理位置也使得这

图13. 雅典阿哥拉雏形时期的素描图，画面左上角即雅典娜节日大道的终点——雅典卫城。约翰·屈伏洛斯[John Travlos]绘。

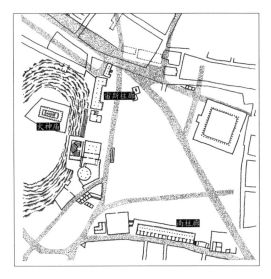 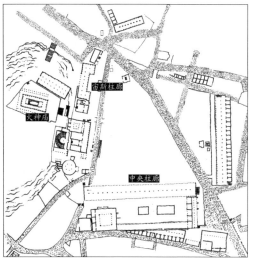 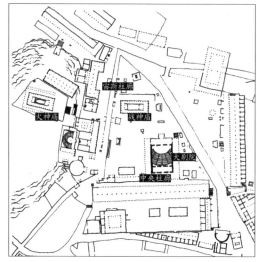

里成为雅典公民甚至是来自全希腊城邦的商人们的贸易交换的场所。不过,作为公民的广场,阿哥拉的存在并不依赖于市场。刘易斯·芒福德认为,"通常,市场是消费者聚焦在一起的副产品,而消费者聚焦起来不只是为了做生意,而是有许多其他原因……在其最原先的形态,阿哥拉首先是一个闲谈的场所;而且可能没有一个市场不将消息和意见的交流和货物的交换置于同等重要的地位,至少过去是这样。"[注4] 阿哥拉的实质是雅典人议事、宣讲、聚会之地。苏格拉底曾经每天站在这刚完工的宙斯柱廊和他的学生柏拉图或者路人探讨伦理道德。这里不仅是雅典的民主萌发地,也是古希腊哲学的产房。卡米洛·西特 [Camillo Sitte] 将阿哥拉描述为"天空之下的市政聚会之地"。[注5]

阶段二,城市重心的转移

雅典和斯巴达之间的伯罗奔尼撒战争最终以希腊人的失败告终,但是两个城邦都没有从战争中得利。倒是另外一个希腊城邦马其顿在北方崛起,年轻的亚历山大大帝东征西讨,不仅统一了希腊各城邦,更是建立起一个横跨欧亚非的帝国。亚历山大在位时间短暂,他的帝国也在他去世之后即刻分崩离析,但是马其顿的征伐和统治迅速地将希腊文化统一起来,并向非希腊地区传播。同时近东的文化也逆向希腊本土渗透,不同的文化在希腊本土开始交融。这段时期又称为希腊化时期 [Hellenistic]。希腊化时期是雅典阿哥拉的全盛发展期。这个时期统治者的权力越来越集中,使得他们可以和小亚细亚的东方帝国的皇帝一样有能力大兴土木,而城市自然成为展示他们权力的最好舞台。统治阶级所喜爱的壮观堂皇的类似仪仗队列般的强调重复和秩序的美学倾向也充分体现在建筑物单体以及相互的空间关系上。

老的议事厅在公元前二世纪被自然女神庙所取代。自然女神庙长长的柱廊提供了与宙斯柱廊类似的水平向基线,很好地补充了山脚位置的横向基座感,两者合而为一为火神庙在视觉上提供了一个完美的水平基座,同时两者所夹的通向火神庙的通道空间的指向性变得更加强烈,这使得火神庙在阿哥拉的空间统治地位更加凸显。

阿哥拉的南边，老的南柱廊被重建了，并且转了一个小角度，同时在它北面又新建了一个新的中央柱廊 [Middle Stoa]，两个平行的柱廊之间形成了一个狭长的南广场。中央柱廊缩小了阿哥拉的尺度，增加了围合感。同时在雅典娜大道对面，阿塔洛司柱廊 [Attalos Stoa]落成之后，它以类似中央柱廊的尺度很好地围合了阿哥拉东面的边界。中央柱廊和阿塔洛司柱廊不仅为这块雅典市民的生活中心地带提供了强有力的建筑围合，而且两者简洁却极有韵律的建筑语言同时也突出了阿哥拉西边围绕火神庙的中心地位。此时，这块原先的三角地成为一个较为规整的四边形广场，同时一条朝圣之路斜贯整个广场，就这样原先的一条无名道路边上的一块无名空地成为了城市的主要节点广场。广场上所有这些建筑尺度各异、造型各异、建造时间相距几百年，却能够以统一的风格有秩序地组织起来，是成功营造出这个市民广场活跃气氛的关键。随着阿哥拉空间构图的完整围合和市政功能的逐渐完善，雅典市民的精神信仰所在或许已经从卫城的高高在上的雅典娜神庙慢慢地转移到了这个世俗却充满生活乐趣的市民广场阿哥拉。

图17. 古罗马时期的雅典阿哥拉鸟瞰图，皮特·德·永 [Piet de Jong]绘。

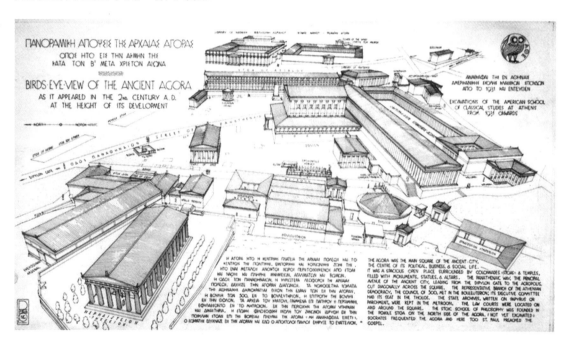

阶段三，罗马化的衰落

公元前二世纪前后，随着罗马的兴起，古希腊各城邦国家逐一被罗马共和国吞并，雅典也不例外。罗马的强大统治力使得原先各个地区之间的贸易障碍被彻底清除，像雅典这样的大城市，随着工商业的发展，城市生活日益繁荣。同时这座古城的形象也开始向所有罗马共和国的殖民城市靠拢。

雅典人不得不调整着阿哥拉的形态以适应新的政治现实和生活需求。战神庙 [Temple of Ares] 在阿哥拉的最佳位置——宙斯柱廊前面——矗立起来，战神是罗马人的主神，是罗马人扩张的象征，战神庙的出现在很大程度上开始了重新塑造阿哥拉的过程。除了新添加的建筑，罗马人还在广场上新加了他们喜欢的喷泉、水池、雕像等小景观。原先阿哥拉毫无视觉阻隔的开放空间渐渐消失了，取而代之的是一种混合而带着强烈冲突意味的空间形式。这样的转变很难评价好坏，或许只是体现了一种生活方式随着时间推移而做的改变，但是古希腊阿哥拉特有的那种质朴的空间感确实无疑地被罗马化的繁缛给掩盖了。

其后在中央柱廊北面邻接而建的大剧院 [Odieon] 给阿哥拉带来了极大的负面影响。为了容纳大量的市民，大剧院体量巨大而略显笨拙，而且直接伸向阿哥拉。它的出现吞噬了一大块广场空间，使得原先就已经被战神庙所挤压的阿哥拉在尺度上失去了和周围建筑的平衡。同时，原先在整个阿哥拉空间中占统治地位的火神庙被大剧院完全压制了，阿哥拉有序的空间被打乱。罗马帝国后期,阿哥拉走向衰落,直到公元267年随北方蛮族的入侵而被彻底破坏。

图18. 阿哥拉与雅典卫城关系的卫星图（阿哥拉部分为1975年卫星图与现状叠合）
图19. 阿哥拉遗址的1975年卫星图

古希腊城邦的发展带来了不断增长的人口，同现代城市一样，古希腊城市也会遇到城市资源和空间不足以负担急剧膨胀人口的问题。每当城市人口超越这个城市所能承受的极限，希腊人往往会派出一支殖民队伍到外部世界寻找新的合适的落脚点。获益于高超的航海技术，古希腊人得以扬帆出海到达地中海周边的地区定居，从西西里到小亚细亚都出现了古希腊人的殖民地。这些殖民者是些远离家园而寻求新落脚点的人们，面对新的自然环境，他们的殖民方式就是以他们所熟悉的的城市模式对被殖民环境进行改造。

就城市的发展而言，希腊本土城邦的发展——类如雅典或德尔斐——是被一种由内向外的自发的社会合力所驱动着，城市以一种自然而有机的方式生长变化。但当面对没有任何宗教属性或财产权利的新世界，故乡那种经历了几个世纪的土地分割方式变得毫无意义。这里，没有神的属地，如果愿意的话当然可以界定一个；也没有那么多人来竞争土地，大家可以进行公平的分配；唯一要紧的是毕竟远离故乡需要尽快安顿下来，那么殖民地当然需要以最短的时间建设完毕。在这样的一种情况下，古希腊人的殖民地城市走向了一种人为主导的发展方式，棋盘式的方整布局自然成为一个简单方便的选择。或许如同最早的那些傍水而建并有机发展的城市一样，人类的理性选择自然就应该会产生这么一种以棋盘格式布局的城市形式。更早的印度河流域的城市文明和两河流域的苏美尔城市文明也都出现过规则形状的街区。但这些城市和早期的古希腊殖民地城市都不能称为规划意义的格网城市，因为公共建筑和居住建筑并没有被很好地区分开，除了出于交通便利的考虑而布置了直的街道之外，不同性质的城市空间并没有内在的逻辑联系。古希腊早期的殖民城市和这些东方更古老城市的巨大差别就在于城市空间逻辑的建立，尽管布置相对松散，但是明确地规定了神庙和阿哥拉在城市当中的位置，而城墙之内的剩余土地则通过格网平均分割成小块街区分配给第一代的开拓者。

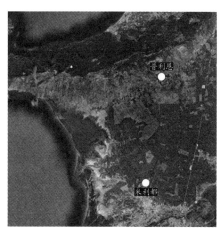

图20. 在爱琴海沿岸小亚细亚的古希腊殖民地城市，下为米利都，上为普利恩，岁月流逝，两个城市之间的米利都湾早已因河流泥砂的沉积而变成一块沉积平原。

公元前十世纪左右，爱琴海沿岸的爱奥尼亚 [Ionia] 部落的居民不断向小亚细亚——现土耳其境内的安纳托利亚半岛迁移，这些希腊人沿着半岛的西海岸线建立了不少的爱奥尼亚城邦，其中比较有名的有米利都 [Miletus] 和普利恩 [Priene]。爱奥尼亚城邦是希腊本土之外具有较强军事、经济、文化实力的希腊城邦联盟，古希腊柱式中的爱奥尼 [Ionic] 柱式即发源于这个地区。作为爱好航海贸易的希腊人的天然选择，米利都和普利恩在古希腊时期都是拥有天然良港的港口城市，两者隔海相望。但是岁月流逝，两个城市之间的米利都湾早已因河流泥砂的沉积而变成一块沉积平原，也正是这个原因两个原先的港口城市变成了内陆城市而最终被废弃。

米利都
MILETUS

　　米利都是在赫悌 [Hittite] 帝国遗留下来的城市基础之上重新修建而成的，是小亚细亚地区爱奥尼亚人最大的殖民城市之一，但是因为靠近波斯帝国所以一直属于波斯帝国的势力范围。公元前五世纪初爆发的希波战争以波斯失败并且承认小亚细亚的希腊城邦的独立而告终，但是许多希腊城邦包括米利都遭到战火的摧残而需要进行重建。这给古希腊人希波丹玛斯 [Hippodamus] 提供了一个极好的机会来倡导他的城市规划的理念。希波丹玛斯在对土地进行较精确测量的基础之上，对早期的希腊殖民地城市的布局方式进行了总结，并将其应用到格网城市的规划实践当中。他在小亚细亚一带规划或帮助建设了几座城市，其中他的家乡米利都是其主要的城市规划。

　　米利都的规划人口是 1 万人，考虑到这个数字只是针对有选举权的城邦公民而不包含女人和奴隶，米利都的实际人口应该达到 4 万～ 5 万人。城市占地 250 英亩左右，这个面积相比周围的一些小型殖民地城市大好几倍，所以米利都也有充足的城市用地允许新来人口获得居住土地，以此达到城市的有秩序发展。刘易斯·芒福德对米利都的城市空间布局进行了以下的描述："这种米利都式的规划几乎自动地引入了两个其他因素：宽度一致的街道和尺寸基本一致的城市街区。城市自身便由这些标准化的街区单元组成：这些街区间的矩形空地，被用作阿哥拉或神庙，其结果也就是一些空旷的街坊。如果这个形式秩序被小山或弯曲的海湾打破，也不会通过改变规划模式来做适应地形的努力。伴随这个方案的是功能的明确和对于便利性的重视：所以阿哥拉被移向滨水区域，以靠近进港的船只和仓库。"[注6]

　　殖民地城市的主要商业活动被置于阿哥拉广场这一界定的范围之内，这是一种新型的城市空间。与雅典阿哥拉的有机不规则的形式不同，这些也被称为爱奥尼样式的阿哥拉通常被围合成整齐的长方形空间，周边或至少三边是带敞廊的店铺。敞廊的柱式所带来的视觉连贯性在规则空间中得以强化，这里的广场空间以一种更充满秩序感的方式体现了殖民地城市之"城邦" [polis] 含义的发展。与雅典卫城 [Acropolis] 与生俱来而拥有的神性有所区别，殖民地城市已经将作为精神中心的圣界转化成与市民生活更为接近的市政中心。这里是展示人们社

图21. 米利都遗址卫星平面图
图22. 米利都的阿哥拉遗址

会生活的基本要素的场所，所以通常占据了城镇的重心和最显著的位置。移民到外域的希腊人也带来了他们钟爱的戏剧和竞技，剧场和竞技场一般也被放置在靠近城市中心阿哥拉的一个非常接近的范围之内。

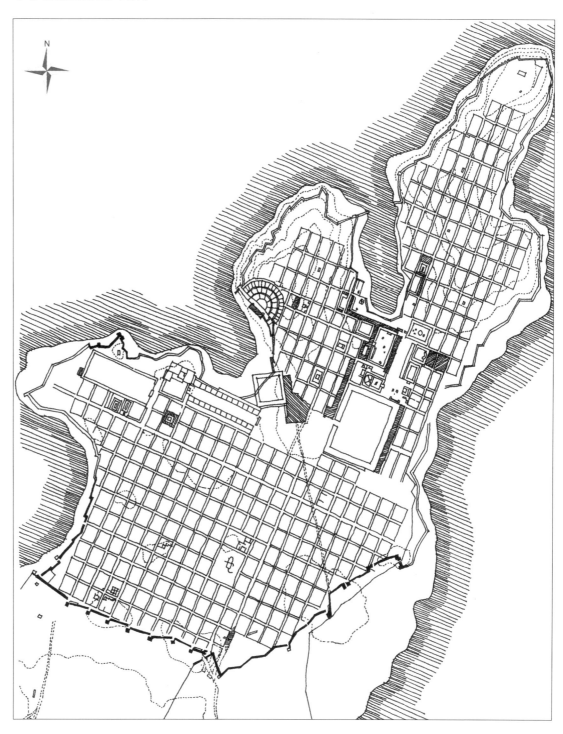

图23. 米利都平面图

普利恩
PRIENE

普利恩的规模相较米利都要小很多，高峰期的人口也没有超过 6000 人。普利恩坐落于陡峭的山地，按常理而言并不适合格网城市。但是格网城市在古希腊城邦制度的影响下，似乎不仅是因为适合外域城市快速建设的原因，而是融合了城市规划议题的一个正确的政治选择。所以，普利恩同样采用了希波丹玛斯倡导的棋盘格网来规划城市。城市的主要街道为东西走向，和山地的等高线平行，以最大限度地减少梯差。干道大约 20 英尺宽，垂直的南北道路大约 10 英尺宽，有台阶。这些街道所分割出来的每个邻里街区有四户人家，居住环境并不算宽裕。城中心是典型爱奥尼样式的阿哥拉广场，矩形的广场位于大道的一侧，四周也是环绕着列柱敞廊，城市的主要道路没有阻碍地横穿而过，所以广场并不显得那么封闭。

格网城市帮助古希腊人在移民过程中以最快的速度征服当地的自然环境，"它对于地形的漠视，对于泉水、河流、岸线、树林的漠视，恰恰使得它在一块殖民者在很久一段时间内不可能有办法去充分开发利用的土地上，为他们提供最低限度的秩序基础方面更为令人赞赏。在最短的时间内，一切被置于控制之下。这一最起码的秩序不仅是将大家置于平等的地位：最重要的，它使外来的陌生人可以像老居民一样觉得如同在家乡一样。在一个充斥着水手和外国商人的贸易城市，这一在心理定位和心理认同方面的缓解作用是一笔巨大的资产。"[注7] 那些来自家乡的建筑形式和城市空间的样本——阿哥拉、露天剧场、竞技场——通过格网城市的复制，成为殖民地城市的标准配置，而古希腊文化也籍此精确地被复制并向外延伸。

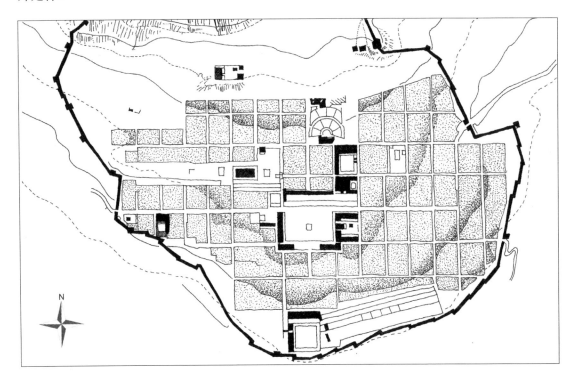

图24. 普利恩平面图

CHAPTER 3

古罗马——条条大道通罗马

ANCIENT ROME - ALL ROADS LEAD TO ROME

Rome wasn't built in a day.

罗马非一日建成。

-- John Heywood, "English Proverb"

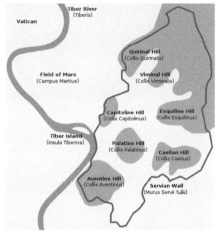

图1. 罗马城的象征——罗马城的奠基者和哺育他们的母狼

图2. 台伯河与罗马七丘的位置关系图

当古希腊的文明沉浸在民主政体和哲学思辩的同时，跨过爱奥尼亚海，西方世界另一个伟大的文明——古罗马——在亚平宁半岛上的台伯 [Tiber] 河边孕育发展。相传罗马人的祖先是特洛伊战争时从小亚细亚逃离出来的特洛伊人。罗马城最初建在景色秀丽的七座山丘之上，故称为"七丘之城"。根据传说，罗马是由一对由母狼哺乳长大的双生子所建，他们的母亲是台伯河边一个古老王国的公主，在她的叔叔篡位之后被迫发誓成为守贞的女祭司，然而她与战神马尔斯相恋并生下这对私生子——罗慕洛 [Romulus] 和雷慕斯 [Remus]。兄弟俩的出生威胁到了叔父的王权，于是他们被遗弃在台伯河边，而河水上涨，将摇篮漂到七丘之一的帕拉蒂诺 [Palatino] 山脚，被一只母狼救起并以狼奶哺育长大。兄弟俩成年后，杀死篡位者，并在当初得救之地建立新城——也就是罗马城。罗慕洛为它奠基时，赶着公牛和母牛，犁了一道不深的沟，便算作罗马的城界；在准备开城门的地方，把犁子抬了抬，便作为城门的通道。就真实历史而言，罗马城在创建的初期，应该不过就是由几个村庄结盟形成的小小城邦，与包括古希腊在内的其他地中海地区的小城邦并无多少区别。

罗马诞生的初期处在一个强敌环伺、危机四伏的地理环境之中，整个罗马的发展史也是一部罗马的征服史。北方是存在已久的据信也是源自小亚细亚的伊特拉斯坎 [Etruscan] 城邦联盟；而古希腊人的殖民队伍也成批地进入西西里和意大利南部地区并建立起众多的殖民地城市。罗马人首先分而击破北方的伊特拉斯坎城邦联盟，结束了这个最早的亚平宁本土文明的历史，但同时也吸收继承了这个文明。从出土文物的比较当中我们可以从很多方面看到古罗马文明当中的伊特拉斯坎文化基石。从公元前五世纪前半期开始，古罗马人结束王政统治，建立了罗马共和国，国家由元老院、执政官和部族会议三权分立。以高度组织性和纪律性著称的罗马军团经过几百年的东征西讨，共和国的领土面积由意大利中部逐步向南扩张。罗马人首先吞并了南部和西西里的希腊化城邦，接着通过两次布匿战争彻底扫除了与其争霸地中海的北非迦太基 [Carthage] 文明，进而击败马其顿并控制了整个希腊半岛上有着悠久历史的古希腊城邦，成为统治地中海沿岸大部分地区的霸主。但是，当时的希腊文化在地中海领域的影响仍旧是占据绝对统治地位，从小亚细亚到伊特拉斯坎，甚至包括罗马自身在内的地中海沿岸或大或小的地区文明都和古希腊有着极深的渊源，早期的罗马在古希腊人的眼中更无异于蛮荒之地。所以很自然的，在罗马以武力征服了希腊的同时，希腊也以其文化征服了罗马。从希腊俘虏的奴隶被罗马贵族争相任命为子女的家庭教师，罗马人以希腊文化的继承者自居，将希腊神话、诗歌和戏剧移植到自己的文化当中并据为己有。

北方伊特拉斯坎文化对于工匠传统的重视和沿海希腊文化对于精神和形式的追求在古罗马交汇，形成了古罗马文明的两大基石。伊特拉斯坎文明在手工艺方面的突出成就对于古罗马在建筑工程学和艺术装饰领域的发展起着一种本能的指引作用。以精湛的石砌工艺为前提的古罗马建筑所特有的拱券结构，是在伊特拉斯坎文明在石工方面的成就基础上发展起来的。同时罗马人高度崇尚希腊文化，热衷于学习古希腊人的生活方式，所以也承袭了古希腊人的建筑形式，并以此为荣。从神庙到公共建筑——剧场、竞技场、浴场——罗马人的生活方式和建筑形式无一不带有明显的希腊痕迹。当然罗马人也不是简单的模仿，而是深刻地融入了本土伊特拉斯坎的文化特质，体现出古罗马人所特有的一种同他们的生活和荣耀相一致的美学形式。这其中的区别就如同希腊和罗马的古典柱式，古希腊柱式相对敦实的比例显得简朴而典雅，而古罗马柱式则普遍加上基座显得更加修长而高大，让人一眼就能感受到罗马当时的财富和光辉。

　　城市建设方面，罗马人是伟大的工程师。从建城伊始，罗马人就必须面对台伯河的洪水问题，同时罗马人的生活方式需要大量的清洁生活用水以供给日常饮用和洗浴。在水利设施方面的建设能力决定了罗马城的发展潜力，古罗马的城市系统在引水排水方面做得非常出色，甚至可以说令人艳羡。高架引水桥 [aquaduct] 是古罗马人的重要工程成就，引水桥不是古罗马人的发明，但古罗马人在其境内的城市中，只要在可能的情况下都会建设高架引水桥，将洁净的水从远处引入城市。这项被古罗马人标准化了的城市设施极大地提高了古代城市的卫生水准。不夸张地说，在此后的一千多年里，西方世界的城市卫生水平未能超越古罗马的城市。从另外一个角度来看，罗马人对于自然的驾驭使得他们对于城市和环境更倾向于采取一种主宰的姿态。英国城市学者雷蒙德·昂温 [Raymond Unwin] 这样比较古罗马人和古希腊人对于环境和规划的态度："希腊人愿意改变建筑布局以适应地形；而罗马人宁愿改变地形以适应他们的布局，凿开巨石平整土地的事情为了完成工作而不在话下。"[注1]

图3. 古罗马城十一条引水道中最长的一条马尔西 [Aqua Marcia] 引水道的一处饮泉

图4. 古罗马高卢境内的高架引水桥加尔桥 [Pont du Gard]

　　共和国时期的罗马对于希腊文化的崇拜随着罗马政体的改变而渐渐消退。公元前 44 年恺撒 [Caesar] 成为罗马的终身独裁官，但同年即在元老院遇刺。他的侄子屋大维 [Octavian] 统一了因恺撒遇刺而分裂的不同势力，之后强行迫使元老院授予他"奥古斯都" [Augustus] 的称号，开始了罗马的帝国时期。古罗马人在城市建设和建筑方面的美学标准逐渐让位于对于帝国荣耀的追求。古罗马人曾经从希腊化城镇中学到了基于实践基础的美学形式，类如米利都规划形式中的各项重要内容——形式上封闭的规则广场、广场四周连续的建筑，宽敞的通衢大街、两侧成排的建筑物，还有剧场——古罗马人都按照自己的方式进行了进一步的发展，而结果就是创造出比古希腊人更加华丽而雄伟的形式。罗马的城市尺度是以帝王广场 [Fori Imperiali]、大浴场 [Thermae]、大斗兽场 [Colosseo]、高架引水桥来衡量的，这些建筑是只有在奴隶制日益昌盛的罗马才可能实现的。在帝国的中心，"希腊人的肌肉—大脑（运动和思想）文化让位给了罗马人的宽大的脏腑（享乐）文化：清雅的雅典食谱被终日的最大尺度的欢歌盛筵所取代。"[注2] 这很形象地概括了帝国时期古罗马人的生活风格，城市建设中的一切都是围绕着他们对于奢华生活的追求。在古代世界，罗马是唯一的。对于罗马帝国的上层人士来说，要想过好的生活就必须永远居住在罗马，这就如同现在西方那些贪恋纽约、巴黎、伦敦的"上层人士"一样，因为只有大都会城市才能给予他们所需的光怪陆离的享受和刺激。

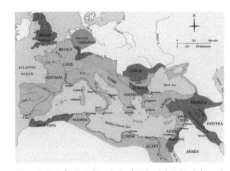

图5. 古罗马帝国疆域，由浅到深分别为恺撒时期、屋大维时期、图拉真时期的版图。

罗马的广场
ROMAN FORUM

罗马广场
FORUM ROMANUM

公元纪年开始之前后，罗马已然成为西方世界的中心，而罗马的圣山康皮多利山丘 [Campidoglio] 下那弹丸之地——罗马广场 [Forum Romanum] 自然就是这中心的中心。罗马广场不仅是古罗马宗教和政治活动的中心，也是地中海一带的贸易最终汇集的商业中心。更重要的，它还是罗马联盟的精神象征。

康皮多利山丘是罗马七丘之一，是其中最小的一个山丘，但也是古罗马人最早定居的地方，并随着罗马城的扩张而渐渐成为罗马的圣山。康皮多利山丘之于罗马犹如卫城之于雅典，山顶之上的神庙称为康皮多利三神庙 [Capitolium]，供奉的是古罗马人所崇拜的最高天神组合——朱庇特、朱诺、密涅瓦，三者分别是古罗马神话中的众神之王、天后、智慧女神，这里是罗马的圣界所在。圣山的山脚下原先是一片沼泽，古罗马人凭着发达的水利技术将其抽干并加以整修，大约在公元前六世纪成为市场和集会之地。

径直穿过广场的是罗马城的"圣道" [Via Sacra]。起先古罗马人只是在节日沿着"圣道"组成行进队列向康皮多利山丘进发向神祇献祭。随着罗马共和国的扩张和执政官对于彰显战功的追求，"圣道"逐渐成为古罗马的荣耀之路。古罗马的执政官以昂首阔步带领自己的军团走过这条圣道接受罗马市民的凯旋欢呼为梦想，然后登上圣山康皮多利山丘感谢"众神之父"朱庇特保佑罗马人取得了胜利。凯旋式随着帝国实力的膨胀越来越隆重，整个凯旋式的高潮部分从靠近现在的大斗兽场这头的提图思凯旋门 [Arcus Titi] 开始，穿越整个广场，在通过塞提米乌斯凯旋门 [Arcus Septimius Severus] 之后向圣山康皮多利山丘往上延伸。当凯旋队伍沿着"圣道"进入广场，伴随着广场上人群的巨大欢呼声，走在凯旋队伍最前方的执政官的荣耀在此刻达到顶峰。从这点来看，罗马广场似乎从诞生之日起就是为了共和国时期的执政官和帝国时期的皇帝接受欢呼而存在的。如果说雅典的阿哥拉广场体现了早期的民主政治体制，那么罗马广场无疑代表了强权；如果说阿哥拉广场清雅而充满着哲学奥义，那么罗马广场辉煌并且极度炫耀着罗马的实力。

我们在这里将罗马广场的发展分为四个阶段来加以详尽的审视。

罗马广场最早或许起源于圣山康皮多利山丘的山脚处的——位于"圣道"的东侧——几块现在用栏杆保护起来但看来毫不起眼的"黑石"[Niger Lapis]。黑石看上去年代久远，据说这里是埋葬罗马的奠基人罗慕洛的神坛。根据传说，彼时罗慕洛的敌对部落占据着康皮多利山丘，两个部落就是在黑石所在的地方进行谈判并组成了罗马最早的联盟。而这个集会谈判的地方也就成了罗马城最早的发源地——"议事之地"[Comitium]。在现在广场的另一端，据说罗慕洛之后的国王在这里建造了宫室[Regia]和圆形的灶神庙[Aedes Vestae]。灶神是掌管烟火和家庭的处女神，是最贴近罗马人生活的神祇，所以灶神庙的祭坛上燃烧着圣火，终年不灭，由一群出身高贵且终身不嫁的贞女们看护。宫室和灶神庙体量很小，和康皮多利山丘遥相呼应，国王和祭司的权力范围在宫室和圣山之间的场地上形成交集，这里自然成为古罗马最早的集市场地。在罗马进入共和体制之后，元老们在"议事之地"又建造了最早的议事大厅——元老院[Curia]。"议事之地"成为古罗马举行公民大会的场所，古罗马政治家在这里向市民们畅抒己见和相互辩论。每次召开元老会议之前，首席元老总要在这个集会广场寻找并试图发现一些征兆——有什么雀鸟飞过或一些不寻常的事——以此来判断众神的态度是赞成还是反对。在罗马广场成形之前，罗慕洛神坛和元老院已经界定了罗马城的中心。元老院是罗马的权力执行地，而近在咫尺的康皮多利山丘上的神庙给予了这个权力正当合法的地位，"圣道"联结着这两个权力"圣地"，宗教和世俗的权力意志在此交汇，这里是共和时期罗马的权力中心。

古罗马和古希腊人在宗教信仰方面非常相似，有着基本相同的神祇系统，所以古罗马人和古希腊人一样热衷于为他们的保护神建造神庙。公元前五世纪初，差不多在建造元老院的同时，罗马人也开始在广场周围建造别的神庙。广场西北端在圣山康皮多利山丘的山脚坐落的是农神庙[Aedes Saturni]——专事供奉农神，而且也是罗马共和国的金库所在。而在东南端靠近灶神庙的地方又建造了卡斯特神庙[Aedes Castoris]以纪念罗马人反抗王政的胜利。这些神庙和元老院在罗马共和国的初期一起界定了罗马广场的大致空间范围，并且确认了这个场所在罗马政治和宗教方面的中心地位。

阶段二，共和时期

作为一个指向性非常明确的广场，是否有和运动路线一致的视觉焦点非常重要。罗马人显然对此有明确的认识，罗马广场垂直指向圣山康皮多利山丘，而圣山又是广场毋庸置疑的精神中心和视觉背景。公元前四世纪左右，罗马人在平息了内部纷争之后，紧接着在圣山的山脚也即广场的尽头建造了象征和平的协和神庙[Aedes Concordiae]。背靠圣山的协和神庙在罗马广场的统治地位也象征了罗马联盟对于罗马的重要性。

虽然已经大致确立了范围，但是广场的围合感不是几个散布的神庙所能带来的。就日常生活而言，这里不过是一个人流聚集的集市，凌乱不堪。广场上不仅有庄严的元老院和神庙，也充斥着包括屠户、妓院在内的各种商铺。随着罗马进入共和国盛期，罗马市民对

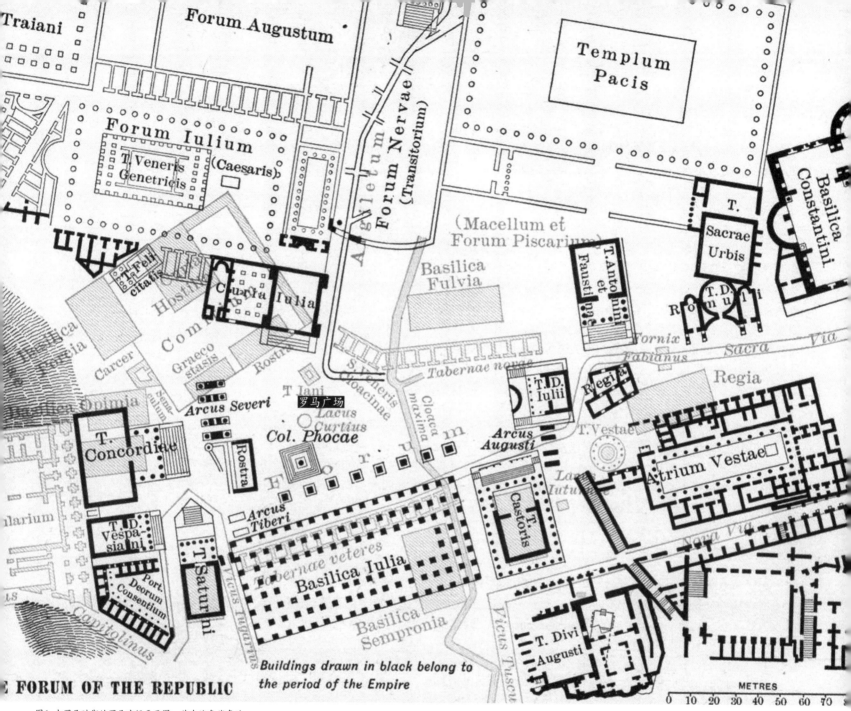

图6. 古罗马时期的罗马广场平面图，其中淡色线条为王政时期到共和时期的广场建筑，黑色线条部分为帝国时期的建筑，萨缪尔·普拉特纳[Samuel Platner]绘。

于城市生活的要求日益提高，因此罗马广场上原有的摊贩被古代的一些大体量的商业中心和法庭所取代。从公元前二世纪左右到恺撒时期，广场两侧分别落成了体量巨大的巴西利卡[Basilica]。这是古罗马一种综合作为法庭、交易和集会场所的大厅建筑，四周大都有一圈一至两层的敞廊，采用古罗马柱式。这两个巴西利卡几经翻修或重建，在元老院这一侧的是艾米利亚巴西利卡[Basilica Aemilia]；广场另一侧是重修之后以恺撒命名的朱利亚巴西利卡[Basilica Julia]。这两个长条建筑封闭了广场的两条长边，而且巴西利卡的体量和连续的柱廊也对不规则且散布着不同神庙的广场进行了某种形式上的统一。至此，罗马广场基本成形。

不过罗马广场真正的中心仍旧是偏在广场一隅的议事之地和元老院。元老院几经重建或改建。公元前一世纪初，苏拉[Sulla]执政时期，因为元老人数几乎成倍地增长，不得不占用大部分的"议事之地"将元老院扩建成了一个体量相当大的建筑。另外，在协和神庙后面的斜坡上，罗马人又建造了立面宽整的档案馆[Tabularium]。就视觉效果而言，档案馆增添了面向广场这边的康皮多利山丘的层次感，也为协和神庙提供了比山体更为简洁平整的背景。

阶段三，恺撒到屋大维

作为罗马共和国的心脏所在，几乎每任罗马执政官都力图在罗马广场兴建新的建筑以讨好罗马公民，甚至不惜动用自己的私人财力。对罗马广场的改造到了恺撒时期达到了高潮。对高卢的征服不仅让恺撒获得了强大的军事实力，也为他积累了巨大的财富。当他带着高卢军团回到罗马而大权在握之后，他的政治野心也从他在罗马的大兴土木中显现出来。恺撒重建但是缩小了元老院的体量，同时将一直在元老院前的公共演讲台[Rostra]移到广场上，显然恺撒希望通过降低元老院在广场上的重要性以削弱元老们的权力。同时罗马广场开始向外扩展，一方面罗马人口的快速增长的确使得城市空间已经有点拥挤不堪，另一方面出于讨好罗马公民的目的，恺撒甚至自己出资在元老院后面开始修建新的广场。

新的建筑没有因为恺撒的遇刺而停工，他的养子屋大维不仅完成了恺撒生前开工的建筑，而且继续大兴土木。广场的正东南端修建了恺撒神庙[Aedes Iulius]，神庙的前部是内凹的半圆形神坛，恺撒的尸体在这里被火化。神庙和广场对面的演讲台相对，两者的落成使得广场的有效空间更为紧凑。演讲台的高台也使得广场的空间指向更加明确，而更像一个现代意义的"论坛"[forum]，当然这个单词本就借用了古罗马的"广场"这一词根。

阶段四，帝国时期

在罗马进入帝国时期之后，罗马广场陆续有新的建筑落成。屋大维继续在广场上建造了自己的神庙[Templum Augusti]和凯旋门[Arcus Augusti]。公元二世纪，在艾米利亚巴西利卡南面建成了安东尼乌斯皇帝神庙[Templum of Antonius and Faustina]。在"圣道"喉颈处，元老院前方，塞提米乌斯凯旋门于公元三世纪初建成。塞提米乌斯凯旋门有如这个喉颈处的领结，把"圣道"划分成广场内和广场外两部分，将之转变成两个截然不同的空间序列，从而完成罗马广场的画龙点睛之笔。此时广场上已经店铺和摊棚林立，可以说是罗马广场的鼎盛时期。在靠近朱利亚巴西利卡的广场一侧还建了一排纪念柱，把相对空旷的广场空间进行了更加细致的划分。这一排纪念柱和巴西利卡之间形成一条街道，广场的边缘也似乎从巴西利卡向内退到这排纪念柱，朱利亚巴西利卡成为广场的正面背景。而基于罗马人的奢华和夸耀的作风，罗马人是不吝于在广场上使用各种装饰和纪念景观的。广场上竖立着的雕像大多是从战争中掠夺来的，安置在广场边缘，相比古希腊的阿哥拉广场，尤其显得罗马广场的热闹和华丽。罗马人杰出的水利工程技术也在广场上找到了用武之地，这里随处有供人饮水的喷泉和供人庇荫的树木。

如同罗马有一句俗语："罗马非一日建成。"罗马广场的形成和发展经历了近千年的历史。广场内部不断有旧的建筑因天灾人祸而坍塌，但也不断有重建的和新的建筑矗立起来。广场的有效空间逐渐缩小，但空间也不断细化，显得越来越紧凑和精致。我们可以清晰地看到随着从共和国到帝国的转变，罗马广场如何从一个由市民占主导地位的城市空间转化成一个更多地被罗马的独裁者用于炫耀武功的场所。广场上的圣坛、神庙、元老院、法庭、甚至国库，以及它们所呈现出的高大柱廊的建筑形式，形成了罗马广场的空间背景，彰显着罗马的荣耀。但这又是一个开放性的空间，作为一个进行自由贸易的场所，罗马广场结合了市场与卫城的形式，在城市设施尚未成熟和发达的古代社会，罗马人在这个空间集合了众多不同的城市行为，完成了一个物质与精神功能一体化的古代城市生活中心。

万物有荣有衰，公元三世纪时，熊熊大火摧毁了广场的大部，接踵而来的是地震和外族入侵。四世纪罗马开始衰落，大规模的建设停止。五世纪，西哥特人 [Visigoth] 和汪达尔人 [Vandal] 在公元 411 年和 455 年先后攻入罗马城，广场遭到严重破坏，之后长期荒废。中世纪时期，这儿的石块被大量地挖走作为修建教堂和宫殿之用。最后，广场在肆意的掠夺后逐渐转变成了奶牛牧场，直到十八世纪末至今通过陆陆续续的发掘而得以重见天日，让人可以面对这断壁残垣垂吊一下当年罗马之盛世。

图7. 罗马广场遗址，在康皮多利山上往西南眺望全景，左面为塞提米乌斯凯旋门。

帝王广场群
FORI IMPERIALI

随着恺撒的遇刺和屋大维成为古罗马的独裁官，古罗马的政治体制从共和过渡到了帝制，权力中心也从罗马广场的元老院转移到了罗马七丘的中心帕拉蒂诺山的皇帝宫殿。同时，一方面出于罗马帝王从恺撒那里继承来的传统，另一方面也是古罗马的皇帝们更加地需要通过建造广场来宣扬自己的功绩，在罗马广场的北侧不断地出现新的帝王广场。

首先当然是恺撒，作为一个具有极大野心的执政官，当得知他的政敌庞培 [Pompey] 自己出钱兴建了罗马的大剧场之后，意识到如果他需要赢得更多的罗马公民的支持，他也需要为罗马人建造一些新的公共设施。此时的罗马广场经过几百年的发展，几乎所有的空间都被占用了，实在已经拥挤不堪。于是恺撒用他在统治高卢时期所积累的丰厚家财在圣山康皮多利山丘的山脚买了一大块地作为以自己名字命名的广场。这块地就在罗马广场边上，与元老院仅咫尺之隔。但是广场动工没多久，恺撒遇刺，所以恺撒广场 [Forum Julium] 是由他的继承人屋大维继续建设完工的。这是个长方形的广场，内部长宽是 160 米 x75 米，周围列柱敞廊围绕，广场中央是恺撒的骑马铜像，远端是整个广场的视觉中心——恺撒家族的保护神维纳斯的神庙。维纳斯神庙 [Templum Veneris] 基本呈方形，全部大理石贴面，前廊是八根优美的科林斯柱式。神庙内部不仅矗立着维纳斯的神像，还有恺撒本人和埃及女王克利奥佩特拉 [Cleopatra] 的黄金塑像。古罗马历史学家卡西乌斯·迪欧 [Cassius Dio] 在他所著述的罗马史中记载了恺撒广场，"这个广场显然比罗马广场还要优美，但是（人们的比较）也增添了后者的名气，从此罗马广场被称为'大广场'。"恺撒广场的空间布置为罗马人的城市广场定下了一种新的空间形制，以后的广场包括外域的殖民城市的广场差不多都是这样一种前院后庙、轴线对称、以一个庙宇为主体的封闭式广场。

屋大维在完成恺撒广场之后，马不停蹄地在边上兴建了以自己的称号命名的更大的奥古斯都广场 [Forum Augustum]。广场的空间形制和恺撒广场一样，前面是 120 米 x83 米见方的列柱敞廊围绕的广场，广场终端是庙宇，只是方向转了 90° 角。奥古斯都实现了独裁，使罗马从共和走向了帝制，所以他的广场上的神庙是供奉战神马尔斯的，这个广场也成为罗马帝国军队出征的起点和凯旋的终点。

到了公元一世纪，罗马征服耶路撒冷，为了纪念犹太战争的胜利，当时的罗马皇帝维斯帕西安在恺撒广场和奥古斯都广场对面继续兴建了后来被称为和平神庙 [Templum Pacis] 的维斯帕西安广场 [Forum Vespasiani]。维斯帕西安广场与别的帝王广场稍有不同，广场空间比较方正，神庙坐落在广场的长边上，从宽深比例上看进深不大，所以不像其他皇帝广场的神庙那样坐落在高台之上，而是和四周的敞廊在同一个较低的台基之上，由此索性突出这个广场的横向空间的特质，而抛弃了之前恺撒广场和奥古斯都广场的大进深的空间特质。也正因为这样的空间特征，维斯帕西安广场空间显得更为平易近人。实际上这个广场在当时除了给维斯帕西安纪功之外，也给帝国提供了一个公共场所来收藏陈列那些通过征服所劫掠来的艺术品和图书。所以，四周敞廊的列柱当时使用的是从埃及阿斯旺运来的粉红色花岗岩，

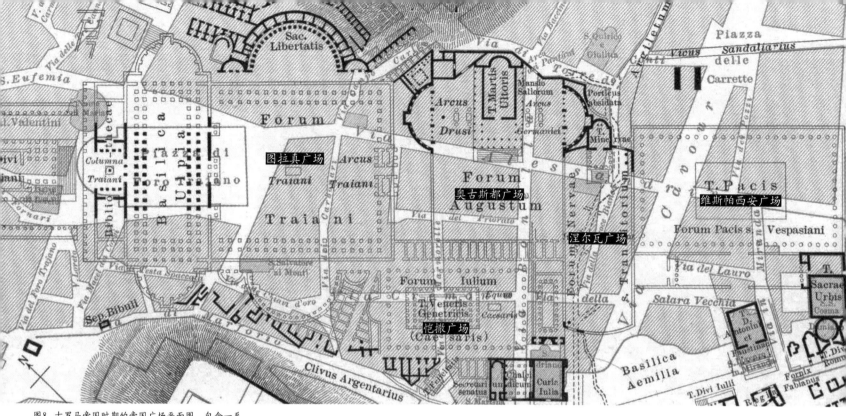

图8. 古罗马帝国时期的帝国广场平面图, 包含一系列古罗马皇帝兴建的封闭式广场, 萨缪尔·普拉特纳 [Samuel Platner] 绘。

而神庙两侧在列柱后面的房间据信是分别藏有大量希腊文和拉丁文书籍的图书馆。

　　罗马广场上, 介于元老院和艾米利亚巴西利卡之间, 有一条垂直于圣道的街道叫阿基乐图姆 [Argiletum], 是古罗马最繁华的街道之一。随着帝王广场的陆续建成, 这条道路不断向前延伸, 恺撒广场和奥古斯都广场就在这条大街上的元老院一侧, 而维斯帕西安广场在艾米利亚巴西利卡一侧。罗马皇帝图密善 [Domitian] 在位时开始规划这块位于已落成的三个帝王广场之间的空地, 在这里建立起一个新的狭长的皇帝广场——涅尔瓦广场 [Forum Nervae]。这个广场落成时已经是古罗马五贤帝时期的第一个皇帝涅尔瓦在位, 所以以他的名字命名。随着这个广场的落成, 从罗马广场过来的阿基乐图姆大街笔直进入并消失在涅尔瓦广场内部, 所以这个广场也被称为转换广场。涅尔瓦广场好像是其余三个帝王广场的公用中庭, 在它的侧墙上有通往三个广场的出入口。维斯帕西安广场也因为涅尔瓦广场而更加紧密地和其他帝王广场联结在一起。

　　这一系列广场的最后一个也是最宏伟的一个是图拉真广场 [Forum Traiani]。作为涅尔瓦的继承者, 图拉真在罗马帝国的历史上文治武功卓绝, 罗马的版图在他统治之下不断扩大, 而且通过战争, 罗马获得了大批财力和物力。图拉真广场就是在征服达西亚人 [Dacia] (现今的罗马尼亚) 后而建的纪念广场。它以三跨的凯旋门为入口, 进去是一个 120 米 x90 米的广场, 广场上用各色大理石铺地, 两侧有 45 米直径的半圆厅, 广场正中是图拉真骑马的镀金青铜像。广场正前方是以图拉真的姓命名的乌尔比亚巴西利卡 [Basilica Ulpia], 大厅 120 米 x60 米见方, 中间的一跨有 25 米。巴西利卡的后面是一个四周被建筑包围的小院子, 院子的两侧分别是希腊文和拉丁文的图书馆, 院子正对的是图拉真自己的神庙。院子中央则矗立着 35 米多高的图拉真纪功柱 [Columna Traiani], 柱子外部有全长 200 米盘旋向上的浮雕

图9. 帝国广场复原模型，中间骑马塑像所在广场为图拉真广场，然后往右依次是奥古斯都广场、狭长的涅尔瓦广场、方正的维斯帕西安广场即后来的和平神庙，恺撒广场在奥古斯都广场前方，两者呈90°角布局。

带记录着罗马帝国军队的生活和图拉真本人参加的战役，顶端则是图拉真本人的镀金塑像（在中世纪被换成了圣彼得的塑像）。图拉真广场也是始于图密善时期，场地上一些原有的建筑被拆除并作了清理。图拉真执政以后，广场由建筑师阿波罗都路斯 [Apollodorus] 监工完成，他的设计意图简而言之就是要使这个广场能够综合并超越之前所有的帝王广场和巴西利卡。广场的平面和尺度承袭了和平神庙；柱廊和两侧的半圆厅是借鉴了奥古斯都广场并加以改善的；广场的弧线端墙是模仿涅尔瓦广场的；而乌尔比亚巴西利卡则比罗马广场上的艾米利亚巴西利卡和朱利亚巴西利卡还要宏伟和精致。

罗马帝国对外的征伐也带来了一些东方的影响。图拉真广场的形制也参照了东方君主国建筑的特点，不仅轴线对称，而且作多层纵深布局。广场上的建筑鳞次栉比，开合有致。在将近 300 米的深度里，布置了几进建筑物，室内室外的空间随着空间的纵横、尺度、开阔、光影的变换而交替。具有空间统治地位的图拉真纪功柱被出人意料地放到了巴西利卡后面的小院子，不仅让人需要深入到内部才能见到，更产生一种强烈的对比：首先要穿过奥古斯都广场，然后经过空旷的广场和巨大的巴西利卡之后突然出现一个小空间，而且里面有一根如此高耸的纪功柱，这种视觉转变和空间高潮令人感到非常震撼。这样的一个广场，即使在两个半世纪之后罗马帝国的中心转移到君士坦丁堡之后，也不得不让来此访问的东罗马皇帝叹服。

为了显示帝王的权力，罗马帝国时期的广场形式逐渐由开敞转为封闭，由自由转为严整。每个广场基本都有一座作为视觉焦点的神庙，而且广场周围的建筑物都从属于广场。周围的柱廊往往以同一种建筑语言把不同的建筑从空间和形式上联系起来，从而建立起一个统一的内在秩序。而皇帝的雕像通常摆放在广场中央的主要位置，作为广场的统治地标。帝国广场不仅为罗马公民提供了更多的城市活动空间，更是罗马皇帝们为个人树碑立传的纪功场地，所以广场的形式与之前自然发展了几个世纪的罗马广场有着明显的区别。而这种广场形式也随着罗马势力的扩张而成为罗马殖民地城市标准配置的城市中央广场。维特鲁威在其第五书中甚至规定了这种类型的罗马广场的长宽比为 3 : 2。

随着古罗马的势力扩张，古代罗马城的规模日趋庞大，人口也越来越多，虽然没有确切的记录，但是一般认为古罗马城的人口不在百万之下。这么一个庞大的社会体系自然有着不同的阶层——贵族、平民、奴隶。但是古罗马的贵族和平民之间的关系有点微妙。共和时期的执政官由平民选举产生，而执政官不管个人有多大的功绩，如果和罗马公民没有直接的利害关系，那么执政官的一切功绩皆是徒劳。所以巨头如恺撒、庞培，在取得对外战争的胜利之后，首先要做的就是自己出钱为罗马公民建设公共设施以赢得民意支持。这个传统延续到帝国时代的罗马，尽管实行的是独裁的体制，罗马城的公民是不能轻易得罪的。古罗马皇帝，甚至包括暴君尼禄 [Nero]，时常以低廉的价格将谷物、葡萄酒、橄榄油等卖给甚至无偿分配给罗马城的公民以讨得他们的拥戴。罗马通过这样一种施政系统有效地维持着罗马平民的具有某种寄生特性的生活。尽管不能过上贵族的生活，罗马平民毋需忧虑温饱，甚至不需劳动。盛期的罗马城里，居住的是一群无所事事、啸聚四方、可以为了享用更多的美食而用呕吐的办法来清空胃肠的人们。

相对于希腊人安于生活的清贫并沉浸于思辨的哲学世界，古罗马富足的生活带给罗马人的是对于享乐的追求和更多的欲望。罗马人喜欢洗浴，在共和时期就有贵族家庭拥有私人浴室。随着罗马帝国的财富的迅速累积，沐浴的风气盛行于各阶层，大大小小的公共澡堂在罗马城遍地开花。奥古斯都时期开始建造大型的公共澡堂——大浴场，而图拉真时期建造的图拉真浴场确定了大浴场的基本形制：完全对称的长方形主体建筑物，从主入口进去轴线上依次是冷水厅、温水厅和热水厅；主入口两侧还有若干次出入口，可以进入浴场内功能复杂但齐全的各种房间如更衣室、按摩室、蒸汗室、油膏室等等。罗马的大浴场得到帝国的财政支持，入场费低廉甚至免费。而且在帝国时期的很长一段时间里，许多澡堂容许男女共浴，时间一久风气淫靡。所以罗马公民不管贵贱贫富，即使自家有私人浴室，都喜欢去大浴场，或是炫耀自己，或是一饱眼福。

现在在罗马还能看到建于公元三世纪的卡拉卡拉大浴场 [Thermae Caracalla] 的遗址。卡拉卡拉大浴场的体量如此宏大，可以同时容纳几千人洗浴。古罗马人精湛的拱券技术为这类建筑所需的大尺度空间提供了技术可能，三个巨大的连续的十字拱屋面下面就是大浴池。除了洗浴和各种娱乐休闲活动，这里甚至还有图书馆。洗浴、欢宴、阅读、乱性——罗马人把一切他们能想到的健康的或奢靡的生活方式塞进了大浴场。不夸张地说，大浴场是古罗马人趋之若鹜的放松和享乐的社交中心。大街小巷里大大小小的浴场在罗马城拉起一张巨大的

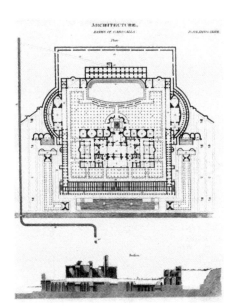

图10. 卡拉卡拉大浴场的平面和剖面图

图11. 卡拉卡拉大浴场遗址

蛛网，而罗马人心甘情愿地粘在这张蛛网上醉生梦死。

　　这张蛛网的中心，不在皇帝宫殿，也不在元老院，更不在帝王广场，如果可以回到古代寻找这个地方却也非常容易，只要顺着那人声鼎沸的方向，自然会看到一个在古代世界独一无二的体量巨大的椭圆形建筑——大斗兽场。这里才是帝国真正的中心，是罗马城的标志，也是古罗马人的精神支柱。除了身体的享乐之外，角斗竞技是罗马人唯一的一种让他们血液沸腾而又犹如毒品上瘾般的爱好。古希腊人的奥林匹克运动在罗马人眼里过于软弱，对于依靠征服和掠夺起家而变得嗜血的罗马人而言，只有血溅黄沙的角斗才能调动起他们的激情，或是掩盖寄生生活的空虚，而罗马的一切价值似乎也就体现在这里。古代宗教的血牲祭祀的习俗在大斗兽场上以一种世俗形式延续着，角斗士们被迫在场上相互屠戮。很不幸的，这种残酷血腥的竞技活动逐渐成为罗马人空虚心灵的唯一救赎而持续了几个世纪。罗马人为角斗比赛设定了半年的赛季，一到角斗季则必定万人空巷，即使异族入侵也不为所动。

　　罗马人受古希腊的影响，早期建有不少的希腊式露天剧场。随着拱券技术的发展，罗马人将露天剧场的观众席用拱券结构支撑起来，而不再需要依靠地形起坡；同时将两个半圆形露天剧场对接起来，就形成了古罗马特有的椭圆形斗兽场。大斗兽场建在暴君尼禄的"金宫"

图12. 罗马城的大斗兽场外观
图13. 罗马城的大斗兽场内部

所在的人工湖的旧址之上，在罗马广场的东南端，其建造主要就是为了平息罗马平民对于尼禄的憎恨，维斯帕西安在位时开始动工，落成于其子提图斯 [Titus] 在位时。这是古罗马规模最大的斗兽场，最多可容纳近五万人。大斗兽场中央为表演区，周围是层层抬高的看台，看台约有 60 排分五个区，从低到高由近至远分别是元老、贵族、富人、平民、妇女的看台，全民参与的程度毋庸置疑。这些看台以三层古罗马特有的以火山灰调合的古代混凝土建成的筒拱结构支撑，在外围形成三圈环形券廊，从下往上分别以多立克柱式、爱奥尼柱式、科林斯柱式装饰。根据古罗马历史学家卡西乌斯的记载，斗兽场建成时罗马人举行了为期百日的角斗竞技活动，角斗士们宰杀了万只猛兽。斗兽场甚至可以引水到表演区以形成一个人工湖，用来模仿和迦太基人海战的场景。接连几个世纪，不计其数的角斗士在这个角斗场上相互残杀，或与野兽肉搏。如同戏剧之于古希腊人，饕宴角斗士的鲜血和死亡是古罗马人生活当中不可或缺的一部分。

穿越罗马广场到圣山康皮多利山顶的"圣道"是古代罗马城的主轴线，大斗兽场的落成完成了这条主轴线的开端，和康皮多利山丘遥相呼应。这不仅是罗马城的空间主轴线，也是古罗马人的信仰主轴线。八世纪时的僧侣比德 [Bede] 曾慨叹道，"斗兽场屹立，则罗马屹立；斗兽场倾塌，则罗马倾塌。"

罗马的殖民城市
ROMAN COLONIAL CITIES

　　古罗马的盛期，势力横跨欧亚非，地中海不过是帝国的内湖。罗马人以一种标准化的方式一个接一个地同化被征服的城市。这种方式源自古希腊，罗马在扩张的过程中，首先遭遇到的就是古希腊人在意大利南部和西西里建立的殖民地城市，希腊人的这些外域城市大抵都采用格网的布置形式，并且有着和本土城市一致的公共建筑。崇尚希腊文化并且以军事立国的罗马迅速发现了这些希腊外域城市的布局在军事上的重要性，在希腊殖民地城市的基础上，古罗马人发展出了一套适合罗马军事统治的城市布局形式，将古代标准化城市提高到了一个新的高度。

　　帝国广大的疆域需要罗马的军事力量能够以最快的反应速度扑灭任何可能的叛乱，虽然外域的行省都有罗马的驻军，但是显然不可能在每个殖民地城市都进行部署。罗马军团以高度的组织纪律性闻名，但他们对于机动能力有着更高的要求。古罗马人无疑是杰出的路桥工程师，他们在帝国境内建造了大量的道路，形成一张古代欧洲的路网。其中作为路网主干道的大道平直宽阔，有着相同的建造标准：高路基，两边是壕沟。罗马人通过这张快速有效的道路网将势力延伸到帝国的边境，"条条大道通罗马"绝无任何夸张之处。基于同样的驻扎和军事需求，罗马的殖民城市在古希腊殖民城市的格网基础上增强了贯穿城市中央并且互相垂直的两条大道的重要性。两条大道之中，一条是南北走向的中轴大道 [cardo]，一条是东西走向的直接通向军营的步兵大道 [decumanus]，从而形成整个城镇的轴式布局。一般而言，中轴大道沿街布置生活设施多一些。步兵大道则比中轴大道要长一些，以方便更多士兵同时从军营向大道调动。这两条大道和全国的路网相连接，如有战乱，罗马军队可以迅速地通过这两条大道在城内调动或从中心城市调来重装军团。如希腊境内的古城科林斯 [Corinth]，是在被罗马人摧毁之后完全新建的格网城市，也是一个体现了典型的罗马标准化规划的军事殖民地城市。即使现在的科林斯，在几经重建之后，我们仍然可以清晰地看到格网道路和被其划分的几乎都一致的地块，以及道路交汇中央的城市广场。

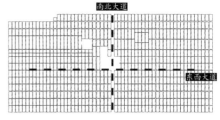

图14. 希腊古城科林斯的格网平面图

　　古城庞贝是较早期的古罗马殖民城市。遗址面积大约 1.8 平方公里，形状并不规则，城的四周围绕着 4800 多米长的石砌城墙。在罗马人的势力到来之前，庞贝所在的意大利中南部一直是古希腊的势力范围，很多这一带的城市是古希腊人建立起来的，所以尽管不是希腊人建立的城市，但是庞贝深受古希腊的影响，也一度成为希腊人的殖民地。在希腊人退却之后，庞贝被萨姆奈特人 [Samnite] 控制并在此期间获得了极大的发展。随着罗马势力的扩张，庞贝于公元前三世纪初成为一个享有一定自治权的古罗马附庸城，直到公元前 89 年被罗马

中心广场

中心广场

图15. 庞贝古城遗址卫星图，虚线框为中心广场
图16. 庞贝古城遗址平面图，虚线框为中心广场

的独裁官苏拉彻底征服。而公元 79 年维苏威火山的一次大喷发将庞贝毁于一旦并埋入地下将近两千年，但也正是这次火山喷发使我们有机会对当时的罗马生活和城镇形态有个毫无偏倚的历史还原。

　　庞贝的路网系统和城市肌理明显地保留着这个城市从罗马人到来之前直到成为罗马帝国殖民地城市的发展轨迹。遗址内有清晰的四条大道——东侧中轴大道 [Via Stabiana]、西侧中轴大道 [Via del Foro]、北侧步兵大道 [Via di Nola]、南侧步兵大道 [Via dell'Abbondanza]，大道上铺的是大块石板，石板上留下被磨低了近两寸深的两道车辙，街面宽阔，两旁是高起的人行道。这四条大道将全城分成九个区域：其中西南角区域面积较小，内部地块和巷道偏不规则；而东边和北边的区域面积较大，且内部的建筑体块方正整齐。同时，具有古希腊特色依山而建的希腊半圆形露天剧场位于西南角区域；而罗马特有的椭圆形斗兽场在城市的东南角。值得一提的是，这个斗兽场规模虽不大，却是迄今发现的最早的罗马椭圆形斗兽场。从这两点判断，庞贝建城之初应该在城市的西南角，整个希腊时期的城市范围的扩张基本上止于现在东侧的中轴大道。而东侧中轴大道向东，那些整齐规划的街区和斗兽场明显是罗马入主之后的发展。庞贝的大街小巷与罗马城一样，分布着大大小小的公共浴室、作坊、商铺。

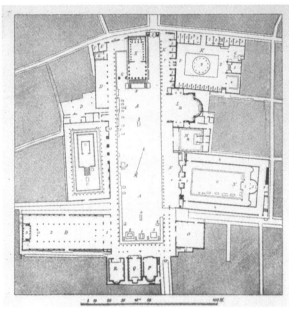

图17. 庞贝的中心广场遗址卫星图
图18. 庞贝的中心广场复原平面图，奥古斯特·马乌 [August Mau] 绘。

　　西侧中轴大道和南侧步兵大道的交汇处是庞贝城的中心广场。这里也是城市发展初期的中心，广场上最早的神庙是位于西面正中的阿波罗神庙，占据了一大半的广场侧边。从古希腊人的城市规划来看，在罗马人施加影响之前，这里应该是类似于古希腊殖民城市中的阿哥拉广场的空间。罗马人征服庞贝之后，加强了这个城市中心，将之改建为与罗马城的帝国广场并无二样的形制。广场北部的高台上修建了诸神之王朱庇特的神庙，形成这个大约 142 米 x38 米见方的狭长广场的纵深视点。神庙的东侧面是提伯里斯凯旋门，是从西侧中轴大道进入广场的主入口。罗马人在广场周围集中了庞贝城内的主要建筑。阿波罗神庙的对面是较小的维斯帕西安神庙，分属于古希腊神祇、古罗马神祇、古罗马皇帝的三个神庙呈品字形占据了广场的三个边的中点。而整个广场的南面主要是市政建筑，包括了巴西利卡和公民大会厅。广场的四周除了神庙和市政建筑之外的空间基本被不同大小的集市所占据，集市内部甚至还设有一座出售奴隶的高台。可以想见当时庞贝贸易之繁华。

　　庞贝是罗马人征服原有的文明之后进行改建的城市，而随着罗马帝国的疆域向蛮荒之地扩张，越来越多的标准化军事化城市出现在版图之内。提姆伽德 [Timgad] 地处北非，现在的阿尔及利亚境内，位于当时的帝国边境。与庞贝不同的是，提姆伽德并不在意大利本土，而是处于偏远的外域行省，这一点使得提姆伽德主要扮演了军事要塞的城市功能。公元一世纪末由罗马皇帝图拉真建立以抵御柏柏尔人 [Berbers] 的入侵。罗马人杰出的丈量土地的工程能力在这里得以体现，整个城市平面是完美的棋盘平面，城市中所规划的地块方正且几乎完全相等。贯穿城市中央的是中轴大道和步兵大道，两条大道和整个帝国境内的干道路网相连。大道交汇处位于步兵大道南侧的是方正的城市广场。城里重要的建筑都沿着中轴大道布置，紧邻广场的南侧是露天剧场和谷神庙 [Temple of Ceres]，图书馆在步兵大道的北侧。步兵大道的西端靠近城墙处是图拉真凯旋门。城市当中还散布着大大小小的浴室。有趣的是，当提姆伽德的城市发展溢出到城墙之外时，城市的发展立即变得随机无序，和城内的格网毫无关联。由此可见，罗马人对于外域的殖民地城市的发展有着非常明确的界定，那就是外域城市的经贸发展并不在罗马人的议事日程上，这些要塞城市存在的唯一目的就是保持标准化的军事用途以便于罗马人对于广大疆域的管理和对于边境外族的防御。

图19. 提姆伽德遗址鸟瞰
图20. 提姆伽德遗址西城墙处凯旋门

图21. 提姆伽德遗址卫星图，虚线为古城最初范围。

CHAPTER 4

罗马的遗产——中世纪前期的天主之国

ROME'S LEGACY - KINGDOM OF HEAVEN AT EARLY MIDDLE AGES

L'Ardea roteò nel cielo di Cristo, sul prato dei Miracoli.

鹭鸶，在主的天空中翻转，在奇迹的草坪上翱翔。

-- Gabriele D'Annunzio,"Forse che si forse che no"

罗马帝国的后期，内部统治腐朽且政治混乱，罗马以及它所统治的广大疆域内农业衰退、经济停滞、人口持续减少。面对持续不断的奴隶起义和外部蛮族如潮水般的一波又一波的劫掠，罗马帝国开始分崩离析。公元四世纪，君士坦丁大帝 [Constantine the Great] 将罗马帝国分成东西两部分。公元五世纪，罗马城两次被蛮族破城入侵劫掠，西罗马帝国不久之后即灭亡。罗马帝国的城市文明，包括曾经辉煌无比的世界中心——"永恒之城"罗马，如同被白蚁侵蚀的大树逐渐凋亡，尽管这一过程极为缓慢。作为罗马的继承者，东罗马帝国在君士坦丁堡 [Constantinople] 又持续了近千年，其保留的古希腊和古罗马的史籍对于后来的文艺复兴提供了直接的助力，但是逐渐斯拉夫化的东罗马帝国大部分时间疆域狭小，影响力局限在现在的东欧部分。

罗马帝国分崩离析的直接后果是城市文明的突然倒退。原先那个掌控城市建设的强有力的统治慢慢消失了，城市进入了一种类似自生自灭的状态之中。欧洲的中世纪曾经被认为是西方文明的黑暗时期，现在普遍认为这样的评价对中世纪有失公允。具体来说，西方文明的确存在一段黑暗时期，但并不贯穿整个中世纪，而这段黑暗时期最主要就体现在西罗马帝国灭亡之后的那几个世纪，那种因为蛮族的劫掠而形成的一种分割、倒退甚至废弃的城市状态。

但是野火烧过的森林并不代表着死亡，在焦土之下的种子在合适的时候就会萌芽生长。当在军事实力保障下的罗马文明这一强有力的纽带消融之时，一种新的宗教力量 基督教在欧洲人的精神层面开始逐渐确立起统治地位，并成为联结不同种族和地区之间的新的纽带。基督教在罗马帝国全盛时期是作为一种异端邪说而存在的地下活动，甚至被官方认作是一种颠覆性活动。但是基督教的普世和平等的教义对于当时生活在社会底层的平民和奴隶无疑是莫大的救赎，不管是多么卑贱的奴隶，只要信教就即刻被接纳为上帝的子民。基督教徒能够正视当时社会的现实，三三两两自发结成更加亲密的关系以互相帮助和安慰，他们探问伤病、抚恤孤寡、赈济灾民，使互相获得当时社会所欠缺的温情和帮助。尽管历经罗马帝国的残酷镇压，基督教在西欧社会广泛传播，并最终在四世纪初被业已衰落的罗马帝国接纳而定为国教。罗马帝国在持续几世纪的蛮族劫掠下轰然倒塌，但是围绕在教士们周围，人们逐渐重新聚拢，试图在罗马帝国的废墟上找回曾经的城市文明。

修道院
MONASTERY

从罗马帝国的中后期开始，基督教徒们的活动逐渐从地下转为公开，但是早期的压迫和屠杀以及西罗马灭亡之后当时战乱纷争的社会现状，使得有学问的基督徒们有着某种出世的倾向，希望离开罗马到任何一处安静不受打扰的地方开始一种新的生活，以此追求一种心灵的宁静。其中比较具有代表性的是基督教本笃派的隐修会。这些基督徒们在一些偏远的地方，如阿尔卑斯的山区开始一种全新的自给自足的生活方式，并在一些嶙峋的山顶建造了修道院以保障这种方式，其中有名的如卡西诺山 [Monte Cassino] 修道院、艾索斯山 [Mount Athos] 修道院、圣加尔 [St. Gall] 修道院。

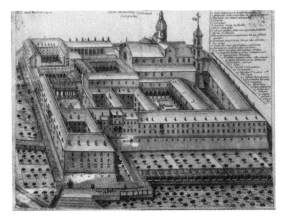

图1. 卡西诺山修道院十八世纪手绘鸟瞰图
图2. 卡西诺山修道院鸟瞰

卡西诺山修道院是公元 529 年由圣本笃 [St. Benedict] 创立的第一间本笃派修道院。卡西诺山位于意大利中部，山顶原先是一座阿波罗神庙，圣本笃到来之后推倒阿波罗的神像和祭坛。在这里他不仅指导门徒隐修，还带领门徒亲自建造修道院以满足隐修的生活方式。圣本笃从此再没离开卡西诺山修道院，并在这里写下了本笃派教规。修道院历经战乱和劫难，中世纪前期分别在伦巴底人 [Lombard] 和撒拉森人 [Saracen] 入侵意大利时被摧毁。十四世纪中叶的地震曾将修道院的大部分建筑震塌，之后重建并添加了不少的新建筑。二战中修道院又被盟军摧毁，幸好梵蒂冈保留了当时重建的图纸，所以能够完全将其复原。现在看到的是二战之后重建的样子，但基本延续了六世纪以来的格局和样式。整个修道院宛如一座城堡，四周高墙环绕。修道院的入口不在轴线上，而偏在一隅以增强防御功能。入口庭院的所在即是罗马时期的阿波罗神庙所在的位置。穿过庭院就是修道院中轴线的起点——以文艺复兴建筑大师伯拉孟特的名字命名的回廊 [Bramente Cloister]，回廊是十六世纪末新建的壁柱拱

图3. 卡西诺山修道院的伯拉孟特回廊

廊，从它的名字我们就可以知道这个回廊带有强烈的文艺复兴色彩。回廊一侧的拱廊完全敞开，望出去可以将山谷美景尽收眼底;回廊的另一侧是陡峭的大台阶，上去之后是教堂前院，前院则是典型的罗马的券柱式围廊。修道院内的教堂是巴西利卡的形制，这种前院和教堂相结合的形式是罗马后期和中世纪早期基督教堂的典型形制。教堂前院和伯拉孟特回廊落差较大，整个空间序列极富山体层次感。教堂和四周的修士宿舍之间则又是连续的大小不一的回廊院落，提供隐修生活的不同活动空间。

修士们所建立的修道院犹如一个个小型城邦。另外一个位于瑞士的欧洲最大的本笃派修道院——圣加尔修道院在当时的规模可能比一般的小城镇都要大，它在十三世纪成为属于隐修院的独立的采邑。直到十八世纪主教的世俗权力被取缔，圣加尔修道院一直是瑞士最大的宗教城邦。从现在修道院内保存的九世纪绘制的平面图我们可以看到当时的规划布置。修道院内教堂和山门轴线布置，四周城墙围绕。教堂是拉丁十字平面的巴西利卡式样，由两个塔楼拱卫。教堂两侧是修士们日常生活的地方，修士和学者们的宿舍、食堂、藏书楼、阅读室、各种作坊、各种圈厩、各种仓库等等，一应俱全。同样的，修士们日常生活的地方用古罗马的列柱拱券的回廊围合成若干个内院。整个修道院布局严整、功能合理，俨然是个中世纪的理想化的宗教城邦。虽然最终没有建设，但是这样的平面布置不是普通修士可以完成的，必定是学习过或具有相当城市建设方面经验的修士制作而成，由此从另外一个侧面我们可以看到基督教会出于无意识的对于罗马城市文明的保护和传承。

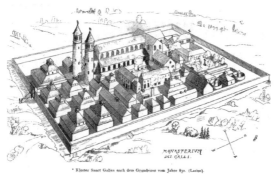

图4. 圣加尔修道院复原草图，鲁道夫·拉恩[Rudolph Rahn]绘。
图5. 圣加尔修道院复原模型

山顶的修道院，如同古希腊的卫城。远离人们的视线，但是在中世纪初期这个社会准则被粗暴蹂躏的战乱社会，修道院带给人们一种精神上的寄托。修士们以全心全意侍奉上帝为责任，将清贫当作生活方式，无论外部世界多么混乱，修道院内的修士们按照自己的组织过着平静而有秩序的生活。古希腊和古罗马的文明在这里得到了部分的保全和发展，为之后的欧洲社会和城市的发展起了极大的作用。几个世纪之后在蛮族逐渐退却或被同化之后，当人们意识到要开始重新清理土地、排干沼泽、建造道路和建设城市的时候，保存了古代技术且纪律严明的修士团体往往是率先行动的先锋。按照刘易斯·芒福德的说法，"古典城市与中世纪城市之间最密切的联系，不在于遗存下来的建筑物，而是基督教修道院。"

修道院不仅仅作为一个庇护灵魂的城堡，它的组织形式也成为一些中世纪城市的样本。类似修道院的这种由志同道合的教徒或学者团体所形成的封闭且强调内省的社会组织，以及由此产生的城市结构，在现在的欧洲城市还能看到，英国最早的大学——牛津大学或许就是典型的例子。牛津大学在十一世纪末就存在有记录的教学活动，但是其教学组织模式即使到现在和普通的综合大学还有很大不同。牛津大学由超过四十个独立的学院组成，虽然教学由大学负责，但学院组织延续着中世纪的学者团体的模式，每个学院俨然就是一个个小团体，而不是专业学院。每个学院独立招生，并组织学院内部学生的学术和社会生活。每个学院在建筑形式上也往往封闭围合成内院。这些学院、或者说这些或大或小的院子好似一个个幽静的修道院自然地分布在牛津城。在这个大建筑群里，这些学院或院落的组织并没有沿着街道布置，街道变成一个可有可无的角色，完全隐没在院落之中。这个典型的中世纪风格的城市让我们感受到了罗马衰亡之后的由僧侣和学者所带来的一股清新的风气。

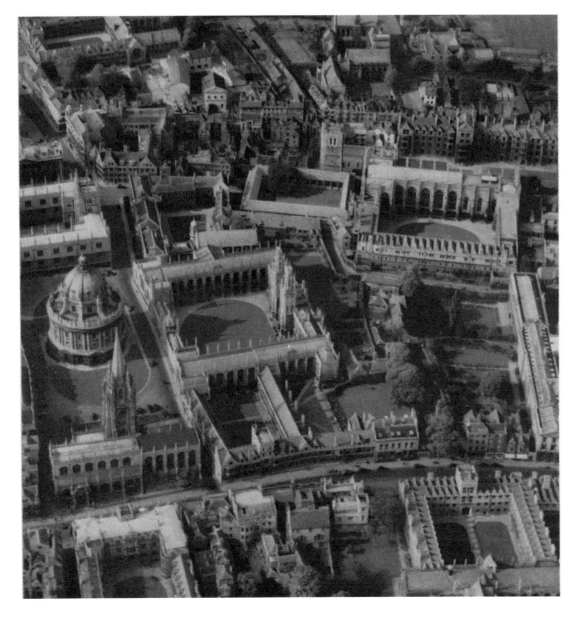

图6. 牛津大学鸟瞰

随着罗马的灭亡，帝国各地的殖民城市同时也在瓦解。蛮族的劫掠即使没有带来彻底的毁灭，那些城市相对罗马时期的繁荣也已经大打折扣，城市的实际控制范围和经济活动下降到了勉强维持的地步。不间断的战乱和基督教义的广泛传播使得罗马人的那种追求享乐和纵欲的高消耗生活方式被逐渐废弃。以斗兽场和大浴场为代表的罗马式的生活方式是和基督教的教义背道而驰的，但是要拆掉这些巨大的建筑显然也不是一件容易的事情。不过，当人们逐渐忘却这些建筑所代表的功能意义之后，却发现这些建筑也完全可以被重新利用。

法国南部的阿尔 [Arles] 是罗马时期高卢 [Gallia] 南部行省的一个重要城市，因为支持恺撒反对庞培而在恺撒时期获得了很大的发展。阿尔的斗兽场建于公元纪年开始之前后，有着 120 个拱券的两层椭圆形看台可以容纳近两万观众，罗马时期这里年复一年地举行着罗马人热爱的战车竞技等角斗表演。中世纪早期各民族或不同统治者之间势力范围的变更拉锯和战争劫掠极大地影响了阿尔的城市发展。十世纪左右，斗兽场的角斗表演已成为历史，但这个以石材建造的巨大坚固的建筑有着潜在的得天独厚的防御功能。斗兽场逐渐被改造成一个小城堡，罗马券柱式的石砌看台外墙被封堵成城墙，沿着新改造好的城墙加建有四个观察敌情的塔楼。在这个新的椭圆城堡内兴建了两圈民宅，超过两百间。每个拱券下面刚好可以塞入一个民宅形成城堡内的外圈住宅，内圈民宅围合成城堡的中心广场，两圈住宅之间是城堡内的环形道路。城堡内还有两个小教堂，其中一个在中心广场，另一个在其中一个塔楼的下面。就这样，血染黄沙的斗兽场被中世纪的居民彻底改造成一个城堡小镇。这个"小镇"实在是非常之小，所以大部分的居民还是居住在城堡外围。不过一旦有战况发生，周围的居民们可以立即撤退到城堡内。这个时候，"小镇"虽小，但一应俱全的教堂、仓库、民居足以在一段时间内维持城堡的日常运转。而中世纪的领土争端往往是两个封建领主之间

图7. 阿尔斗兽场现状
图8. 阿尔斗兽场中世纪被改建为城堡，十九世纪明信片图片。

的暂时矛盾，少有如两个大国之间的大型战争，所以围攻一段时间不得其门而入，也就散了。

同样的改建也发生在别的地方，比如离阿尔不远的另外一个法国南部的古城尼姆[Nîmes]。尼姆的斗兽场的规模和建造时间都和阿尔的那个相近，据信由同一个古罗马建筑师设计。在十一世纪左右，也被当地居民改建成了便于防御的小型城堡社区。阿尔和尼姆的斗兽场小镇存在了将近千年。直到十九世纪初，法国人开始重新发现这个国家的历史纪念物的重要性，将民宅征用并清理出斗兽场才得以还其本来面貌。阿尔斗兽场的塔楼有三个遗存下来以作为中世纪时期的记忆。现在这里不仅是旅游名胜，也定期上演法国南部特有的斗牛表演或是进行室外音乐会等活动。

从斗兽场的变化我们可以看到中世纪初期的欧洲城市——在现在常见的欧洲国家尚未成形之前——在突然丧失了罗马强权的保护之后的一种脆弱的状态。处在不同民族互相杀伐或是不同统治集团不断争夺势力范围的年代，罗马的殖民地城市遗留下来的城墙显然不够高大了。尤其在一些战略要冲，当地居民们需要更为坚固的堡垒以抵御战乱和侵袭。

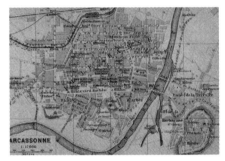

在法国南部，位于大西洋到地中海、法国到西班牙这两条重要路线的交叉点上，坐落着西欧现存规模最大的城堡要塞——卡尔卡松城[Le Cité de Carcassonne]。卡尔卡松坐落在奥德[Aude]河边的小山丘上，占据交通要冲且视野开阔，在古罗马时期这里就是罗马军团在高卢南部行省的重要据点，罗马时期的城墙现在还能看到。罗马衰落之后，卡尔卡松不断易手，先后经历了西哥特人、撒拉森人、法兰克人的统治。公元五世纪西哥特国王西奥多里克二世[Theodoric II]在位时，在罗马时期的城墙基础上加建了很多城防工事，使卡尔卡松要塞初具现在的雏形。之后，在不断的攻城和修建的过程当中，城墙和城防工事愈发高大完整。坚固的城墙加上抵抗的决心，这座城池可以说是坚不可摧。八世纪法兰克人几乎占领法国南部全境，但面对卡尔卡松却久攻不下而只好半途而废。十一世纪，卡尔卡松成为特伦卡威尔[Trencavel]伯爵的领地，特伦卡威尔家族在城内兴建了伯爵城堡[Château Comtal]和巴西利卡式的教堂。而伯爵对于清洁派教徒的同情使得这里成为该教派的主要庇护地。但是卡尔卡松在十三世纪初被法国的十字军攻陷，清洁派教徒被一无所有地清除出要塞。在特伦卡威尔家族试图重新夺回领地的尝试失败之后，卡尔卡松被路易九世[Louis IX]接收。作为法国王室在法国和西班牙边境的重要战略据点，也是法国王室强大实力的体现，路易九世和他的继承者扩建了外圈城墙、塔楼、瓮城，使之成为一座望而生畏的具有双层城墙并带有大量塔楼的巨大城堡。其中城墙总长度达到3公里，而在内外城墙上密密麻麻地布置了历代建造的超过50座的防御塔楼。从城墙东侧的那波奈斯桥门[Porte Narbonnaise]放下的吊桥进入卡尔卡松城内，弯弯曲曲的横街窄巷两旁铁匠铺、面包坊、裁缝店等一应俱全，城内南侧是教堂和露天剧场。城内西侧的伯爵城堡自然是城市中最为显赫的建筑，城堡和城区之间以壕沟相隔，自成一体。要进入城堡，首先要进入其东侧的半圆瓮城，然后走过连接瓮城和城堡的石桥才是城堡入口。

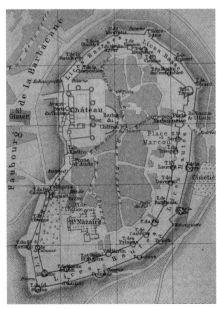

图9. 卡尔卡松要塞（河东岸）和下城（河西岸）
图10. 卡尔卡松要塞平面图

卡尔卡松凭着坚固的城防在中世纪的战乱中为这里的领主和居民提供了一个相对安全的庇护所，但是也给他们带来了猜忌和麻烦。路易九世取得卡尔卡松的统治权之后，出于城

图11. 卡尔卡松要塞城墙

内居民可能仍忠于特伦卡威尔家族的担心，将居民们全部迁移至奥德河对面，并允许他们建立一个不可设防的新城。十七世纪，法国边境线南移，卡尔卡松失去了战略地位并逐渐衰落。

值得一提的是，卡尔卡松在十九世纪曾经面临拆除的困境，法国著名作家梅里美 [Mérimée] 作为法国历史纪念物委员会的第一任巡视员为该城的保护和更新起了巨大的作用，在他的游记体散文《法国的南方》中对卡尔卡松有着优美的描绘："壁垒，塔楼，棱堡，城垛，碉楼，还有成片的葡萄园，舒缓的河流和荫翳的道路。真是奇异无比，浪漫到家了……"。这项更新保护的设计任务最终交给了法国著名的建筑理论家勒·杜克 [Viollet-le-Duc]。而勒·杜克将所有塔楼统一加盖法式圆锥顶的更新方案也引起很大争议。这个方案显然突出了城堡的整体面貌，但是批评者认为勒·杜克所设计的圆锥顶是常见于法国北方为了冬天防积雪而形成的建筑特色，不符合法国南方终日阳光的特点，因此反而丧失了历史建筑的真实性。对于修旧如旧的历史建筑保护而言，勒·杜克的方案有其缺陷，所以反对的声音在一个世纪之后赢得了更多的支持，其中一些塔楼被加上了代表各自时期的屋顶，而非勒·杜克所预想的圆锥顶。就卡尔卡松而言，城墙上这些代表其形象的超过 50 座的防御塔楼的建造时期跨越十个世纪，应该以建筑整体性为重抑或复原历史真实，的确也是一对不可调和的矛盾。

图12. 卡尔卡松要塞鸟瞰

教区和大教堂广场
DIOCESE & PIAZZA DEL DUOMO

　　罗马帝国衰落之后的西欧如同一盘散沙。罗马以强权保障并且以标准化的方式进行规划和统治的帝国行省早已四分五裂，而那些蛮族建立的新王国还不能像之前的罗马那样有效地行使统治。中世纪初期的西欧出现了巨大的权力真空，此时唯一有效而广泛的社会组织便是基督教会了。基督教在罗马帝国后期的国教地位和教士们不辞辛苦的传教活动使得教会成为整个西欧无所不在的社会组织。在公元三世纪末，教会已经开始在罗马帝国的管区内划分了和帝国行省平行的教区 [diocese]，并且任命了类似帝国行省行政长官的主教来治理教区的事务。在罗马帝国后期的一些边境行省，当面对蛮族的入侵时，某些主教甚至开始担当起罗马执行官的角色，组织防御或作出世俗的裁决。在罗马的强权消亡之后，教区成为维系西欧社会的基本政治单位。同样的信仰和同样的宗教仪式，将因蛮族入侵而破裂的西欧社会重新黏合起来，罗马人的标准化和一致性通过基督教重新回到欧洲。

　　虽然没有城堡的高墙，但是每一个教区提供给中世纪居民一个精神层面的堡垒。在这个堡垒里，战乱或疾病带来的心灵创伤可以稍加抚慰。一个小教区可能小到只有一两百户人家，但是这是形成社会团结和人们的联系纽带的基础。每个教区都有一座教堂和一个主教，不同的教区规模决定了教堂的大小。而这个小社区的经济活动中固定的一部分以什一税的形式被统一上缴到教会，以维持教会的运作。从另一个层面来看，这种对教会的贡献客观上为中世纪的城市建设提供了固定的经济来源。对于中世纪城市而言，教堂的存在是至关重要的，因为这意味着这个社区并不是被遗弃的——即使没有军队的保护，起码还有上帝的照看。对于虔诚的教民而言，如果能尽量靠近自己的信仰所在，不啻于住在相对安全的城堡里。一旦有了教堂，中世纪饱经战乱而流离失所的人们便会自发地在教堂周围定居下来，以寻求心灵的庇护。所以不论多么贫穷的教区，都会想方设法建造更大的教堂，这不仅是对上帝的信仰的直接表示，也意味着可以容纳更多的人来参与更加盛大的宗教仪式。能吸引更多的人，自然意味着这个教区的经济力量和防御力量的增长，在中世纪这点是直接决定生存或灭亡的。

　　基督教堂作为一种建筑形式，有着漫长的发展历史。从基督教在罗马帝国停止受到迫害开始，教徒们就着手兴建教堂。但是现成的宗教建筑的样式显然不太符合基督教的需求，一则希腊或罗马神庙的异教徒特质不为基督教义所容；二则这些古代神庙因为只是供奉神像或是司库的所在而普遍较小，而宗教仪式都在室外的广场举行，这也不符合基督教弥撒仪式的要求。当时只有巴西利卡是最符合基督教仪式要求的建筑形式，所以早期的基督教堂都是以巴西利卡为原型建造的。罗马后期的教堂，包括在之前章节所介绍的修道院内的教堂，普遍在教堂前面加上一圈罗马券柱式的回廊。这个回廊所围合的室外空间颇大，在教徒们进入教堂之前即营造出一种与世俗世界相隔离的氛围。这样的空间特征让人想起罗马的帝王广场。帝王广场也是券柱式回廊围合而成，回廊的正面是罗马神庙。两者的区别只是在于教堂和神庙的体量，前者与回廊等宽，而后者要小不少。进入中世纪后，当僧侣们重新开始兴建更大的教堂，在极度缺失建筑经验和技术的情况下，保存了古代文明的教会很自然地回过头去寻找古罗马的典籍以获取新建筑的灵感。更何况在当时缺少财力的情况下，还不得不从古罗马的断壁残垣上拆下石材来建造新的教堂。所以就教堂而言，罗马的影响一直延续了下来。相对别的西欧国家而言，罗马文化对于靠近罗马帝国中心的意大利本土或法国南部城市的影响尤其明显。一种被称为罗马风 [Romanesque] 的建筑在中世纪的早期流行开来。在结构上这种风格广泛采用了古罗马的半圆拱券，在形式上吸取了不少的古罗马建筑的艺术因素。但是罗马风建筑绝对不是古罗马建筑的完全再现，与古罗马建筑的富丽堂皇相比，罗马风建筑设计相对朴素拘谨，施工也较为粗糙，从某种程度上反应了当时西欧中世纪早期的萧索的社会氛围。而随着西欧封建王国和城邦的逐渐繁荣，以及中世纪工程技术的发展，在法国首先出现了以肋拱尖券和飞扶壁为特征的哥特式 [Gothic] 教堂。在 1144 年的庆祝法国圣丹尼斯教堂 [Cathédrale Royale de Saint-Denis] 重修完成的竣工典礼上，来自各国各教区的主教们不约而同地发现了高耸的哥特教堂的神性魅力，在这之后短短的半个世纪之内，凡有主教参加过庆典的教区都开始出现了哥特式教堂。从此，哥特式教堂成为西欧大城市主教堂的主要形式，并将天主教会的权力推向顶峰。

西欧中世纪的城市空间可以不夸张地说是以教堂为中心发展起来的。每个教区都有一座教堂，不论大小，所以教堂在西方城市星罗棋布。以意大利为例，意大利在当代划分为 42 个主教区 [Archdiocese] 和 20 个非城市主教区，与中世纪相比教区的基本格局变化不大。每个主教区下辖若干个教区，但凡主教区主教所在的教区一般也是整个主教区的中心城市的所在。而这个中心城市的教堂即是整个主教区的大教堂。这个大教堂往往体量庞大高耸，占据城市的中心地位。但是大教堂又必须和周遭的世俗世界有所隔离，所以在教堂正面形成一个城市广场，既可以举行宗教仪式，也是教区内人们平时聚集的场所。米兰 [Milano]、佛罗伦萨 [Firenze]、比萨 [Pisa]，这些意大利城市，都有一个大教堂广场 [Piazza del Duomo]。在西欧国家稍大的城市里，包括法兰西和德意志的城市，几乎都有这个共同的城市空间的称谓——"大教堂广场"，尽管语言不同，但是称谓完全一致。

奇迹广场
PIAZZA DEI MIRACOLI

位于意大利托斯卡纳地区 [Tuscana] 的比萨的大教堂广场是基督教堂在西欧中世纪城市中逐渐形成统治地位的典型例子。与中世纪后期的大部分大教堂广场有所不同，比萨的大教堂广场上不只是一个教堂，而是有一组建筑群。同时，处在中世纪意大利社会和贸易发展的初期，城市建设还基本处在停顿的阶段。相较周围尚不太丰满的城市肌理而言，广场和城市的结合度较弱，大教堂广场显得尤其宏伟和纯净，更多地显现出大教堂在中世纪早期的一种

图13. 比萨奇迹广场卫星图

超然于世的状态。从圣玛利亚大街穿过中世纪的城门，眼前一片平缓的绿茵上升起纯白色的纪念物，如同天国的奇迹降临到人间。二十世纪初的意大利著名诗人加布里埃尔·丹农齐奥 [Gabriele D'Annunzio] 曾这样描述比萨的大教堂广场："鹭鸶，在主的天空中翻转，在奇迹的草坪上翱翔。"而大教堂广场也由此得名"奇迹广场"[Piazza dei Miracoli]。

奇迹广场位于比萨城的西北角，靠近城墙边界，似乎与城市的热闹嘈杂遥遥相隔。但考古发现和对比萨城发展过程的了解可以帮助我们还原当时的城市情况，奇迹广场也并不像现在所看到的似乎偏于城市一隅，中世纪的教堂选址和这么多世纪的完好保护足以证明其中心地位。广场上在罗马时期就建有教堂，中世纪时广场北面还有河流经，而河边的码头曾经从伊特拉斯坎时期一直运转到罗马后期，但是在蛮族入侵之后湮灭了几个世纪。随着中世纪前期比萨在海上强权的确立，同时拥有海运、河运、陆运的比萨成为意大利西北部地区的运输和贸易中心，并以"新罗马"闻名。十世纪之后，这里的码头重新恢复生机，繁荣的航运贸易使附近的街区自然成为城市的中心。1064 年，比萨在巴勒莫击败撒拉森人的同年在这里重建教堂，也就是现在广场上的主体建筑比萨大教堂。

比萨大教堂是比萨主教区的主教圣座所在的主教堂。教堂长 95 米，采用拉丁十字平面。教堂内部纵向四排柱子是典型的罗马科林斯式柱式，其上是罗马半圆券，升起的中廊两侧的高窗洒进一些天光，与之后的哥特式教堂的沉重相异，这里还隐约带有古罗马的一丝明媚。大教堂正立面高约 32 米，底层入口处有三扇大铜门，上面有描写宗教事迹的各种雕像。大门上方是几层连列券柱廊，减轻了原本高大的山墙面的沉重感，相反显得倒是颇为轻灵。教堂的历史以及其所折射的比萨当时的辉煌以铭文的形式镌刻在立面上。当然我们从另外一些细节也可以看到比萨当时在西地中海的强盛。教堂内外立面都以灰黑和素白两种色调的大理石拼接，这带有明显的北非和西班牙穆斯林清真寺的影响。这些石材又明显来自不同的地区，

图14. 比萨大教堂立面上的古罗马建筑材料的使用，形成特别但仍统一的肌理效果。

颜色不尽相同，有些甚至是罗马纪念物的残片，近看的话可以明显地看到墙面和柱子上参差的色差。但是这些不同来源不同颜色的石材被完美地统一在一个色调当中，明快而素雅。它并不让人感到拼凑而成，相反让人觉得富于肌理。我们也由此发现比萨在利用资源方面和罗马的类似，即其强大的包容性——而这也体现了比萨在中世纪引以为傲的作为罗马继承人的市民情感。

教堂前约 60 米处是始建于 1152 年的圣约翰圆形洗礼堂 [Battistero di San Giovanni]，直径约 39 米，高约 54 米，圆顶上立着的是圣约翰铜像。教堂圣坛后东北方 20 余米处是举世闻名的比萨斜塔 [Torre Pendente]，始建于 1174 年，作为教堂的钟楼。由于当时的设计者忽略了地质情况，结果塔还只造到第三层的时候就出现了倾斜，虽然采取了补救措施，不过无济于事。1350 年钟楼落成时，塔顶已与地面垂线偏离 2 米，因而以斜塔闻名于世。

三座建筑建造年代横跨三个世纪，由不同的建筑师设计施工，风格上却颇为统一，都是底层为跨度较大的古罗马式样的半圆券壁柱，上层为跨度较小的连列券柱廊。在中世纪的城墙之外，已经可以看到这组建筑的白色轮廓，异常典雅。一进入比萨城，大教堂、洗礼堂和钟楼同时映入眼帘，三座建筑基本形成一条轴线，除了钟楼稍微有点偏出——但是给轴线构图带来不少动感。从大教堂广场空间来看，三座建筑的体量都不小，即使最小的钟楼也是相当丰润，所以宽阔开敞而没有视觉干扰的城市空间作为这个构图的背景很是重要，这样才能使得建筑物既保持各自视觉上的独立性又有组群特征，同时也不容许再有更多的建筑进入到这个三足鼎立且刚好平衡的构图之中。广场的主要道路很巧妙地没有与建筑群的主轴线相重合，而是处在一侧，并偏了一个角度。所以容易显得臃肿的圆柱体的洗礼堂和钟楼并没有与更大体量的大教堂产生视觉冲突。相反的，三座建筑各自所保持的相对完整性和独立性，使得参观者在广场道路上移动时不论从哪个角度看过来，大教堂、洗礼堂和钟楼都是这个永恒构图中的不可或缺的对比要素。同时，由于相连续的建筑风格和相同色调的大理石，使得这样一个对比显得静谧而隽永。广场西面还有个纪念墓园 [Camposanto Monumental]，为了凸显这个建筑群，墓园的设计相当谦逊，面向外部广场的就是一面除了壁柱和拱券之外没有任何多余装饰的白墙。作为安静的背景，这面低调的白墙不仅没有任何吸引视觉的企图，相反在视线上有节奏地联系起了三个不同的主体建筑形式。走进墓园，会惊奇地发现里面是一个安静而具有优美几何感的围合空间——和一旁的开敞广场形成了鲜明的对比。

图15. 比萨奇迹广场——洗礼堂
图16. 比萨奇迹广场——大教堂

尽管大教堂、洗礼堂和钟楼都还带着罗马建筑的痕迹，但是作为宗教性质的城市广场，它们所定义的场所却大不同于古罗马的广场。罗马人对于秩序感的追求使得古罗马的建筑从属于广场空间；而基督教出于对造物主和凡人这两者之间的完全异化的宗教教义，一个在精神上从属于外面世俗广场的教堂是不可以接受的。这个在大片绿茵上升起的白色"奇迹"，迥异于后期的哥特风格所隐含的被文艺复兴所鄙弃的黑暗沉重，从而更凸显出宗教的纯粹和圣洁。在中世纪的战乱纷争当中，这里犹如新的"卫城"——一座没有城墙也不在山顶的中世纪的精神圣地。

　　中世纪的人们在这里完成人生信仰的旅程：凡人以洗礼堂的圣水洗却罪过以获得新生成为上帝的子民；大教堂里灵魂的忏悔维持着生命的意义；聆听高耸的钟楼带来的天国的钟声，隐喻着通向天国之路并不遥远；而墓地给生者以安慰和重生的希望。中世纪的城市就是在这样的信仰当中在罗马的废墟上重新萌发。

图17. 比萨奇迹广场，从左至右分别为洗礼堂、大教堂、斜塔。

第五章

CHAPTER 5

中世纪后期的世俗新城

MUNDANE NEW CITIES AT LATE MIDDLE AGES

I STOOD IN VENICE, ON THE BRIDGE OF SIGHS; A PALACE AND A PRISON ON EACH HAND.

我站在威尼斯，叹息桥上；宫殿和监狱在我的两手。

-- LORD BYRON, "CHILDE HAROLD'S PILGRIMAGE"

从十一世纪左右开始，欧洲的城市从古代的城市聚落或军事要塞向多少拥有一些自治权的城市或城邦过渡。与古希腊不同，古希腊城邦的形成是一种自然集聚的过程，而中世纪欧洲城市或城邦更像是在一种社会契约关系的基础上建立起来的。

中世纪的欧洲分布着大大小小的王国和封建采邑。为了奖励部下的战功，国王和贵族通过层层分封土地，以土地为纽带结成了阶梯式的领主和封臣的关系。而大部分农民则没有土地，只能依附于大大小小的领主进行各种生产活动。在欧洲的封建制度下，土地作为封臣的采邑，一些本来由国家所行使的主权，如司法、财政、军事等，也随着土地的分封一同让渡于封臣。可以说，欧洲封建制度下的领主有着相当大的自治权，而这点对于西欧中世纪城市的兴起有着重要意义。作为回报，封臣须向领主效忠，并为领主在必要时提供军事服务和经济上的援助。领主和封臣的关系是相对的，各级领主与封臣以一种契约关系承担责任和义务。由于土地是层层分封的，附庸只承认自己直接的领主，而与领主的领主则没有臣属关系，形成了一种"我的附庸的附庸不是我的附庸"的原则。欧洲的封建制度在十一世纪左右已经非常成熟，农村人口也在持续增长。但是人口的增长对于农民而言也意味着可供租用的耕种土地的逐渐减少，一部分农民不得不脱离土地而转向手工业，手工业的发展推动了中世纪欧洲商业和贸易的发展。同时，土地分封不可能无穷尽地持续下去，由长子承袭的分封制度造成了许多没有可能继承土地的骑士贵族，而由此造成的对于外部世界的土地的垂涎也是十一世纪末开始的持续了近两个世纪的十字军东征的一大诱因。十字军东征不仅带回了从东方劫掠来的财富，也带来了东方奢侈生活的传闻，这使得封建领主们对于财富有了更为迫切的追求。在这样的形势下，对于领地有着相当自治权利的封建领主们对于城市的产生和发展采取了乐观其成的态度。就这点而言，城镇更像是市场的继承者，领主们从城镇可以获得的经济来源明显地多于以前的市场，但是本质上城镇和市场一样，是领主为了经济利益而让渡给平民的一种权利。如刘易斯·芒福德所述，"这种需求给了封建地主对于城市的一种模棱两可的态度。当他们脑海中权力不再只是体现在军事形式时，他们便倾向于放弃对他们的佃户和附属者的那一点点控制，以换取这些人相应的以现金和城市租金的形式的集体性的贡献……这是一个建设新城镇，或将新的特权授予那些因为人口增长而从村庄纷纷转变而来的新中心的重要的间接动机。"[注1]

而在另外一些地区，比如意大利，罗马帝国的城市其实从没消亡。这些处在原先罗马帝国心脏地带的城市比欧洲其余地方更好地保留了罗马的传统，以及罗马的共和精神。而且，这一带地中海沿岸的城市在罗马时期就有和东方或北非贸易的传统，在中世纪这里仍然是整个欧洲和东方进行贸易的必经之地。手工业和贸易的繁荣使得这些从罗马帝国灭亡中幸存下来的城市重新繁荣起来，并且积聚了足够的财富以赎买或以武力的方式摆脱领主的束缚而逐渐获得了城市自治权。

就城市自治权而言，与东方中央集权的帝国非常不同，欧洲的村镇和城市普遍享有程度不一的自治权。正是这一点使得欧洲中世纪的新城市如雨后春笋般发展起来。尽管出于不同的原因，中世纪欧洲有不少地区开始出现了显著的城市化进程。在封建领主势力强大的国家和地区，比如法国西南部、西班牙北部、英格兰地区，新城市是在领主们的准许甚至鼓励下发展起来的，而这些城市又往往是边疆要塞，起到了为领主们戍边的作用，例如法国西南部的卡尔卡松、图卢兹 [Toulouse]。而在莱茵 [Rhein] 河和易北 [Elbe] 河流域，在神圣罗马帝国松散的统治疆域内，在效忠领主的前提下，大批的新城在德意志、奥地利、瑞士等地涌现，如汉堡 [Hamburg]、吕贝克 [Lübeck]、不来梅 [Bremen]。这些城市还相继成立了莱茵同盟 [Rheinbund]和汉莎同盟 [Hanse]，以加强各城市间的联系，发展对外贸易，同时保护城市商人的利益，尽量减少封建领主的掠夺。在意大利中部和北部，威尼斯、佛罗伦萨、比萨等城市则通过贸易积累了巨大的财富，城市实力已经超越原先所附庸的领主，完全有能力进行自我防御。这些城市形成了类似古希腊城邦的城邦公社 [comune] 或共和国，享有独立的行政、司法、财政以及对外宣战和媾和等权力。

当代西欧的城市基本都脱胎于这些兴起于中世纪的新城。罗马遗留下来的痕迹或多或少地还保存在这些中世纪城市的肌理之中，但不同的社会生活习惯和地域文化特征让这些新城在城市空间形态的发展上形成了各自的特色。

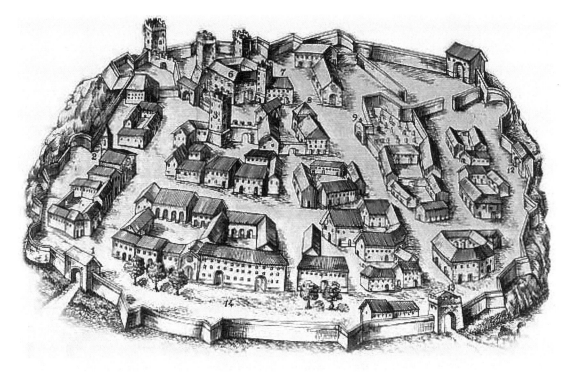

图1. 典型的中世纪新城，意大利的拉莫拉[La Morra]，十二世纪由附近农民迁移此地形成的城邦公社，其所有权一直属于某位封建领主，并在领主间多次转让。

罗马帝国曾经在其疆域内建造了大量的主要用于军事目的的标准化的格网城市或军事要塞。出于迅速调动军队的目的，这些城市往往又处在罗马四通八达的公路系统的节点上。罗马完善的公路系统对于中世纪的欧洲人而言无疑也是一笔宝贵的财富，人们继续使用着这张公路网作为贸易线路。几个世纪持续不断的贸易使得沿线一些罗马遗留下来的城市重新开始焕发生机。

维罗纳
VERONA

意大利北部城市维罗纳 [Verona] 在罗马时期就位于四条罗马大道的交叉点，战略地位异常重要。维罗纳依水而建，阿迪格 [Adige] 河在城市北面像一条护城河一样环绕城市。这里不仅是罗马人控制意大利北部地区的桥头堡，也是北方民族入侵罗马的必经之地。维罗纳见证了罗马的兴衰，罗马人曾经为在这里成功抗击蛮族的入侵而在罗马城举行了帝国的最后一次凯旋式，但是罗马人精心规划的军事城市终究没能挡住北方民族的脚步。万幸的是，尽管历经岁月变迁，维罗纳是罗马城市规划特征保存得最好的城市之一，从现在的卫星图上我们仍可以清晰地看到当时罗马的格网规划。

中世纪的维罗纳在罗马的废墟之上重新站立起来，这里是莎士比亚笔下的罗密欧与朱丽叶的故事的发生地。进入中世纪中后期的繁荣使得整个城市的建筑基本都被更新，只有几个重要的建筑或许因为过于庞大而难于拆除，仍旧保存在城市肌理当中，比如位于城市西南方的斗兽场和河对岸的露天剧场。罗马时期的建筑和街道绝大部分已经湮没在地面之下。原先笔直的街道已经有相当部分或是被中世纪新建的建筑扭曲，或是彻底消失在新的街区之中。但是中世纪的城市重建并没有脱离罗马的蓝图，维罗纳保留了罗马时期的城市结构，罗马时期的南北大道和东西大道仍清晰可见。尤其是东西大道（现称为博萨里城门街 [Corso Porta Borsari]）的末端现在还保留着罗马时期的城门（现称为博萨里城门 [Porta Borsari]）。帝国时期横贯意大利北部地区的一条主要大道——坡斯图米亚大道 [Via Postumia] 在进入这个城门之后变成东西大道，然后横穿城市继续向东延伸。而南北大道尽管已演变成几段不同名字的街道，但依然保持着某种连续性，在它的末端的一幢中世纪建筑的外墙上也仍旧保留着当时城门（现称为莱昂尼城门 [Porta Leoni]）的一部分遗迹。

图2. 维罗纳现存的古罗马时期城门，横贯在道路中央。

图3. 维罗纳卫星图

与罗马时期相比，中世纪维罗纳的城市空间还是发生了很大的变化。南北大道和东西大道的交叉点东南端的罗马时期广场已经让位于新的百草广场 [Piazza delle Erbe]。百草广场和罗马时期一样直到今天仍是一个活跃的市场，可以买到各种香草和香料，这也是广场名字的由来。罗马时期广场周围的三神庙和元老院的遗址还能在广场周围的宫殿和餐馆的地下室看到。但是中世纪以来不断加入广场的新建筑将原先的方正形态压缩成了现在的纺锤形。广场中心是个喷泉，喷泉中央是个罗马时期的女神雕塑，是维罗纳最古老的纪念物。沿着广场东北边是一排罗马风风格的建筑，包括了老市政厅 [Palazzo del Comune] 和维罗纳最高的兰伯蒂塔 [Torre dei Lamberti]。通过两者之间的很短的巷道就进入另外一个封闭的广场——元老广场 [Piazza dei Signori]。广场的中央自十九世纪中叶奥地利统治时期开始矗立着一座意大利文艺复兴文学巨匠但丁 [Dante] 的雕像，所以这个广场也被称为但丁广场。两个形态分别是开放和封闭的广场紧密相连，世俗生活和政治权利在这里并没有明显的界线。现在这里是维罗纳市中心活跃的公共场所。

图4. 维罗纳市中心的百花广场，仍能见保存完好的罗马建筑的立面。

在另外一个意大利名城佛罗伦萨 [Firenze]，也仍然可以清晰地看到罗马城市的痕迹。佛罗伦萨位于意大利中北部的托斯卡纳大区，是公元前 80 年由罗马独裁者苏拉为他的军团战士所建立的殖民城市。与大部分意大利城市一样，罗马帝国的灭亡给城市和人口都带来了毁灭性的打击。但是中世纪的佛罗伦萨逐渐通过贸易和金融积累大量财富，从中世纪中后期开始，佛罗伦萨已经成为意大利北部地区最强大的自治城邦。

佛罗伦萨的市中心老城仍然保留着比较完整的格网结构。南北大道和东西大道清晰可见，现在的共和广场 [Piazza della Repubblica] 位于南北大道西侧，广场保持着与罗马时期广场一样方正的形态，东西大道在广场中央横贯而过。随着经年累月的建筑的拆毁和重建、街巷的占用和改道，古罗马遗留下来的这张道路格网不断地被撕扯和扭曲，已经打上了强烈的中世纪烙印。中世纪佛罗伦萨以富有闻名欧洲，这里的银行家曾经在英法百年战争时期为英国国王进行战争融资，佛罗伦萨发行的金币佛罗林 [Florin] 曾经可以在西欧大部分城邦流通。但是富裕的佛罗伦萨在城市发展中遇到了土地不足的困境，城市中的任何一处空地都会被用来建造房子，罗马的遗迹塞满了中世纪新建的房子。现在的共和广场在中世纪被用作市场，但是被密密麻麻的房子所包围。在不少古罗马殖民地城市，斗兽场出于过于巨大而难以拆毁，但是在佛罗伦萨的财力和对于土地的渴望面前，斗兽场的巨大并不能成为一个障碍。原先位于城墙之外的斗兽场在中世纪已经完全融入到新的城市肌理当中，我们现在还能看到的是斗兽场的椭圆边界凸显在城市路网上，似乎在告诉人们这里曾经发生过的一切。为了延续从老城过来的道路，新的道路穿过斗兽场区域将之像蛋糕一样切成三块，从而属于不同的街区。不过相比露天剧场，斗兽场算是幸运的。罗马时期的露天剧场就在紧靠城墙外围的东南侧，现在已经彻底消失了，在它之上是著名的维奇奥宫 [Palazzo Vecchio] 和元老政府广场 [Piazza della Signoria]。城市的东北侧建造了新的大教堂，大教堂的西面自然是大教堂广场 [Piazza del Duomo]，但是相对佛罗伦萨大教堂的尺度而言，这个教堂广场实在不算什么。大量的建筑活动让城市在很长一段时间内不再有哪怕一小块绿地，但是佛罗伦萨人还是以最大的努力在城市中设置了这些不同的广场，尽管尺度不大，但各有特点而且成为城市的功能中心：大教堂广场作为城市的宗教中心，共和广场作为城市的贸易中心，元老政府广场作为城市的市政中心。这些新产生的城市生活中心发散出强烈的吸引力，围绕这些中心附近的区域逐渐形成相对高密度的城市肌理，罗马时期均质的城市格网在中世纪变得疏密有致。

类似的在中世纪复兴的罗马格网城市在意大利地区并不罕见，包括都灵 [Turino]、皮亚琴察 [Piacenza] 在内的一些意大利古城的市中心老城在现代都能清晰地看到继承自罗马时期的格网结构。从这些例子我们同时可以看到，经过千年左右的演变，这些格网已经以各种方式消解到了城市肌理当中。中世纪前期城市内统治力的缺失，使得人们可以不再受限于原先的路网而随意在罗马的废墟中开辟新的捷径，从而形成穿越街区的道路；当中世纪进入稳定发展的阶段，那些移居城市的贵族试图将原先在乡村地区的城堡生活移植到城市当中，他们会将不同街区的居住单元联接起来，并将街道封闭，建造大型的城市府邸。尽管罗马的

格网逐渐模糊化，但是也开始更加自然地贴合城市。

　　除此之外，格网结构的城市在中世纪也并非罗马殖民地城市的专利。法国南部的一些新建的城市也采用了已经重新开始流行的格网规划。相比之下，新建城市的道路格网更为清晰。在卡尔卡松，当路易九世取得这里的统治权之后，出于对原先城堡内居民可能仍忠于原领主的担心，将居民们全部迁移至奥德河对面，并允许他们建立一个不可设防的新城。这个全新规划的新城称为"下城"［Le Ville Basse］，虽然已经被现代城市包围融合，但新城的轮廓和内部横平竖直的道路格网完整清晰。

图5. 佛罗伦萨卫星图，白色虚线框内为融入城市的斗兽场轮廓。

对页：
图6. 佛罗伦萨的图底关系图

中世纪村镇联合
MEDIEVAL SYNOECISM

中世纪前期的战乱一度摧毁了西欧的城市文明，逃离城市是在那个时代生存下去的最佳选择。这个时期的欧洲在城市化进程方面经历了巨大的倒退，甚至可以说是经历了乡村化的一个过程。黑暗时期过去之后，不仅罗马遗留下来的一些城市开始复兴，一些原本就是村镇的地区又一次地开始了类似古希腊城市形成的过程——村镇联合。这种趋势在一些君主势力相对较弱的地区——比如意大利——尤其明显。村镇联合最早出自于亚里士多德对于希腊城邦制度的生成机制的描述。几个村镇的人们或者离开原先的聚居地整体移居到一个新的地方合力建立新的城市，或者村镇之间互相融合而形成新的城市。中世纪中期开始，那些处在贸易路线上的村镇随着社会的逐渐稳定和贸易的发展，有着强烈的意愿重新融合成一个大的集合体。

锡耶纳
SIENA

意大利中北部托斯卡纳地区的古城锡耶纳 [Siena] 的发展体现了典型的中世纪村镇联合的城邦形成机制。锡耶纳距离佛罗伦萨大约 50 公里，恰好处在三座小山之间。罗马时期的锡耶纳不过是个默默无名的乡村聚居地，三座小山各有依山而居的村镇聚落，分别是：Castellare, San Martino, Camollia。进入中世纪之后，为了避开拜占庭帝国对于原先的贸易路线的侵扰，逐渐控制意大利的伦巴底人在受自己保护的领地内开辟了新的贸易路线，而锡耶纳恰好位于这新的贸易线路上而大受其益。随着贸易的发展，原先三个村镇村落逐渐走向融合而最终合并成为之后的锡耶纳。十二世纪，锡耶纳宣布独立为自治性质的城市公社，同时还通过了成文的宪法以保障这种城邦体制。

锡耶纳的三座小山形成了一个"Y"字形格局，这三座小山的交汇点也是最早的通向三个村镇聚落的三条大道的交叉点，所以从罗马时期以来这里就自然形成为这个地区的集市之地。对于三个村镇的原居民而言，这个交汇点不论是从路途远近或是政治平等的角度而言都是设置市政中心最合适的位置。随着十三世纪锡耶纳大教堂的主体建筑在这个交汇点基本落成，大教堂东边几步之遥的原先就存在的集市之地作为城市行政中心的合法性被最终确定了。这里的集市之地最终成为城市广场，意大利语也称之为集市广场 [Piazza del Campo]，"Campo"一词在意大利语中即是"空地"的意思，也就是说它的前身就是一块容纳集市的大空地。与古罗马格网城市特有的中心广场不同，这里的广场虽然地处城市中心，却是纯粹的

图7. 锡耶纳卫星图，白色虚线为三个村镇向集市广场融合的方向。

因自然地形和政治制度的耦合而形成的独一无二的城市中心广场。这里不仅保留着古罗马市场的传统，也是锡耶纳市民生活的中心，广场上每年举办的奔牛活动可以一直追溯到中世纪，城市中几乎所有的重大活动都在这里举办。

十三世纪，当时的锡耶纳成立了"九人理事会"的城市权力机构。城市里陆续建成的新道路都汇总到这个集市场地，"九人理事会"决定将市政中心搬迁到这里。集市场地周围扩建了市政大厅 [Palazzo Comunale]，集市广场的围合立面从此开始完整起来。十四世纪中叶，在紧贴市政大厅外面建成哥特式的曼贾钟楼 [Torre del Mangia]，并且完成了广场的铺地。广场以赫红色地砖铺成，被用白色方石铺成的分割线划成九个区域以纪念当时的"九人理事会"制度。而这些白色分割线又汇总到市政大厅前，以此表示锡耶纳城的权力机构所在。高度超过 100 米的钟楼在天空的映衬下高耸有如纪念碑，不仅加强了广场的视觉焦点，而且把原本比较二维且封闭的广场内视线引导到了三维尺度，从而大大解放了广场的封闭感。钟楼下面是广场礼拜堂 [Cappella di Piazza] 的白色大理石拱廊，在周围这一圈红色调子的建筑当中显得特别华丽，这是广场的正立面。集市广场像一扇贝壳，安静地躺在钟楼下面，微微的向着市政大厅方向倾斜。广场的北侧有建于十九世纪的盖亚喷泉 [Fonte Gaia]，上面有着讲述圣经故事的精美浮雕。

图8. 锡耶纳集市广场图底平面
图9. 锡耶纳集市广场

　　中世纪的人们对于宗教信仰的虔诚毋庸置疑；在锡耶纳无疑存在另一种形式的信仰——那就是市民对于世俗生活的热爱。集市广场是一个真正的市民广场，自建成之日始，这里即是锡耶纳市民生活的焦点。从中世纪建成一直到当代的六百多年来，每年的 7 月 2 日和 8 月 16 日在这里会举行具有古罗马竞技传统的光背赛马会 [Palio]。一到赛马日，广场的边缘会铺上沙子以作为赛道，整个广场内部则人头攒动，异常热闹。平常的日子，这里是晒太阳的好地方，广场上都是横七竖八地坐着、倚着、躺着的青年人，他们就像是躺在地中海的海滩上享受日光浴一般。座椅和长凳在这里是多余的，因为广场本来就是斜的，躺下来正好。高耸的大钟楼落下长长的阴影仿佛一座日晷，如果不是它还在日复一日的缓慢扫过广场上的那些人们，时间好像就在这里凝固了。

威尼斯
VENEZIA

　　威尼斯 [Venezia] 地处意大利东北部，在亚得里亚海深入内陆的一个潟湖之中，由百多个小岛组成，被誉为"亚得里亚海的明珠"。初到这里的游客对于威尼斯的印象一定是一个被运河所分割成碎片的城市。其实不然，确切地说，应该是城市的发展填充最终形成了运河体系。而这个特点也是威尼斯形成机制的最好证明。

　　中世纪早期这里是远离战乱纷争的天堂，所以罗马帝国解体之后的几个世纪，内陆地区的人们陆续不断地从原先的居住地搬迁到这里的小岛上以躲避战乱。这样的迁移往往是整个宗族或者乡村的集体迁移，新移民们带着自己族群的圣物和宗教习惯来到这里，在新的小岛上以原先的村落或社会组织为样本重建家园。大部分这些新聚居地的中心是一块"空地" [campo]，在面积不大的小岛上保留这块"空地"并不容易，但是这块"空地"如此重要，因为人们赖之生存。"空地"上人们建造供奉圣物的教堂并以族人当中的圣人名字命名，教堂支撑着人们对于天国的信仰，从而让他们在个陌生的地方萌发生长;而教堂前面的"空地"上往往有一口水井，用来集聚雨水为岛上居民提供淡水，上天所回馈的淡水让人们在艰苦的中世纪生存下来。这块"空地"象征了中世纪岛民肉体和精神存在的一切。

图10. 圣索菲亚空地[Campo S Sofia]的水井
图11. 圣约翰保罗空地[Campo S Giovanni e Paolo]的水井

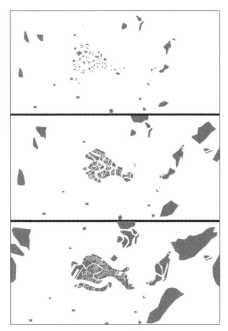

图12. 威尼斯形成模式图解：众多岛屿逐渐外扩进而联接形成较大的岛。

从五世纪到九世纪，威尼斯地区就是这些散落在潟湖之中的以某块"空地"为中心的小岛或是小教区的集合。随着中世纪社会的日益发展，这些小岛聚落以一种特殊的填海方式向外扩张。潟湖的水不深，这里的人们在水底下的淤泥里打上排列紧密的木桩作为地基，然后上面铺上木板，建造新的房子。威尼斯大部分的亲水房子都是以这种方式建造而成。到十世纪初，人为的扩张使得一些小岛的地盘已经靠近到自然毗邻，最终几个最为靠近的小岛决定合并成一个行政单位，也就是现在的中心区域里亚尔托 [Rialto]。自此，威尼斯地区的村镇融合的过程加速发展，直至整个潟湖之中的小岛合并成威尼斯城邦。到十五世纪威尼斯已经发展为当时意大利领域内最强大的"海上共和国"，也是地中海的贸易中心。伴随着合并过程的是潟湖面积的不断减小，小岛之间宽阔的水域最终被压缩成穿行各岛区的河道，所以现在威尼斯的河道确切地说应该是潟湖的残余。普通城市内的交通要道在这里化身成蜿蜒的河道，而交通工具是威尼斯独有的贡多拉 [gondola]。另外，几百座各式各样的桥梁把各个小岛联系在一起，那些"空地"逐渐演化成威尼斯一个个的小广场。威尼斯城内街巷尽管曲折狭窄，却一定通向这些小广场，这些节点空间和河道小巷构成了威尼斯完整的城市空间网络。

时至今日，这些小岛上的邻里社区仍然保留着独特的个性，这些社区有着与教区教堂相关联的名字，邻里中心仍然能找到附带水井的小广场。甚至威尼斯人的自我认同意识首先也是来自他或她祖先居住的宗族小岛，然后才是作为集体的威尼斯人。

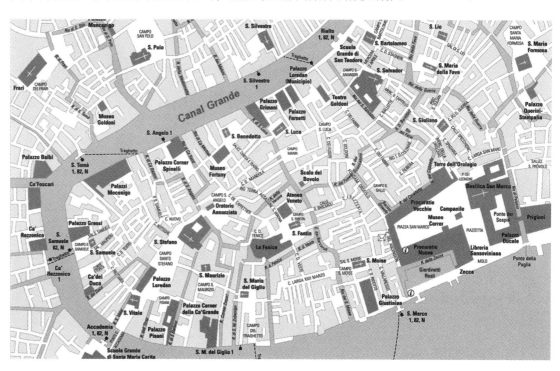

图13. 威尼斯广场分布图

图14. 威尼斯卫星图
图15. 威尼斯图底关系图

中世纪的世俗广场
MEDIEVAL MUNDANE SQUARES

从西欧中世纪城市的形态发展来看，中世纪城市沿袭了古典城市的发展道路：或是对于古代殖民地城市的重新利用，或是自然村镇的重新集聚。这些中世纪城市的规模并不比古代罗马的大多少。通常情况下，城市人口的数量不会超过万人。即使到中世纪后期，超过 10 万人口的城市即归入大城市之列，比如威尼斯、米兰。

中世纪欧洲分裂割据、战乱频仍，几乎所有的中世纪城市都筑起了高大厚重的石头城墙。城墙外通常都有很深的壕沟，而在最险要的地方还建有城堡。城内的哥特式教堂也是铁骨嶙峋、清冷尖峻。高耸的塔楼和厚重的石墙所投下的阴影或多或少地赋予了城市一种阴郁的气氛。相较古希腊和古罗马，中世纪城市似乎为一种超自然的力量所主宰。

但中世纪城墙之内的生活并不是很多现代人所想象的那样黑暗或贫乏。教堂、集市、浴室，为城市生活提供了一定的便利；中世纪社会的缓慢发展也为城市提供不少空地或花园，十几分钟的步行可能就可以走到乡村田野之中。经过多个世纪缺乏规划的发展，城市开始被填充而逐渐变得拥挤，城市道路变得曲折狭窄。而且由于缺乏必要的城市市政设施的相关知识和建造能力，中世纪中后期开始城市的卫生状况变得比较糟糕，城市道路经常是肮脏污秽、臭水横流。这也为中世纪后期的瘟疫大爆发留下了很大的隐患。抛开这些不利因素，中世纪的城市是个充满了空间神秘感的所在，狭窄曲折的道路提供了一个封闭的行进空间，但是这个空间的立面随着人的移动又总是产生新的街景，而最后这个空间往往又会突然开敞，迎面而来的会是一座宏伟的哥特教堂或是一个热闹的集市，这是一种对比感强烈的城市空间体验。构成这种体验的关键因素在于城市内大大小小形态各异的空地或是广场。在意大利，这些从中世纪遗留下来的不同大小的城市空间有着不同的称谓：最小的社区中心的空地被称作"空地"[campo]，常常面对一个小教堂；大一点的、又面对一个大教堂的，就叫作"广场"[piazza]；介于两者之间的，或者从属于某个大广场的空间也可称作"小广场"[piazzette]。经过几个世纪的城市演变和更新，我们现在所看到的这些产生于中世纪的城市广场的风格相较当时当然发生了很大的变化，但就形态而言，毫无疑问地可以追溯到中世纪的城市肌理。

随着中世纪城市的发展，城市肌理继续着裂解、融合、更替的过程，城市广场变得越发复杂和多样化。这种缺乏规划的、自发的演变孕育了不规则的但是契合城市肌理的中世纪广场的形态。不管尺度或是形态的差别有多大，中世纪广场有一些普遍的特征。中世纪广场强调建筑物围合所形成的封闭感，以维持居民对此场所的家园情结。广场空间由街道引入，但是广场的封闭感也往往被街道打断，这是一对既矛盾又相辅相成的空间共生体。作为一种空间体验，中世纪广场的营造无疑被看作为"街道—广场"这样一个完整城市空间体验序列的有机组成部分，而非凌驾于城市之上的某个独立存在。奥地利城市理论家卡米洛·西特[Camillo Sitte]对于中世纪街道和广场的关系有着细致的描述："如果可能，（广场的）每个进入点只布置一条道路；如果有第二条道路，则以前一条道路的支路形态并与广场进入点拉开一段距离设置，从而隐退在广场视野之外。更妙的是，位于这些角落的三或四条道路会以不同的方向进入广场……更深入地来看，以风车形态来引导广场的进出道路带来了这样的好处，在广场内任一点看只有一个视野开口，所以广场的封闭感最多只有一次干扰。而以一定角度朝向某个广场开口时，街道上的建筑物往往因为透视关系而互相遮挡，封闭了这个不美观的开口，从而保持了构成整个广场封闭感的这种不间断的连续性。"[注2]

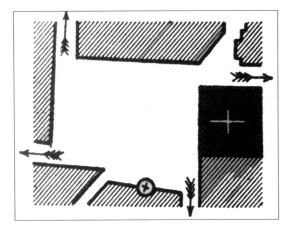
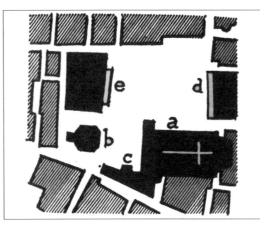

图16. 拉凡纳[Ravenna]的大教堂广场，显示出中世纪广场周边的风车型道路模式。
图17. 匹斯托瑞亚[Pistoria]的大教堂广场。

　　随着中世纪政治制度和世俗生活的发展，社会生活的一些主要功能越来越趋向于集中，伴随而来的是广场功能的复合化。中世纪的广场空间一般带有明显的方向性。或者说，如果按照保罗·朱克[Paul Zucker]对于广场的五种分类方法，中世纪广场基本都属于支配型广场。以中世纪广场上占支配地位的主要建筑物作为参照物，西特将中世纪广场分为深远型[Deep Type]和宽阔型[Broad Type]两类：深远型往往是教堂广场；宽阔型往往是市政广场。同一个广场也可以兼具这两种类型，如果教堂和市政厅同处一地，则取决于观察者的位置，当观察者面对大教堂时广场依旧会是深远型的，而面对市政厅时广场则往往是宽阔型的。在复合功能的广场的基础之上，值得一提的是在意大利境内的一些中世纪城市中出现了一种更为有趣的复合形态的中世纪广场——复合型广场。这类复合广场通常有互相锁定的尺度不同、方向不同、功能不同的主副两个广场。与大多数封闭感强烈的中世纪广场略有不同，这类复合广场在不破坏主广场的封闭感的同时，通过副广场扩大了主广场上某个部位的缺口，将视线延伸出去，增加了广场上视野的变化和趣味。而副广场又往往进一步向城市田野或河流开放，将城市空间与周边的自然景观绝妙地结合起来，而这又丝毫不影响主广场所需的封闭的场所感。其中最有代表性的是我们耳熟能详的佛罗伦萨的元老政府广场和威尼斯的圣马可广场。这样的广场提供了中世纪城市里从宗教到世俗的一切社会功能：礼拜、市政、集市，成为中世纪城市的中心。而这些广场在中世纪所形成的活力使得它们不仅在之后不断的城市更新中避免消亡，相反在之后文艺复兴大师们的改造之下显得更为精彩。

图18. 托第[Todi]的复合型广场模式，主广场为深远型的大教堂广场，其东南角和次广场相联通，次广场可远眺田野景色。

元老政府广场，佛罗伦萨
PIAZZA DELLA SIGNORIA, FIRENZE

　　佛罗伦萨在十二世纪成为意大利北部地区强有力的城市共和国。同时，罗马教皇和神圣罗马帝国皇帝之间的争斗，使得意大利各城市共和国之间和内部的矛盾激烈而复杂。佛罗伦萨也不例外，两派势力长期互相倾轧。作为工商业发达的城市共和国，逐渐倾向于摆脱封建诸侯的控制，最终佛罗伦萨的教皇党在权力斗争中战胜了神圣罗马帝国皇帝的支持者。为了不让城市内支持皇帝的家族再有复辟的可能，佛罗伦萨拆光了主要家族乌柏蒂 [Uberti] 家族的宅邸，并在其宅基地上兴建了新的广场，也就是我们现在所看到的元老政府广场的雏形。广场成形于十三世纪后期，因为当时建广场的主要目的是为了防止复辟，并没有太多事先的规划，所以广场的形状基本就是拆掉乌柏蒂家族宅邸所留下来的空地的范围。

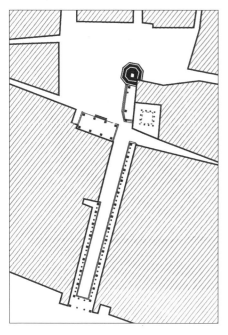

图19. 佛罗伦萨的元老政府广场平面图
图20. 佛罗伦萨的元老政府广场卫星图

　　十三世纪末元老政府宫落成于广场的最中心，作为中世纪佛罗伦萨的共和国元老院，广场也以此得名。元老宫由佛罗伦萨主教堂的建筑师坎比奥 [Cambio] 设计，以粗石砌成，外形厚重宛如城堡。元老宫的塔楼高 94 米，是原来居住在此地的一个家族的塔楼，坎比奥将其结合到新建筑之中，成为这里的地标。广场建成之后的几个世纪内，广场四周又陆续兴建了新的建筑。十四世纪晚期在广场南面兴建了哥特风格的佣兵凉廊 [Logia dei Lanzi]。十六世纪中叶，美第奇 [Medici] 家族的科西莫一世 [Cosimo I de' Medici] 搬入元老宫，以此宣告对于佛罗伦萨的统治地位。他请了文艺复兴大师瓦萨里 [Vasari] 扩建了这个宫殿，使之成为美第奇家族的宫殿。为了将宫殿和水岸相连，美第奇家族请瓦萨里特意在当时一片拥挤不堪的中世纪建筑群中开通了一条狭长的通道广场，直通阿诺 [Arno] 河边，这个狭长通道广场的两边是文

图21. 佛罗伦萨的元老政府广场全景

艺复兴风格的乌菲齐宫 [Galleria degli Uffizi]，作为地方行政办公之用。科西莫一世在当政的后期搬出元老宫，宫殿名字被重新命名为维奇奥宫 [Palazzo Vecchio]，也即老宫殿之意。

　　美第奇家族的改造使得元老政府广场更多地带上了文艺复兴风格，但是广场基本保持着中世纪的格局，狭窄的街道从不同角度和位置进入广场，但没有一条道路形成穿越，广场很好地保持了一种围合的感觉。中世纪风格的维奇奥宫凸出到广场内部，占据了视觉主导地位，并且把广场的空间切成了"L"形的相互渗透但是又有相对独立感的两部分。这两部分没有实际边界的空间进而被文艺复兴时期设置在广场上的雕塑所形成的视觉参照点重新界定。首先在 1504 年维奇奥宫门口左侧放置了米开朗琪罗 [Michelangelo] 的著名的大卫雕像（现在放置的是复制品）。之后在右侧放置了班第内利 [Bandineli] 的希腊大力神赫克利斯的雕像。两座大师级的大理石雕像明确了维奇奥宫的主入口以及它在广场的显著地位。1574 年紧贴维奇奥宫在西北角方位建了海神喷泉。就西特对于中世纪广场的观察而言，喷泉设置在角落而不在广场中央似乎也是中世纪广场的惯例，这样作为一个公共纪念物的喷泉不会因为处在交通要道而随着城市发展被迁移，从而保持这个场所的历史意义。喷泉就好像设置在被维奇奥宫切割的两部分广场空间的枢轴处，在视觉上把这两部分广场空间重新贯通起来。1594 年，广场上放置了科西莫一世的青铜骑马雕像，如果顺着广场西边或北边中央的道路进入广场，雕像正好在视线的中心，从而更加清晰地从视觉上界定了广场空间和维奇奥宫之间的比例和对照关系。

图22. 大卫雕像，最早就矗立在维奇奥宫门口。

维奇奥宫西南方向斜对侧的佣兵凉廊是个半开敞的类似广场凉棚的建筑，凉廊初时是用作美第奇卫兵的守护室，经过几个世纪的演变，廊外和里面放置着众多的文艺复兴时期大师们的雕塑作品。凉廊看似只是在广场上提供一个休憩的场所，但是处于从广场大空间通向狭长的乌菲齐宫广场的咽喉处，可以说是处于两个空间转换的关键视点。从体形上看，凉廊非常高大，但又恰到好处。处在紧邻维奇奥宫的斜对侧，它既没有影响维奇奥宫在广场占统治地位的体量，又没有显得被矮化。它和维奇奥宫所构成的乌菲齐宫广场入口从平面看比较狭窄，但是它的开敞和里面众多的雕塑作品，又能轻易地把大众的视线引到那里。

图23. 乌菲齐宫看向维奇奥宫
图24. 乌菲齐宫看向阿诺河

从这里进入乌菲齐宫广场，这是个狭长安静的通道，两边是文艺复兴风格的柱廊，每隔一段距离的柱廊之间就有一段壁龛，里面是一个个的人物雕塑。这个轴向空间的一端有维奇奥宫高耸的钟楼和更远处的伯鲁乃列斯基 [Brunelleschi] 设计的百花主教堂穹顶作为视觉焦点；而在另一端，穿过通透的骑楼就可以看到静静流淌的阿诺河。两端景物各异，视点又是一高一低，使得这段古典而静谧的狭长空间变成一段流动的空间。

就整个元老政府广场而言，只要和维奇奥宫保持一定视距——观察作为广场中心的高大建筑自然需要一定视距——狭长的乌菲齐宫广场的开口并不明显，这使得主广场的封闭性完好无损；而随着向维奇奥宫入口移动，观察者的视线又会被具有强烈方向性的乌菲齐宫柱廊广场引向远处骑楼所框出的河景。这是一个对比强烈而令人着迷的城市空间。

圣马可广场，威尼斯
Piazza San Marco, Venezia

因为水系的关系，威尼斯地形复杂，城市的发展是个相对自发和有机的过程。这里的曲折街巷将组成威尼斯的一个个小社区内的空地或广场编织成一个完整的城市空间网络。这其中最大的一个就是被拿破仑誉为"欧洲最美的客厅"的圣马可广场 [Piazza San Marco]。能在威尼斯被真正称为广场的或许也只有圣马可广场了。广场现长约 170 米，东边宽约 80 米，西边宽约 55 米。从广场空间的尺度来看，其体量在威尼斯密如蛛网的城市空间网络中是鼎立绝伦，威尼斯人在这里"营造一个主要的城市中心，而整个城市次中心群所形成的系统与之在形象上相呼应以烘托其统治地位。"[注3] 圣马可广场历经了威尼斯人近十个世纪的不断改造，没有事先的规划，大都出于威尼斯人半自觉的对于城市审美的意识，而最终形成了现在的形态。我们大约可以将圣马可广场的形成过程分为以下三个阶段：

阶段一、中世纪早期的小广场

圣马可广场初建于公元九世纪，最初不过是圣马可大教堂前的一座小广场。马可是圣经中《马可福音》的作者，被威尼斯人奉为守护神。相传两个威尼斯商人于九世纪从埃及的亚历山大将耶稣圣徒马可的遗骨偷运到威尼斯，威尼斯人为其兴建了巴西利卡式样的大教堂作为公爵的家族教堂，大教堂以圣马可的名字命名，大教堂前的广场也因此得名为圣马可广场。但此时广场的西边是一条小河，正好南北贯穿现在的广场中央，所以当时的广场不大，只有现在的一半。河的西岸是另一座不大的教堂，坐落在现在的广场上，与圣马可教堂隔河相望。大教堂的南边——现在的公爵府 [Palazzo Ducale] 的位置，是一座四周环水的带围墙和碉楼的城堡。广场上，现在钟楼的位置据信已在当时奠基并建成瞭望塔。当时的圣马可广场被河道和海面所包围，隔着河又是不太相宜的城堡或是教堂，空间非常局促，广场也缺乏纵深，并不比中世纪早期的普通教堂广场有什么特殊之处。

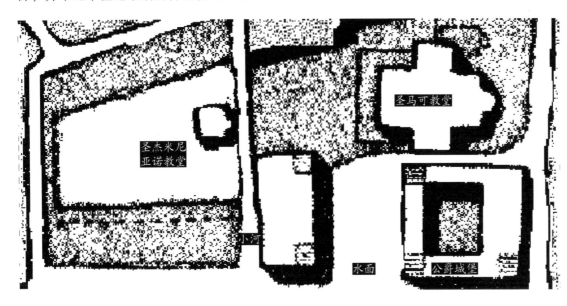

图25. 威尼斯圣马可广场十一世纪平面图

之后，发生在十世纪后期的起义烧毁了圣马可教堂，也摧毁了城堡。随着威尼斯人在工商业领域的迅速发展，十一世纪末一座新的拜占庭风格的大教堂在原址重新落成。教堂布置呈希腊十字平面，上面的五座圆顶仿造东罗马帝国君士坦丁堡的圣索菲亚教堂 [Hagia Sophia]而造。几个世纪之后随着君士坦丁堡在第四次十字军东征时陷落，大量的东罗马帝国的宏伟的雕塑、圣物、装饰品被劫掠或贸易到威尼斯用于圣马可教堂的装饰，现在的正面五个入口及其华丽的罗马拱门陆续完成于十七世纪。在入口的拱门上方则是五幅金碧辉煌的描述圣马可事迹的镶嵌画。教堂内部从地板、墙壁到顶棚上，布满了4万多平方英尺的细致的马赛克镶嵌画作，这些宗教画的表面都覆盖着一层金箔，整座教堂都被笼罩在暗金色的光芒里，由此圣马可教堂又被称为黄金教堂。黄金教堂的落成不仅宣告了它在威尼斯的特殊地位，更是预示着圣马可广场将要发生的巨大变化。

　　教堂建设的同时，与原先教堂一河之隔的城堡在经过几次重建之后慢慢被废弃。随着威尼斯共和国军事实力的增强，中世纪早期欧洲常见的那种坚固的要塞堡垒在这里已经变得可有可无，因为大海就是威尼斯的防护墙，更何况威尼斯人已经逐渐建立起庞大的舰队。十二世纪，威尼斯人在要塞原址填平了原有的水沟，建起一座新的公爵府。1177 年，为了教宗亚历山大三世和神圣罗马帝国皇帝腓特烈一世的会面，圣马可大教堂前的广场向西一直延伸过去，扩大了一倍有余，新开拓的广场的北边则兴建了行政大楼，全长约 152 米，圣马可广场从此扩建成大约如今的规模。广场上的首座钟楼完成于 1173 年，当时是被用作灯塔为在潟湖航行的船只导航。同时小广场上竖立起两根类似于图拉真纪念柱的柱子，柱头上分别矗立着象征威尼斯圣马可的翼狮和拜占庭时期的保护神圣西奥多 [St Theodore]。两根纪念柱之间的空间在中世纪是合法的赌博场所，同时也是中世纪的行刑场所。

　　到十四世纪初，公爵府因年久失修且不敷使用而被拆掉重建，现在我们看到的公爵府始建于十四世纪中期，南面朝着潟湖的立面是当时建成的，下面两层的白色云石砌成了混合了哥特式样和阿拉伯风格的尖券敞廊。因为从落成到现在，广场的地面已经被抬高很多，所以敞廊的立柱没有柱础，直接立在广场上，看着有些不合常规，倒又显得和广场更融为一体。之后几个世纪，这座府邸历经多次扩建，并在十六世纪后期的大火之后在两层尖券敞廊上添加了一层文艺复兴风格的看上去封闭厚重的第三层，新加的这层外墙面由白色和粉色维罗纳大理石相拼而成。厚实的墙面和下面两层轻盈精巧的拱廊相得益彰，是古代建筑中体现立面韵律和对比的完美典范。整个建筑没有一丝的哥特风格的阴郁，有的只是阳光和明媚。

阶段三、广场的完备

　　从十六世纪开始，威尼斯人对圣马可大教堂前的大广场开始了不间断的改造。先是在十六世纪初期，广场上的钟楼被重新矗立起来。（钟楼在 1902 年自然倒塌，但是马上按照原来的样子进行了重建，并于 1912 年重新启用。）钟楼高近百米，12 米见方，红砖砌成，最上面是金字塔尖顶。之后，北边的两层行政大楼在被火灾摧毁之后，在原址重新兴建了一座三层的文艺复兴风格但又带有不少哥特痕迹的旧行政大楼 [Procuratie Vecchie]（"旧"是相对对面的后建的行政大楼而言）。但是，威尼斯的繁荣没用多久就耗光了这么大一座行政大楼的空间。16 世纪后期，在旧行政大楼的对面，差不多长度的新行政大楼 [Procuratie Nuove] 开始兴建，这是一座相当严谨的参照古典尺度建造的三层文艺复兴风格的大楼，于 1640 年竣工。两座大楼在西端原先各有一翼，中间相隔一个小教堂，到拿破仑进占威尼斯之后，西翼被改造成新的行政大楼——拿破仑翼楼 [Ala Napoleonica]。一个呈长梯形的大广场自此完备，按照西特对于中世纪广场的分类，显然对于圣马可教堂而言这是个纵深型广场，而对于两边的行政大楼而言则又是个宽阔型广场。非常值得注意的是，新行政大楼的建造故意向潟湖方向作了后退，原本和其后建筑近在咫尺的钟楼变成了独立的单体。这是一个显著的变化，原先附属于别的建筑的钟楼突然间转变成广场的统治因素，镇压在整个 "L" 形广场的枢轴位置。这是一个非常大胆的变化，但是又非常有效，独立的钟楼使得广场空间自然地从封闭感

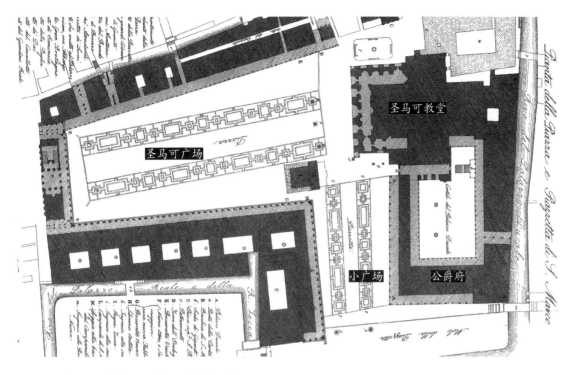

较强的大广场流转到面向潟湖的小广场。

　　圣马可广场在历史上一直是威尼斯的政治、宗教和节庆中心，这里是威尼斯重要政府机构的所在地，从十九世纪初开始圣马可教堂成为威尼斯大主教的驻地。举世闻名的威尼斯嘉年华 [Carnevale] 每年就从这里开始，这个时候人们带着各种诡异的面具，穿着华丽的戏服，改变成另一种身份。对于威尼斯人而言，只要戴上面具，贵族与平民、居民与访客都是一律平等的，可以从事跟真实的身份完全不同的事情，所有阶级的藩篱在嘉年华期间都被打破了。

　　整个圣马可广场的空间如同嘉年华一样富于伪装，进入广场之前需经过曲折狭窄带有强烈中世纪风格的小街或小巷，而没有任何空间上的暗示标识即将出现的如此大体量的广场。一旦进入到宽敞的广场，犹如揭开那中世纪的面具，四周是金碧辉煌的大教堂和充满韵律感的文艺复兴敞廊，敞廊内部从柱式到拱顶天花精雕细凿。这里有众多的咖啡馆，意大利的咖啡文化大概也缘于此地。最著名的要算弗洛里安咖啡馆了 [Caffé Florian]，这间从 1720 年就开始经营的意大利最早的咖啡馆，据说也是全世界最美最浪漫的咖啡馆，卢梭、拜伦、海明威等诸多名人都曾流连于此。这里还有酒吧、餐馆和各式各样的商店，经营包括金饰、玻璃、寝具、服饰等各种商品，从中世纪一直保留到今天的威尼斯的独特商业文明在圣马可广场可见一斑。透过敞廊，那高耸的钟塔打破了周围建筑的水平线条，并把视线带到转角处的小广场。位于公爵府和马西昂纳图书馆之间的小广场是圣马可广场真正的灵魂。面对大海，小广场上的两根纪念柱给小广场这一端开敞的空间提供了安全的心理屏障。这里如同威尼斯的公共阳台，从大广场转到小广场，那碧波万顷瞬时把人的心情荡漾到潟湖后面的亚得里亚海。

图27. 威尼斯圣马可广场十八世纪油画，卡纳莱托[Canaletto]绘。

对于一般的城市而言，城市中心往往是观察者进入城市之后的整个城市体验的最终篇章。于靠海的威尼斯而言，这种城市体验取决于居民和访客的不同身份，而形成完全相反的体验经历。从海面望过来，向潟湖开敞的圣马可小广场好似城市的入口，而那对纪念柱则形成了一个欢迎远方来客或是归乡水手的城市门道。"它们在这个空间扮演重要的角色，因为在意大利的城邦里威尼斯以能够使访客立即进入城市中心然后"由中心向外"探索城市而闻名。"[注4]纪念柱上的翼狮和圣西奥多都面向内眺望，将访客的视线引领到广场的仪式中心。这里是中世纪东西方的门户，远航的商人或水手甫一来到威尼斯，上了码头即进入城市的中心，而且是一个兼具宏伟和明艳、还夹杂着些许妖冶的城市广场，这种空间的震撼是无与伦比的。

圣马可广场的美是用多少形容词都不会夸张的，正如西特对于圣马可广场的评价："如此多的美景统一在这个独一无二的小地块中，从没有哪个画家可以在画作上想象出超越过它的建筑背景；也不会在任何剧场看到比在这里真实升起的场景更为令人陶醉的东西……如果

图28. 威尼斯圣马可广场的钟楼
图29. 威尼斯圣马可小广场的公爵府和纪念柱

我们研究一下这个无与伦比的奇观的构成手法，会发现如此的非凡：大海的效果、最高级纪念物的集聚、雕塑装饰的丰富、圣马可教堂幻变的色彩、充满力量的钟楼，但最终是纯熟巧妙的布局对于整体效果起了决定性的作用。"[注5]

图30. 威尼斯圣马可广场卫星图

第六章

CHAPTER 6

文艺复兴

RENAISSANCE

Order and simplification are the first steps toward the mastery of a subject.
秩序和简化，引导人通向事物的明辨。

-- Thomas Mann, "The Magic Mountain"

中世纪的欧洲城市总体而言是在基督教无所不在的控制和影响之下发展起来的。在教会的管控之下，中世纪社会既有心灵纯净和乡村田园的清新一面，也有黑死病蔓延或焚烧异教徒的黑暗一面。当教会所塑造的社会体系越来越成为社会发展的禁锢时，人们试图从古代文化中开始探求推动社会发展的原动力。相应的，欧洲的一些地方开始星星点点地出现了崇尚个性解放、反对神权的文艺复兴的思想火花。

中世纪以来在意大利境内所形成的独特的城邦自治的社会体系使得这些城邦国家的贸易和生产活动相对欧洲其他地区尤其活跃。地中海沿岸城市如佛罗伦萨和威尼斯，随着贸易的发展在中世纪后期已经出现了资本主义萌芽，一部分手工业作坊主开始雇佣生产得以更快速地积累财富。而由于地处欧亚海运的转运枢纽而长期控制着东西方之间的贸易通道，这里的商人们又通过海外贸易获得了巨大的财富。财富的涌入使得佛罗伦萨和威尼斯这样的地中海城市到中世纪末期已经成为当时欧洲强大的城市共和国，其实力可以与一些封建王国甚至教廷媲美。但是与欧洲别的封建王国不同，这些自治城邦长期的共和传统为城市精英阶层提供了一个相当开放的民主政治体制使他们可以更广泛地参与到城市发展的讨论和政策制订当中。与此同时，重商的社会风气和从海外如拜占庭回传来的古希腊语和古拉丁语的文献的研究、甚至包括马可波罗式的海外见闻，也使得意大利城市的社会气氛相对开明，学者们的学术思想可以较为自由地传播和讨论。就学术思想而言，中世纪的教会是回避不了的一个存在。中世纪严厉的宗教裁判无疑极大地抑制了非宗教方面的学术研究，任何新的理论都有可能被裁定为异端邪说。但是一些修道院所保留下来的古代文献及修士们几个世纪的翻译与整理工作客观地为古典文化的复兴提供了基础。而且，中世纪的学术思想也并不是完全停滞不前。中世纪后期经院哲学家们在研究神学之时，将古希腊的哲学思想也包容了进来。如经院哲学的代表人物托马斯·阿奎那 [Thomas Aquinas] 以亚里士多德的逻辑分析方法将同时代正在兴起的自然科学结合到天主教神学当中，以此来协调神学和自然科学的一些矛盾。这些都为之后的文艺复兴提供了一定的理论基础。

中世纪教会所提倡的禁欲主义随着贸易的发展和财富的积累越来越难以被整个社会所遵守。不仅是封建领主们或是成功的贸易商人，甚至是教会自身也变得相当世俗。主教们的生活并不比封建领主相差多少，而许多主教本来就出自贵族家庭，所以中世纪初期的那种清贫的教士生活对于后期的主教们来说已经是难以想象的事情。出于对生活的享受甚至是贪欲，贵族们乐意成为艺术家的保护者。在佛罗伦萨，美第奇家族兴起于十三世纪，通过经商、贸易和银行业积累了巨大的财富和声望，最终跻身欧洲上流社会的巅峰。美第奇家族不仅成为城市的僭主——超越长老议会的实际统治者，也曾经产生过三位罗马教皇，是教会的最大拥护者。但同时，这个家族也是艺术家的最大赞助者和保护者，文艺复兴的巨匠达·芬奇 [Leonardo da Vinci] 和米开朗琪罗都是在美第奇家族的庇护之下开始了他们的艺术生涯。

从十四世纪开始，文艺复兴兴起于佛罗伦萨，并迅速地扩展到欧洲各国。在经历了这么多世纪的宗教束缚之后，欧洲的思想关注和审美情趣逐渐从神权转向人性。达·芬奇所创作的名画《维特鲁威人》[Vitruvian Man]，即是对古罗马建筑师维特鲁威 [Vitruvius] 所著的《建筑十书》[The Ten Books on Architecture] 中的关于人体比例描绘的直接摹写——"在人体上的中心点自然是肚脐。因为如果一个人仰卧平躺，手脚展开，以一圆规以肚脐为中心作圆，那么手指和脚趾就会刚好接触到由此定义的这个圆周。就像人体可以画出一个圆形的外轮廓，人体也可以画出一个正方。如果我们测量脚底到头顶的距离，然后将此距离应用到伸展开的手臂，那么臂展和身高是一样的，就像平表面上的完美正方形一样。"[注1]而维特鲁威讨论人体的比例恰恰是为了论述古典神庙构图均衡的重要性："没有对称和比例，就不可能有任何神庙设计的准则。那就和比例匀称的人体一样，肢体之间如没有精准的关系那是不可能的。"[注2]古希腊人和古罗马人将他们对于人性的尊崇以一种移情的方式灌输到他们的建筑或文字之中，而当文艺复兴的大师们广泛接触到这些古典作品之后，又将人性从古代的建筑和典籍中辨析出来并弘扬之，以此来对抗中世纪神权的桎梏。中世纪欧洲被压抑的对于人性的追求借着古典形式的复兴而被重新激活，而这对欧洲城市格局的发展产生了重大影响。

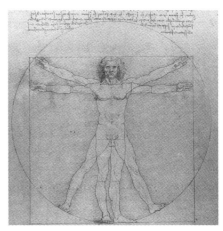

图1. 达·芬奇所作的维特鲁威人

中世纪城市中具有强烈象征意味的以高耸向上为特征的哥特式不再是文艺复兴时期教堂建筑的唯一选择。1420 年伯鲁乃列斯基在设计佛罗伦萨主教堂 [Duomo di Firenze] 时，突破了教会的禁制，大胆地采用了被中世纪认为是异教徒风格的穹顶形式。这个巨大但是优美的八边形穹顶不仅是大教堂的最重要组成部分，被认为是第一个重要的文艺复兴建筑，也毫无疑问地成为佛罗伦萨的城市天际线的控制体，标志着佛罗伦萨的文艺复兴的城市气质。

图2. 佛罗伦萨主教堂穹顶

除了教堂的改变，城市当中也出现了不少新的建筑形式。工商业发达的城市当中，拥有财富多于领地的贵族们更愿意居住在城市而非农村，所以大肆兴建府邸。这些城市府邸大都由文艺复兴的建筑大师们所设计。在佛罗伦萨，现在还可以看到十五世纪中期由文艺复兴大师莱昂·阿尔伯蒂 [Leon Alberti] 设计的鲁奇莱府邸 [Palazzo Rucellai]、米开罗佐 [Michelozzo di Bartolommeo] 设计的美第奇府邸 [Palazzo Medici]。这些府邸根据古典柱式的规范，在立面上发展出水平的三段：一层的基座墙身、二三层的细部墙身、屋顶挑檐。墙身的分段不仅可以从底层和上面两层的层高区分，也从墙面石材的用料上清晰地表现出来。三段的比例控制均衡得宜，体现了与中世纪建筑完全不同的一种秩序感。府邸的建筑内部也时常仿效古罗马城市住宅的中庭 [atrium] 形式（在庞贝古城常见）而设置内院。内院采用古代神庙的列柱围廊形式和古典柱式，同时向天空开敞。尽管府邸外立面看上去坚固封闭，但进入府邸，却并不缺乏明媚的光线。与中世纪时期处于一种孤立状态的贵族古堡不同，这些府邸成为城市的重要组成部分——至少给街道提供了颇具一些现代意味的完整立面。这些融入城市肌理的新建城市住宅为贵族们提供了一个城市生活的新视角，也为文艺复兴城市注入了一种新的活力。

图3. 庞贝古城的银婚宅邸的中庭
图4. 美第奇府邸的中庭

图5. 阿尔伯蒂肖像

　　文艺复兴的理论大师阿尔伯蒂效仿《建筑十书》写下了《论建筑艺术之十书》[On the Art of Building in Ten Books]，这是西方建筑史的最重要著作之一。他不仅延续维特鲁威的理论对于古典建筑语言进行了更为规范的整理，也对建筑和城市的设计法度提出了要求。在关于城市的讨论中，他认为建筑师在城市面对的问题与农村很不一样，在城市不像在乡下有那么多的自由去决定建筑物的高度和装饰。他认为："城市住宅的装饰应该在其特征上更为节制，而乡村别墅则可以允许有那些具有吸引力的和欢愉的东西。另外一个不同点是城市住宅和邻居之间的边界施加了很多限制，而在乡村别墅这是可以相当自由地处理的。必须小心建筑的基础不能突出于和相邻建筑相协调的范围，而门廊的宽度也是被相邻的墙体线所限定的。"[注3] 这些准则超越了建筑设计本身，意味着从城市到建筑、从设计到施工的诸多不同层面的含义，而这些归结起来也就是如亚里士多德所说的法度。中世纪那种自然生长、消解、转变的城市发展模式逐渐被人为规定的建筑和城市的法度所取代，这个法度应该如同身体的构成那样将建筑和城市平衡且一致地统一在一个整体之中。

理想城市
IDEAL CITY

对于城市和建筑之间的关系，阿尔伯蒂在他的书中有这么一句话很好地概括了文艺复兴时期建筑师们的态度："城市就像某个大房子，而房子反过来也像一个小城市"。[注4] 文艺复兴不只是简单地在建筑形式上试图复兴古典的形式，相较于中世纪的自发的城市发展，文艺复兴的建筑师和艺术家们对于城市空间显然已经有了非常成熟的想法，这点我们可以从代表文艺复兴鼎盛文明的画作《理想城市》[The Ideal City] 中一窥端倪。该画作现存三幅，分别藏于意大利乌必诺 [Urbino] 公爵府、美国巴尔的摩的沃尔特斯艺术馆 [Walters Art Museum]、柏林的画廊美术馆 [Gemäldegalerie]。画作的具体画家尚未考证清楚，但据信均作于 1480 年期间，而且阿尔伯蒂为此画的精准透视可能作了某种底图，画作的两侧都是类似阿尔伯蒂设计的佛罗伦萨贵族府邸的城市住宅。在文艺复兴大师们的想象当中，理想城市不仅应满足居住功能，而且还应该能提供足够的城市广场供人休憩和交际。而如何营造城市广场显然是设计城市的重要问题，所以三幅画的主题都是描绘了某种城市广场的形式。三幅画构图一致，都采用中心平行透视，灭点即在画的中央。画作的观察者面前应该都横着一条街道，而观察者望向街道对面从街道沿线向后退入的广场。乌必诺的那幅的广场中央是类似古罗马灶神庙的中心建筑，伯拉孟特曾经以灶神庙为原型所设计的坦比哀多 [Tempietto] 是文艺复兴著名的建筑形式。沃尔特艺术馆的那幅的广场空间更加丰富：广场空间向后退得更加深远，广场四角是四根古罗马广场上常见的纪念柱，中心是个古罗马的饮水喷泉，由此界定了一个明显的正方形广场；四周的建筑都在基座之上，广场的中央背景是远处的古罗马凯旋门，凯旋门两侧分别是古罗马式样的斗兽场和类似佛罗伦萨洗礼堂的八边形神庙（在当时这被认为是由古罗马时期的神庙改造而来），象征着理想城市所应该拥有的宗教和娱乐生活；透过凯旋门的门洞视线继续向远处延伸，在极远处还有一个类似市政厅建筑的高楼，由此整个空间序列形成一条城市的中央轴线。柏林的那幅的观察者则是位于一个科林斯柱廊之下，整个广场没有任何遮挡，透过柱廊就可以看到远处海中的帆船，海景被两侧的建筑框成广场的绝美背景；这个广场似曾相识，威尼斯圣马可广场的小广场即有异曲同工之妙。在这些画作中，可以看到文艺复兴大师们对于城市空间的重视，重要的城市空间犹如贵族府邸中的会客室，他们以组织建筑空间的精致手法来组织城市空间，并且通过极致的理性和数学的透视方法来研究并进行实证。

文艺复兴时期对于城市的研究超越了城市形态自身，而上升到了城市的生活模式问题。十六世纪初，空想社会主义的先驱、英王亨利八世的大臣托马斯·莫尔 [Thomas More] 爵士在他的著作《乌托邦》[Utopia] 中虚构了一个平等公有的空想国度。这个国度大概是这么个情况：

在乌托邦岛上有 54 个城镇，城镇间至少相距 24 英里到不超过一个成年人一天可以徒步到达相邻城镇的距离；城镇的人口也有一定的限制以避免恶性膨胀影响生活质量，每个城镇不能有超过 6000 户家庭，而每户家庭以容纳 10 ～ 16 个人为宜。在这个乌托邦国度中，莫尔提供了一个理想城市的模型——中心城市阿莫洛特 [Amaurot]。这个理想城市坐落在山坡之上，沿河而建。城市有着良好的基础设施，"河上有桥，是用石头而不是木材建成的庄严的拱桥，坐落在离河流入海口最远的地点，以免对船只和城市之间的通航造成阻碍……城市被又高又厚的城墙包围，之间是很多塔楼和碉堡，在城市不临河的三面还有一条又宽又深的布满荆棘的壕沟包围城市……街道对于任何马车的行驶都很方便，而且很好地做到了避风。"[注5]

莫尔对于这个城市当中的居住区和街道有着相当超前的理想主义规划："他们的建筑物都很美丽而且一致，整个街道立面看上去就像一所房子。街道 20 英尺宽；住宅后面都有花园。他们的住宅都很大，由几个房子围合，都面向街道，这样每户人家都有门直接开向街道，同时也有门通向后花园。"[注6] 在这个城市中居住的人们快乐而有规律地生活着，"他们之中没有私人财产，每个人可以自由出入任何建筑。每隔十年人们交换住处。他们精心栽培花园，种植葡萄、水果、草药、花卉，一切都安置得井井有条，我从来没见过像他们这样瓜果丰茂和美丽的花园。如此精心整治的花园不仅让他们从中得以找到乐趣，也是邻近街道互相仿效竞争的结果。"[注7] 关于这个城市的生成和发展，在莫尔看来是动态的、变化的，而且是与公民社会的自主改造相结合的，所以他提出了非常具有后现代主义气质的猜想，"人们会说整个城市方案首先是乌托普斯 [Utopus]（乌有之地）先生设计的，他将所有属于装饰和附加物的东西都留给后来人设计，因为一个人是不可能完成一个完美的城市的。"[注8]

VTOPIAE INSVLAE FIGVRA

图9. 乌托邦城市阿莫洛特

理想城市的乌托邦主义的描述沿袭了柏拉图和亚里士多德的完美社会的古典概念，表达了对于中世纪以来欧洲的竞争性社会的不满，和对于充满人性的秩序社会的向往，但这毕竟只是某种结合了古罗马修辞技巧的文字。人类历史上第一次乌托邦追求是否能真正实现，或者进一步说，理想是否能超越现实，必须由实践来证明。

十五世纪佛罗伦萨建筑师斐拉莱蒂 [Filarete] 第一次将理想城市的想法落实到图纸上，设计了一个以他的保护人米兰公爵斯福扎 [Sforza] 名字命名的理想城市斯福琴达 [Sforzinda]。虽然方案没有机会实现，但是均等对称的方案多多少少地将之前未曾视觉化的乌托邦的社会构思折射到可能的现实当中。这个方案由坐落在一个圆形护城河内的两个相等的以 45°角错位重叠的正方形构成，形成一个全相等的八角星图案。八个外角自然成为城市凸出的防御台，八个内角处各设置城门，每个城门引一条放射大道直通城市中心。城市中心设置由教堂、王府、市场组成的开放广场，城市的中环在和放射大道的交叉点及大道之间还等距安排十六个辅助广场以容纳教堂和市场。如同达·芬奇的那个叉开手脚形成一个圆圈的维特鲁威人，斐拉莱蒂希望他的方案如同完美的人体那样成为一个完美的有机自治社会。而且他进一步提出这个城市内的建筑不仅要满足政府和市民的需求，更重要的是需要达到永久、优美、统一这三种核心价值——这正是文艺复兴时期学者们追求理想城市的实质推动力。

理想城市的方案最终还是在文艺复兴盛期实现了。十六世纪末，威尼斯共和国在击败奥斯曼土耳其之后需要在意大利北方建立一个殖民地城市，作为抵御奥斯曼入侵的北方堡垒。包括文琴佐·斯卡莫齐 [Vincenzo Scamozzi] 在内的威尼斯建筑师们，结合了十六世纪所能应用到的所有新型军事技术，设计并建设了这个全新的城市——帕尔马诺瓦 [Palmanova]。城市呈现一个完全均等的九星图案，凸出的九个防御台和外围环绕的同样形状的护城河给城市提供了完美的防御，整个外城墙大约到拿破仑占领时期才完成。其中对称的三面城墙中央开有城门，城门引向中心的三条大道形成一个"Y"字形，将城市分为均等的三部分。城市中央是个六边形的开放广场，除了通向城门的三条大道，另外设置了三条辐射大道通向防御台，总共六条大道完全对称布置。沿着通向防御台的那三条大道行进到城市中环，两边都设置了对称的城市辅助广场。城市的总体空间布置结构与斯福琴达非常类似。

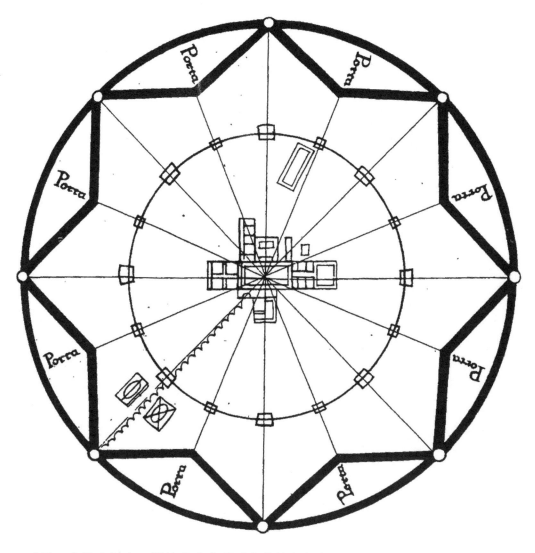

图10. 理想城市斯福琴达平面图

图11. 帕尔马诺瓦诺十七世纪初平面图

对于一个边塞城市，设计者本意通过宏伟均衡的布局和优越的城市条件吸引足够的包括商人、手工匠人、农民在内的各种行业的自由民，从而达到城市的自我发生和持续发展。但是实际情况却是事与愿违，没有任何已经习惯了威尼斯多姿多彩的城市生活的公民愿意移民到这里。没多久，威尼斯被迫只能将犯人流放到这里，并且给愿意定居的人免费提供宅基地和建筑材料。而这种强迫式的定居使得整个城市好似被人们所遗忘，直到今天仍然了无生气。城市中环的那一串辅助广场，尽管是由最擅长广场空间营造的意大利人所设计，但是当漫步在这些不断重复而且完全相似的广场上，却很难体会到意大利广场的感觉，至多只是几个相同的围合空间而已。

一个完美的城市是一个完美的社会的真实写照，这是文艺复兴大师们追求理想城市的原动力。基于创造一个自由平等的城市社会的理念，建筑师们试图以充满秩序感的均衡对称的完美图式来加强城市的性能。他们结合了城市的防御功能，发展出了同心圆和辐射街道的图

图12. 帕尔马诺瓦卫星图

案式城市。在这类城市当中，所有人理论上应该享有一样大小的土地和一样的社会责任。但是在图式达到完美的时候，文艺复兴的建筑师们忽略了很重要的一点，这就是人的差异性。当一个城市只是由一块相同的拼图不断重复而构成，那么这个完全均质的城市实际上已经在无形中被缩小到那一块拼图而已，人们对城市的体验也被限定于此，而这也注定了这类城市的不可持续。所以，刘易斯·芒福德认为，"如果精确地用词，不存在文艺复兴的城市。但是存在着一些补丁，如文艺复兴时期的柱式、空地、修辞的明确，以修改和美化中世纪城市的结构。"[注9]

手法主义的广场
PIAZZA OF MANNERISM

欧洲的文艺复兴从某种意义上来看伴随着米开朗琪罗的出现而被推向高潮。西斯廷教堂 [Cappella Sistina] 的天顶壁画、维奇奥宫门口的大卫像、圣彼得大教堂的穹顶，这位千年一出的艺术奇才在绘画、雕塑、建筑各方面的造诣都是无与伦比。而罗马的康皮多利广场 [Piazza del Campidoglio] 无疑是他在城市设计方面的又一杰作。

米开朗琪罗在 1537 年从教皇保罗三世接到这个改造工程的设计委托。这是一个非常棘手的改造工程，但如果我们不把康皮多利广场在米开朗琪罗之前的状态重现出来，将很难体会到设计师所面对的糟糕境况。康皮多利广场位于罗马七丘之中最小却又是最重要的一座山丘康皮多利山丘之上。康皮多利山丘是罗马城的发展原点，罗马的奠基者罗慕洛和雷慕斯兄弟就是围绕这个山丘开始筑起罗马第一道城墙的。所以这个山丘又是罗马的圣山，早在罗马共和时代，山上就建起了神庙，占据山丘最高点的是康皮多利三神庙，供奉罗马的最高神祇，这里是执政官的凯旋式的终点，是古罗马的圣界。但是康皮多利山丘的神圣地位在罗马帝国灭亡之后渐渐被教会剥离，因为在中世纪，罗马教廷才是最神圣和权威的，任何其他宗教或世俗权力所赋予的地位是不合法的。但是，经过多少个世纪所形成的重要性和城市中心地位却不是可以一朝一夕能改变的。中世纪的康皮多利山丘，仍然保持着罗马的政治中心地位。当十二世纪中叶罗马成立城市自治体，在康皮多利山顶古罗马档案馆的遗址之上，就建造了城市议事的元老宫 [Palazzo Senatorio]。整个中世纪，这个元老宫经过多次改建。在元老宫的西北方向是 1250 年始建的阿拉科利的圣母马利亚教堂 [Santa Maria in Aracoeli]，占据着康皮多利山丘的高点，并且有着单独的阶梯通向它的山墙。西南方向是十五世纪中期修建的体量稍小一点的市政宫 [Palazzo dei Conservatori]。三座建筑毫无相关地占据着广场的三条边，围合了一个面貌普通而且形态不完整的城市空间。而广场当时未加修整的地形和古罗马人遗留下来的雕塑的随意摆放更进一步地恶化了这块空地的空间形态：教堂的一侧既有来自埃及的方尖碑，也有古罗马的纪功柱；市政宫的入口处摆放着台伯河和尼罗河的河神雕塑以彰显它的入口，但是中心地位的元老宫的入口却是被置于建筑一侧而显得局促；广场上的自然隆起的土堆又进一步挤压着并不大的广场空间。这就是米开朗琪罗接手这个工程时康皮多利广场相当无序的状态。

随着罗马的自治城邦制度的发展，教皇在和城市议事会的权力斗争中逐渐赢得上风，并最终将议事会纳入教会的政治体系。康皮多利的山顶重新成为教皇所关注的城市中心。为了改善与当时神圣罗马帝国皇帝查理五世的关系，教皇决定为他打败土耳其人在罗马举办古

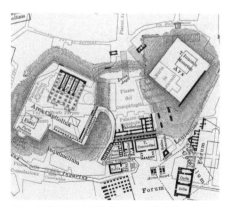

图13. 古罗马时期的康皮多利山上的建筑群平面图，萨缪尔·普拉特纳[Samuel Platner]绘。

罗马式的凯旋式。作为凯旋式的终点，康皮多利的山顶自然需要重新恢复古罗马的荣耀——这应该就是米开朗琪罗所获得的任务书的要点。

对于米开朗琪罗来讲，他的第一要务是在这乱成一锅粥的广场上确立一条能够建立秩序的轴线，这不仅是凯旋式的需要，也是文艺复兴首要的空间特征。面向山下罗马广场的元老宫不论从功能看还是从城市空间的延续上来讲自然是建立这条轴线的最佳选择。围绕着这条轴线，米开朗琪罗的方案是将市政宫和元老宫所形成的夹角对称地拷贝到轴线的另一边，以形成完整的广场。这样，一个以构图为目的的与市政宫一模一样的宫殿——新宫 [Palazzo Nuovo] 被安排在市政宫的对面。这个广场将之前俯瞰古代罗马广场的态势彻底扭转了 180°，将背面留给了古代遗址，而开始拥抱城市新的发展方向。"方向的重新定位代表了一个转向，从以城市的古老发源地为象征的名义上的独立转向了对于教皇权威的臣服和依赖。"[注10] 上山的道路也因此反转，新的上山的道路取代了古罗马时期的圣道。沿着轴线从这个新围合空间的开口出去，米开朗琪罗设计了一条坡度很缓的阶梯斜坡直通城市，这个缓坡极大加强了

图14. 罗马康皮多利广场的十六世纪版画，埃提埃纳·杜佩拉奇[Étienne Dupérac]绘。

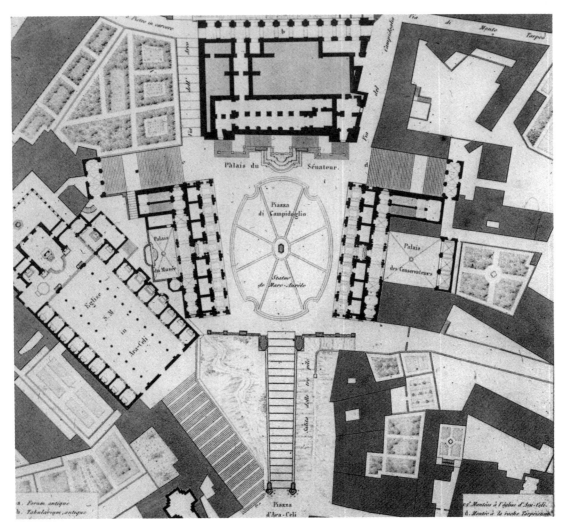

图15. 罗马康皮多利广场平面图

整个构图的轴线感，同时使得山顶广场和城市空间的结合更加紧密。

　　从设计角度看，对于这个古罗马曾经的圣地，但在米开朗琪罗面前又是一片狼藉的广场，似乎不采取比较激进的措施不足以达到一定的改变。把当时的元老宫和市政宫推倒重建或许是最好的选择，而这对于任何一位尊崇古典比例和秩序的文艺复兴大师来说，也绝不会应该有什么心理障碍的，甚至也是必需的。但是，米开朗琪罗选择了保留当时的建筑，以因势利导的方式进行了广场设计。所形成的新广场的空间结构既对称平衡又显夸张变化，以米开朗琪罗热衷于古典建筑语言的个性化创新的态度来看，面对康皮多利山顶这样的杂乱场地或许正是他所乐见的，从而让他可以有更多的发挥空间来塑造一个层次丰富、手法独特的广场。

　　米开朗琪罗对于古典建筑语言，有着强烈的重新创作的倾向，而不愿意受古典标准的束缚。他将古典建筑语言以一种雕塑化的方式重新演绎，形成了具有强烈装饰效果的个性语言。作为文艺复兴盛期的大师，他的创作手法被后世称为手法主义 [Mannerism]，是被看作联结严格遵守古典法则的早期文艺复兴和后期巴洛克之间的重要的中间风格。对于整个康皮多利广场的设计，米开朗琪罗不吝于细节的个性发挥，建筑细部、场地雕塑、甚至铺地图案，都以手法主义的态度精心设计和布置，以创造一个无与伦比的空间体验。从城市引向山顶广场的大阶梯缓坡应该或多或少地受到了他为美第奇家族设计的劳伦齐亚纳图书馆 [Biblioteca Medicea Laurenziana] 的人楼梯影响，利用透视突出了向上行进的仪式感。而阶梯缓坡向上进入广场的入口处，两侧栏杆的末端镇守着希腊神话中的孪生兄弟卡斯托耳 [Castor] 和波吕丢刻斯 [Pollux] 的雕像。神像高大的比例不仅使得入口庄重威严，也使得人们从城市街道向上望时广场的出入口不会因为距离原因而显得过于渺小而影响广场的地位。进入广场，三座建筑主次分明。米开朗琪罗重新设计了元老宫的正立面，他将元老宫的底层处理成基座形式，之上的立面用科林斯柱式的扁壁柱加以分隔。元老宫的正门被移到中间的轴线上，与后面的中世纪塔楼对齐，加强了广场的轴线感。正门前的两侧加了楼梯，这可能是最忠实体现米开朗琪罗设计的部分，原先直接由广场上去的入口变成需要从两侧的楼梯上去，这一加长运动流线的设计手法，巧妙地在心理层面拉长了并不很大的广场的纵深。楼梯前的水池是从罗马另外一丘搬到这里的建于公元前的水池，水池两侧是从原先市政宫入口两侧搬过来的台伯河和尼罗河的河神雕像。市政宫和新宫的立面在底层延续了老市政宫原先的敞廊的形式，上部同样使用了科林斯柱式的壁柱。三座建筑在横向都呈三段布置，科林斯柱式的巨型壁

图16. 罗马康皮多利广场入口
图17. 罗马康皮多利广场上的元老宫

柱统一了整个建筑群的风格并且显得非常典雅。广场建设的进度非常缓慢，直到米开朗琪罗逝世，广场并没完成多少。幸运的是，之后的设计师德拉波塔 [Giacomo Della Porta] 和雷那尔第 [Girolamo Rainaldi] 比较忠实地执行了米开朗琪罗的设计。直到十七世纪在米开朗琪罗的蓝图基础上建成新宫，广场的主体才算基本完工。

广场中央竖立着奉教皇旨意搬来但是米开朗琪罗并不喜欢的罗马皇帝奥来利乌斯 [Marcus Aurelius] 的骑马雕像。这个雕像一度被误认为基督徒的保护者康斯坦丁大帝而在中世纪一直保存完好。虽然米开朗琪罗不喜欢这尊雕像，还是为之设计了底座并安排在广场中央的位置。但是不可否认，它在广场上的定位延续并且明确了米开朗琪罗定下的贯穿元老宫的中轴线，而且它的统治地位极大地帮助了广场的空间聚合。但是，还没有完！康皮多利广场的点睛之笔直到二十世纪四十年代才实现。罗马市政府在那时找出了米开朗琪罗的原图，真正按照设计师的想法在广场中央铺设了放射状椭圆铺地。因为广场呈梯形，本来就不是一个规则的空间，米开朗琪罗所设计的铺地也不是规则的椭圆，而是略呈蛋形，靠近元老宫那头宽一点，靠近阶梯斜坡那头窄一点。铺地图案巧妙地削弱了广场的不规则感，而带给身临其境的人一种长方形的心理暗示。奥来利乌斯的骑马雕像坐落在铺地图案中央的星形之上，借助着这个放射状图案把它对广场的统治传递到四周，进而统一起整个广场空间。借着埃德蒙·培根的描述："如果没有这个椭圆和它的二维星形的铺地图案，以及它周围的设计精致的三维的台阶凸起，设计的统一和协调就不可能达到。"[注11]

米开朗琪罗在这里将文艺复兴所带来的古典建筑语言那种与生俱来的仪式感，通过手法主义的精致夸张的安排转化成一种戏剧化的高潮。不规则的形状、对称的构图、集聚的中心、有致的空间序列、精心安排的雕塑，形成了一个与中世纪广场完全不同的场所，中世纪城市那种伸手即可触摸的观感，在这里被一种类似舞台效果的非真实感所取代。米开朗琪罗以纪念碑式的设计手法将这种非真实感固化下来，将这个罗马人曾经的圣山、罗马人的"世界中心"[Axis Mundi]，重新带回给罗马人。

图18. 罗马康皮多利广场的椭圆形铺地

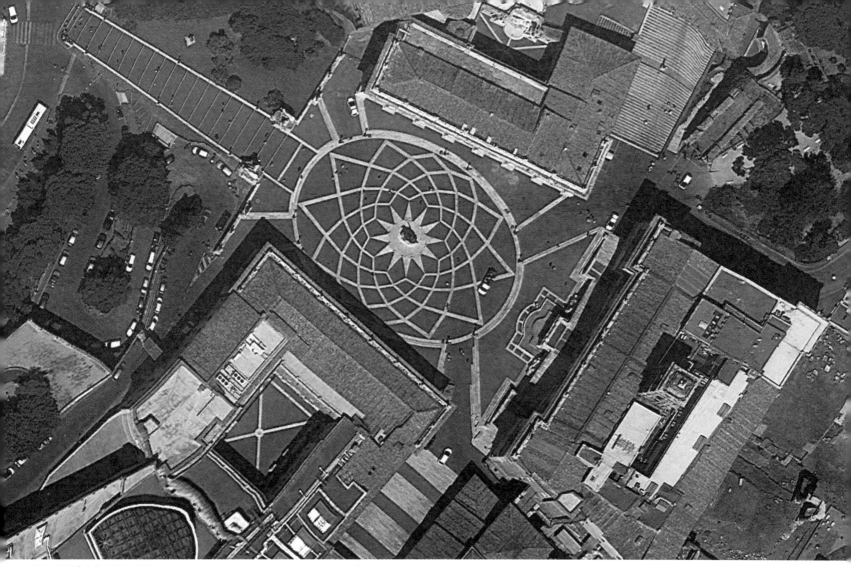

图19. 罗马康皮多利广场卫星图

新的街道
NEW STREETS

　　从古代到文艺复兴，街道在不断地适应城市的变化，形成了徜徉于城市中的不同空间体验。早在古罗马时期，出于军事目的，古罗马的殖民地城市都设有宽阔笔直的东西大道和南北大道，便于罗马军团的快速移动。而一出城门，就是罗马人以标准化方式修筑的联通帝国内各行省的军事路网。中世纪相对自主产生的城市发展消解着城市的路网肌理。在某些具有悠久的古罗马传承的城市，即使古代遗留下来一些城内干道，经过漫长的中世纪之后，这些宽阔笔直的道路在城市的新陈代谢过程中不断受到新建筑的挤压和撕裂，逐渐成为狭窄弯曲的道路。"和巨大建筑物的近距离，被遮挡的景观，增强了垂直性的效果：人们不再像看全景画那样左右移动视线，而是将视线移向天空。"[注12] 中世纪城市街巷的空间感是不定的，逼仄和豁然的空间体验交替变化。但是当代对于欧洲中世纪城市街道的观感可能也就只有停留在类似旅游者的空间体验上。考虑到当时城市的基础工程技术，大多数中世纪街道的实际情况不能令人恭维。绝大多数城市的街道没有铺路石而坑洼不平。而中世纪的城市排水系统相对古罗马的城市也经历了巨大倒退，生活污水不能随时排掉。街道两侧的居民会随时将排泄物倾倒在街上，行人也是随处方便。一到雨天，街道就会形成一个混合了尘土、垃圾、粪便的烂泥塘。城市街道的排污功能的丧失使得黑死病曾经肆虐中世纪的欧洲，即便到工业革命前期这仍是笼罩在西方城市上空的阴影。

　　身处中世纪的城市肌理当中，文艺复兴的建筑师们厌恶中世纪街道的阴暗和污秽，而对于古代城市和建筑的研究使得他们更加渴求城市街道的光明和健康，所以他们普遍对于宽阔笔直的大道有种特殊的向往。中世纪末期开始，西欧城市的建设者们就开始了某种"城市净化"的过程，"新的规划者和建设者推倒了拥挤的围墙，拆掉了棚子、货摊、老房子，穿通弯弯曲曲的小巷，以建设一条笔直的大道或是一个开放的长方形广场。"[注13] 这些开阔清晰的大道不仅符合古典的审美观，也是城市发展的需要。到中世纪后期，欧洲城市对于马车的使用越来越多，城市内飞驰的马车使得原先狭窄弯曲的街道不敷使用。而且同古罗马一样，如果考虑到军队的行进需要，城市内的主要大道势必应该规划成笔直，以保证行军队伍保持队列完整。安德烈·帕拉第奥 [Andrea Palladio] 认为"（军事大街）穿过城市中心，从一个城市通往另一个城市，而且（军事大街）'可以服务所有行人马车通行的日常使用或是军队的行军。'"[注14] 所以文艺复兴的建筑师们，如帕拉第奥，基本上只关注这一类主要大道的设计。

　　关于城市道路的类型，阿尔伯蒂对中世纪街道和新发生的具有古典气质的军事大道进行了总结以适应不同的城市情况。他认为，"一座有声望和有权势的城市，其街道就比较直，也非常宽阔，以加强它的尊严和权威……在城内，如果道路不是直的，而是一条河流一样，一会儿转到这儿，一会儿转到那儿，从岸的这边到岸的那边，那将是比较好的……来访者每走一步都会看到一个不同的街景。"[注15]文艺复兴建筑师们没有因为中世纪街道的种种不足而将之摈弃，因为一个好的城市显然需要不同的街道类型来满足不同的空间需求。但是在规划街道的主要用途和布局之外，如何营造与某种街道类型的气质相匹配的景观呢？文艺复兴建筑师们对于城市景观的看法借鉴了维特鲁威关于剧场的舞台布景的分类。维特鲁威在其《建筑十书》的第五书中，将舞台布景划分为悲剧、喜剧、讽刺剧三类。三种戏剧的布景都应该不同，"悲剧性的布景以柱式、山花、雕像、和其他适合国王的东西来表现；喜剧性的布景应该展示以普通民居为样本的那样有着阳台和成排窗户的私人住宅；讽刺性的布景则以树木、洞穴、山峦、和其他乡村的物件以自然风格来表现。"[注16]城市犹如一个剧场综合体，不同的街道类型可以对应不同的街道景观。塞巴斯蒂安诺·塞利奥 [Sabastiano Serlio] 在其《建筑七书》中延续了维特鲁威关于舞台布景的概念，为文艺复兴时期的城市划分和设计了三种不同的街道景观形式：庄严（悲剧类）的街道景观、欢快（喜剧类）的街道景观、田野的街道景观。他将悲剧类的舞台景观指代那种由宫殿和纪念物的整齐排列所构成的具有古典意味的正式大道，展示的是一种城市的严肃性和礼仪性；相对应的，喜剧类的舞台景观展现的街道景观是两侧松散地排列着风格各异的居住建筑，这是随意的、闲适的，也没有任何类如教堂或妓院那种和街区不甚协调的建筑。这两种街道景观体现了文艺复兴时期对于城市功能多元化的理解，对访客和居民所需求的不同城市面貌提出了具体要求。而第三种田野的街道景观显然是适用于城外的交通道或是乡间小道的，是以为农民、牧人、仙女和森林动物提供遮蔽的小茅屋为特征的，这类景观遵守的是自然法则，而非社会法则。通过城内与城外的道路景观的区分、礼仪与生活的道路景观的区分，文艺复兴的城市建设者们意识到街道景观已经成为评判城市美丑的重要组成部分。同时新的街道建设也为重建城市秩序提供了一个绝好的时机。

图20. 庄严（悲剧类）的街道景观
图21. 欢快（喜剧类）的街道景观
图22. 田野乡村的街道景观

第七章

CHAPTER 7

巴洛克的都城

CAPITAL OF BAROQUE STYLE

It wants to be something different from and higher than Nature.

它想成为不同于和高于自然的事物。

-- Oswald Spengler, "The Decline of the West"

文艺复兴标志了欧洲城市发展的转折，借助于古典建筑语言的重生，欧洲城市的建设者们试图建立起一套新的发展法则。但是对于古典法则的尊崇可以帮助艺术家和建筑师们摆脱中世纪神权的禁锢，却仍不足以满足对于个性的追求。到文艺复兴盛期，随着对于古典语言的更加娴熟的运用，也催生了对于古典的更为个性的创新态度。如米开朗琪罗，衷情于将古典柱式放大到超大尺度的巨柱来表现城市中纪念建筑的英雄主义气质。这种突破古典法度限制的创作不仅吸引着新的建筑师在古典建筑语言的文法修辞上进行更加大胆的尝试，其变异新奇和华丽夸张的形式结果也无形中迎合了权贵阶层的猎奇品位。十七世纪初欧洲城市已经开始出现大量新奇的巴洛克 [Baroque] 风格的建筑。米开朗琪罗的追随者维尼奥拉 [Giacomo Barozzi da Vignola] 和德拉波特 [Giacomo Della Porta] 都是巴洛克风格的建筑大师。

　　巴洛克一词的词源含义为"畸形的珍珠"，后世的艺术史学家以这个词指代文艺复兴之后的这种强调细节、倾向于变形夸张的建筑风格。"畸形的珍珠"虽然流于贬义，但相对强调均衡的文艺复兴风格这颗"完美的珍珠"而言，从形式角度解读倒也不算太过。对于巴洛克风格，往往有一种倾向侧重其夸张的一面，而忽视其文艺复兴的一面。十六世纪的欧洲建筑风格的发展，除了米开朗琪罗之外，也同时存在以帕拉第奥 [Andrea Palladio] 为代表的基于维特鲁威的古典建筑语言的学院派。对于巴洛克而言，古典建筑在语言结构方面的一致和修辞文法方面的发展是一个事物的两面。这点对于欧洲城市的巴洛克风格的理解尤其重要。

　　文艺复兴后期开始，巴洛克风格首先在教廷和王室当中获得青睐。基督教堂和宫廷建筑所表现出来的这种新式的古典风格也轻易地影响了大众的审美观，因为坦率地说，从中世纪转变而来的欧洲城市此时也亟需一种既有别于中世纪、又可以避免重复古罗马的城市景观。而巴洛克的那种发于古典而不失血统、同时又追求视觉变化的风格无疑是当时城市改造的最佳选择。海因里希·沃尔夫林 [Heinrich Wölfflin] 在其《文艺复兴与巴洛克》[Renaissance and Baroque] 一书中总结了巴洛克在空间性方面的特点：戏剧化和运动感。这两点精确地表现了十七世纪开始的欧洲巴洛克城市的特征。在尽量遵循强调轴线和均衡的古典构图的基础上，巴洛克城市的广场和街道往往形成大开大合的空间序列以加强城市的景观深度，而城市空间中透视效果的戏剧性的急剧变换更是加强了空间中的运动感。这点与文艺复兴所推崇的那种相对静止恒久的空间效果大异其趣。根据芒福德的论断："巴洛克城市文化的出发点就像它日趋没落的路径一样清晰，那就是：享乐。"[注1] 但是，对于任何人而言，享乐似乎是某种天性。巴洛克那种宏伟和欢快的城市气氛是人为介入城市发展的一次革命，将图案化的城市规划图纸如此大规模大尺度实现到城市之中可以说前所未有。

教宗的罗马
POPE'S ROME

罗马城作为耶稣基督十二门徒之首的圣彼得殉道之地，其教区主教都被视为圣彼得的继承人。因此罗马主教的地位也在其他主教之上，在天主教会内享有最高的、完全的、直接的职权，为世界主教团的首领，也被称为教宗或教皇。公元八世纪中叶，法兰克国王将从拜占庭帝国夺取的包括罗马城在内的一片土地赠给教宗，从此教宗既是天主教之首，又是一国之主。直到 1870 年意大利统一，罗马城一直是教皇国的首都，处在教宗的直接管辖之下。

罗马作为西方世界的中心，屡屡遭受外族的入侵，哥特人、撒拉森人都曾劫掠罗马。但是不断的推倒之后是不断的重建，这个"永恒之城"表现出了强大的生命力，每次都能在废墟之中重新站立起来。尤其到了文艺复兴盛期，在十六到十七世纪的近一百年间，有四任教宗来自美第奇家族。作为文艺复兴艺术家们的最有权势的保护者，来自美第奇家族的教宗们也将佛罗伦萨的文艺复兴艺术带到了罗马。教廷希望在罗马兴建更为壮观的教堂、广场、桥梁以超越其他意大利城市，并彰显罗马作为世界中心的地位。教廷的财富和权力使得大批的艺术家来到罗马为其工作，如米开朗琪罗为西斯廷教堂创作了无与伦比的天顶画。在十六世纪早期的二三十年时间里，罗马已经取代佛罗伦萨成为文艺复兴艺术的中心。

作为教廷所在地，罗马对于天主教徒而言也是仅次于圣城耶路撒冷的朝圣之地。天主教世界等级最高的四座教堂之中，也即教宗圣座所在的主教堂，有三座位于罗马的城墙之内。其中拉特兰的圣约翰大教堂 [San Giovanni in Laterano] 是罗马城和全世界的第一座基督教堂，被称为所有教堂之母；圣彼得大教堂 [San Pietro] 则是在圣彼得殉难处之上所建，历史仅次于圣约翰大教堂，教廷大部分的正式仪式在此举行；大圣母堂 [Santa Maria Maggiore] 则是全世界最早的圣母堂。按照十四世纪开始的天主教圣年大赦 [Jubilee Indulgence] 朝圣礼的规定，对四大圣堂的朝圣是罗马地区的教徒所必行的。但是从中世纪而来的罗马城一直处于一种自发的发展状态，大教堂之间的空间联系薄弱，如一盘散沙，朝圣之路依然蜿蜒曲折而不成序列，沿途所经不过都是些零乱的房屋和田野。经过那么多个世纪的风雨，罗马也的确变得如同一个老人，古罗马的辉煌已经湮没在废墟和杂草之中。

罗马城中所有象征古罗马荣耀的方尖碑和纪功柱，到教宗西科斯特斯五世 [Pope Sixtus V] 上任时，几乎都已经倒下不再矗立。而这就是摆在教宗西克斯特斯五世面前的罗马城。尽管前任教宗或多或少地已经开始了对罗马城的局部改造，但是西克斯特斯五世无疑是第一位从整体出发来设想罗马发展的规划者。这位爱好工程的教宗表现得如同一个雄心勃勃的现代

图1. 教皇西克斯斯特斯五世

城市规划师,而他在天主教世界无上的权力又赋予了他一切可能的资源以实施他的计划。"西克斯特斯的渴望,是将整个罗马城变成一个圣殿。"[注2]

　　凡是罗马的市政工程,对于这位教宗而言没有投入方面的上限。这位教宗想尽办法充实教廷的金库以资助他的宏伟设想,从 1585 年到 1590 年的短短六年任期内,他令人难以置信地完成了众多的市政工程。经过罗马时代之后那么多个世纪,在他的规划下,罗马人在台伯河上又有了一座新桥,也有了一条新的以他的名字命名的斐利斯引水渠 [Acqua Felice]。但是对西克斯特斯五世而言,罗马的朝圣是个大问题,如果说他的注意力一直放在朝圣问题上也并不为过。对于教廷而言,罗马的伟大不在于它过去的辉煌,而是在于朝圣者的眼中,西克斯特斯五世所作出的一切努力的最终目的都是为了将罗马的形象提升到与其作为天主教世界中心相称的地位。为此他对城内的三个圣堂进行相关的修缮工作,这其中包括了圣彼得大教堂的穹顶、圣约翰大教堂的凉廊、大圣母堂内的礼拜堂。而为了信徒能够更容易地进行朝圣,他第一个以一种现代城市的路网交通方式重新规划和修整了罗马的道路。引用他的御用建筑师多米尼克·方塔纳 [Domenico Fontana] 的话,"我们的大人,对于那些不管是因为虔诚还是誓言而习惯经常到罗马城中这些神圣之地礼拜的人们,尤其是到那七座因圣物和赎罪而有更多人礼拜的教堂,希望将他们的行程变得更容易些,在许多地方开拓了宽敞笔直的街道。这样,不管是走路、骑马、驾马车,从罗马任何一个地方,信徒都可以通过笔直的大道到达那最神圣之地。"[注3]

　　同时为了凸显他所建立的朝圣路网的目的地,西克斯特斯五世保护并重新利用了四根古代方尖碑,将它们送到新址重新矗立起来。在他的指令下,方塔纳将四根方尖碑中的三根分别安置在城内的三座圣堂处。最珍贵的一根方尖碑坐落在圣彼得大教堂附近,西克斯特斯五世要求将它移到圣彼得大教堂的中轴线上。据说圣彼得在这里殉道之时,这根方尖碑是他在十字架上所见到的最后景象,所以这根方尖碑对于教廷和圣彼得大教堂的象征意义不言而喻。移动方尖碑并不是一件容易的事情,因为一不小心就有可能折断,古罗马时代的皇帝们曾经为了将方尖碑从埃及运送到罗马而绞尽脑汁,而西克斯特斯五世又是以严厉闻名,方塔纳冒着被苛责的风险将这根周身没有古埃及象形文字的方尖碑移到了现在的位置处。罗马城中最高的一根方尖碑被安置在了最古老的拉特兰的圣约翰大教堂和紧邻它的拉特兰宫 [Palazzo Laterano] 之间的小广场上。这里原先是罗马皇帝奥来利乌斯的骑马塑像,而这个塑像已经在大约半个世纪前被移到了康皮多利广场。这根原先矗立在马克西莫斯竞技场 [Circus Maximus] 的方尖碑当时已断成三截沉在泥中,西克斯特斯五世将其挖掘出来之后由方塔纳将其复原,放置在了原来的奥来利乌斯塑像处。从这里的小广场引出两条放射性大道,一条通向角斗场,一条通向大圣母堂的正面,两条大道朝向广场的视觉灭点都在方尖碑上。四根当中唯一的一根古罗马时期制造的方尖碑则被放到了大圣母堂后面的广场上。教宗意图从这根方尖碑出发可以直接引向北面的主要入城口,所以这条大道以其名字命名。尽管这条大道最终没能完全贯通到北入城口,但无疑加强了大圣母堂在整个朝圣路线中的中枢地位。这样,罗马城墙内的三处圣堂都有了一根细长高耸的方尖碑作为朝圣者的地标。除此之外,西克斯特斯五世对朝圣者进入罗马城的入口也设置了相呼应的地标。他将另外一根在马克西莫斯竞技场发现的断成两截的方尖碑进行了复原,并安置在了朝圣者最常使用的北入口处。

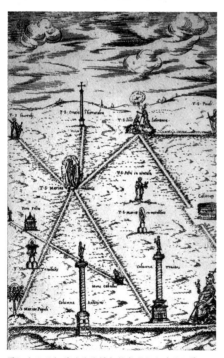

图2. 十六世纪移动圣彼得大教堂的方尖碑的场景
图3. 罗马的方尖碑所构成的指向性的城市结构

图4. 罗马城的图底关系与主要空间结构

后三根方尖碑的位置因为都处于台伯河的东岸而显得关系更为紧密。

　　通过重新安排这些具有相同特征的方尖碑，罗马的圣地如同被一个个图钉精准地标识出来。原先连接两处圣地或是主要纪念物之间的道路也因为这些方尖碑在端点的张力而被绷紧，显得愈发明确和笔直。罗马城内之前就存在的一些放射性道路不再显得无序，因为方尖碑的导入加强了放射节点对于整个城市路网的统治力。方尖碑体量不大，但它那细长收分、尖锥高耸的形体所散发出来的那种与生俱来的神秘气质，注定了它是所在场所的统领和核心。西克斯特斯五世之后的教宗们延续着他的做法，不断将所发现的这些异教徒的方尖碑放置在罗马的重要地点。方尖碑对于罗马的直接影响或许是西克斯特斯五世不曾料到的。方尖碑轻易地在它所处的小范围之内集聚出一个高密质度空间，形成街道空间发展的高潮部分。但它的影响远远超越它所处的空间，尤其是当这些方尖碑和相应的城市广场在城市内形成一个地标网络之后，整个罗马城市的发展几乎就确定了。

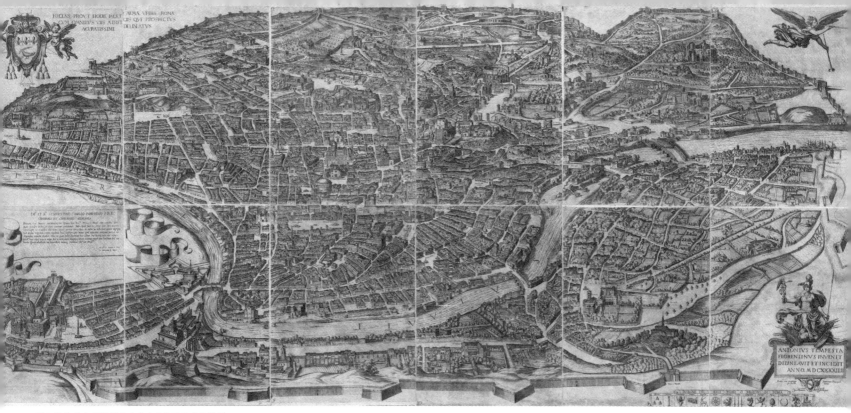

图5. 教皇西克斯特斯五世改造后的罗马城全景图，四根方尖碑已移到现在的位置上，安东尼奥·泰佩斯塔[Antonio Tempesta]绘于1593年，纽约大都会博物馆藏。

圣彼得广场
PIAZZA DI SAN PIETRO

在台伯河的西岸，在曾经的尼禄竞技场上，罗马皇帝中第一位基督教徒君士坦丁大帝在这个圣彼得殉道之地为教徒们建造了圣彼得大教堂。从此，这里成为整个天主教世界的中心。进入文艺复兴时期，旧的教堂早已破烂不堪、不敷使用。教廷在十五世纪中叶决定重修圣彼得大教堂，并将任务委托给阿尔伯蒂。但是随着教宗的更替和老教堂的结构状况，最终教廷决定建造一个全新的教堂，而这项工程的重要性使得近两个世纪的几乎所有文艺复兴时期的重要建筑师和艺术家都参与其中。

大教堂最初的设计竞赛的方案至今还保存在佛罗伦萨的乌菲齐宫，文艺复兴早期的大师伯拉孟特 [Bramente] 以一个突破教会常规的集中式平面的希腊十字方案赢得了这个竞赛，并为此设计了中央的大穹顶。鉴于古代技术水平的限制，大教堂的建设通常都延续相当长的时间。圣彼得大教堂的工程进度同样缓慢，直到伯拉孟特去世，也只完成了穹顶的中央支撑。虽然文艺复兴的影响在佛罗伦萨已经渐渐深入人心，但是在天主教世界的中心采用这个带有异教徒特质的希腊十字的集中式方案对于教廷而言毕竟具有相当的冒险性。之后因为不同的教宗所持的不同倾向，使得大教堂的方案不断被修改。拉斐尔 [Raphael] 接手后将教堂完全改回了中世纪传统的拉丁十字的平面，但是不久之后他就去世了，他的方案也没有得到实施。接替他工作的佩鲁奇 [Baldassare Peruzzi] 又将方案改回到伯拉孟特的集中式穹顶的方案，但是直到他去世也因为种种原因而没有实施。之后小桑加洛 [Antonio da Sangallo the Younger] 又在这些方案的基础进行了调和，提出了在保留希腊十字平面的基础上，添加一个比通常稍宽稍短的中殿 [nave]。这些方案的修改直到米开朗琪罗在七十多岁的高龄被教宗征召才算基本定案。米开朗琪罗坚持了伯拉孟特的中央穹顶方案，而此时佛罗伦萨大教堂的穹顶已经众人皆知，公众显然可以接受甚至希望能有更大的穹顶来彰显圣彼得大教堂。而同时作为圣彼得的殉道地，穹顶形式的陵墓特质似乎比拉丁十字更能象征这一圣地的特殊性。米开朗琪罗在伯拉孟特方案的基础上设计了新的带有鼓座的穹顶，并模仿万神庙的形式在穹顶的一边添加了主入口的门廊。米开朗琪罗去世之后，他的追随者维尼奥拉和德拉波特相继接手并在西克斯特斯五世在任的最后一年完成了穹顶。穹顶高度达到惊人的 136 米，是世界上最高的穹顶，跨度也仅次于万神庙和佛罗伦萨大教堂的穹顶。

　　米开朗琪罗的方案本可以成为一个宏伟而纯粹的穹顶建筑。尽管教堂设置了主入口，但四个立面基本一致，可以形成大穹顶的基座。但是主入口的立面还没完成就被之后的教廷下令拆除，并要求接任的建筑师卡洛·马德诺 [Carlo Maderno] 将主入口立面向广场方向延伸，又一次地将巴西利卡式的中殿塞了进来，使之成为一个拉丁十字的平面。新的主入口立面原本计划如同哥特教堂那样在两侧建造塔楼，虽然因为地基原因而被取消，但是立面的尺度因为计划中的塔楼的存在而显得过高过宽。到 1626 年，大教堂正式圣化启用。但是教廷在建造过程中的朝秦暮楚大大削弱了穹顶的气势，中殿在平面上的介入使得穹顶体量在透视关系中后退而显小，而高大的立面更是遮挡住了包括鼓座在内的穹顶下半部，穹顶原先压迫性的体量感和高耸优美的形体感几乎被抹杀。

图6. 圣彼得广场和大教堂平面图

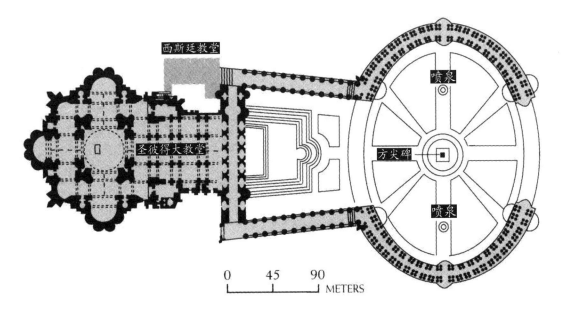

历经几个世纪和众多文艺复兴大师之手的圣彼得大教堂在一落成就几乎要成为一个巨大而失败的作品：超尺度的主入口立面、被渺小化了的穹顶、不成形状的广场、互不关联的要素（穹顶、方尖碑、老喷泉）。这是巴洛克大师伯尼尼 [Gian Lorenzo Bernini] 于 1656 年从教宗亚历山大七世接手广场的设计时所面临的状况。作为教廷的所在地，每逢重要的宗教活动这里必定将集聚成千上万的天主教徒，以接受教宗的祈福。伯尼尼既要为圣彼得大教

堂设计一个在体量上和形式上都相称的教堂广场，也需要以此来重新构建这个宗教圣地所缺失的秩序感。西克斯特斯五世下令移到大教堂轴线上的方尖碑自然成为了整个广场空间的秩序中心，伯尼尼以此为中心设计了举世闻名的椭圆形大广场。这是一个超大尺度的广场，广场的长轴达到 240 米，左右两边的柱廊共有 4 排共 284 根 16 米高的巨柱。这些巨柱采用了混杂着塔司干柱式特点的多立克柱式，以避免和大教堂正立面的爱奥尼柱式产生竞争。站在广场上，这个由高耸的方尖碑和巨大的柱廊所形成的场所的尺度感令人敬畏。伯尼尼还将原先方尖碑边上的老喷泉移到其中一个半圆形广场的中心，并在另一个半圆形广场的中心设置了一个对称的喷泉。方尖碑和两个喷泉构成了整个广场构图的横向轴线，将人的视线横向扩展开，一定程度上缓和了大教堂主立面的不合比例的高度。椭圆形大广场和大教堂之间是一个向教堂入口过渡的梯形广场。梯形广场由教堂入口向外逐渐内收，形状令人想起米开朗琪罗设计的康皮多利山丘上的广场，同样产生了某种缩减大教堂主立面宽度的视觉效应。梯形广场上的大部分空间实际上是渐渐升起的阶梯直到教堂入口，所以这个广场更像是教堂主入口的某种延伸。对于穹顶而言，梯形广场将观察者的视线从教堂入口处拉远至椭圆广场，使得穹顶不至于被教堂主立面完全遮住。

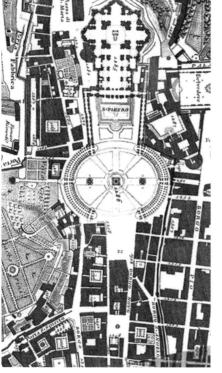

伯尼尼的方案原本计划将椭圆广场的末端开口以另外一段椭圆柱廊封闭，以形成完全与世俗社会隔离的圣界，同时也能让那些从狭窄的道路进入广场的信徒们在第一眼就折服于这个巨大的广场。尽管该方案没有被实现，但是直到二十世纪初，椭圆广场的末端仍旧是封闭的，与梵蒂冈邻界的博构区的一个建筑群 [Spina di Borgo] 一直代替着伯尼尼方案中的第三段柱廊围合着这个空间。直到墨索里尼 [Benito Mussolini] 上台，为了加强梵蒂冈和罗马中心的联系，拆除了这个具有悠久历史的建筑群，修建了具有极强仪式感的大道，并在大道进入椭圆广场处设计了从城市进入梵蒂冈的过渡性的广场。对于墨索里尼的这个工程，后世的城市学家们颇有争议。大广场的确因为封闭感的打破而失去了空间上的惊喜感，但是对于城市整体而言，其东端的开放性却也有力地推动了大广场和整个城市的融合。对于西克斯特斯五世以来的罗马而言，教堂就不应该再是某个孤立的圣地，而是应该扮演一个参与到城市空间戏剧化发展当中的主要角色。

图11. 圣彼得广场和大教堂剖面图，位置和卫星图相对应。
图12. 圣彼得广场和大教堂卫星图，位置和剖面图相对应。

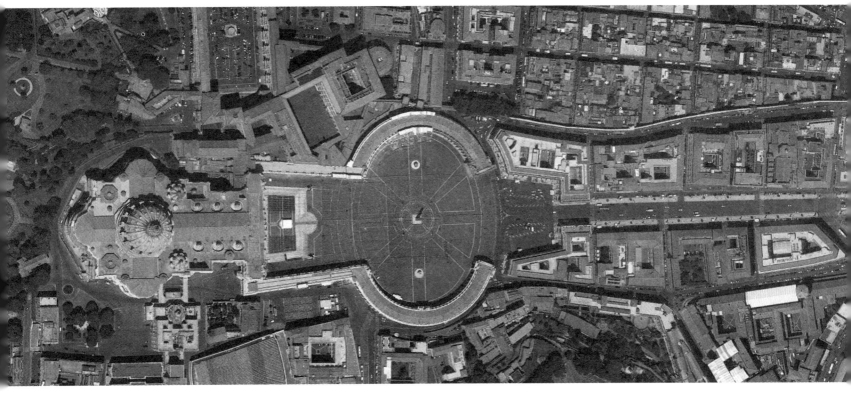

罗马城位于亚平宁半岛中部,来觐见教廷的欧洲国王或是大部分的旅人都来自北方。人民广场 [Piazza del Popolo] 作为罗马城北面的门户,其重要性不言而喻。教宗西克斯特斯五世为罗马重新放置的四根方尖碑中,唯一没有放在圣堂附近的那根就矗立在人民广场上。早在十六世纪初,这里就已经形成交通节点。远方的旅人进入罗马城就面对一个三叉戟式的道路选择:中间的道路从古罗马时期就存在,通向罗马的市政中心康皮多利山丘;东西两边的道路完全对称,由不同的教宗修建,其中西边道路通向台伯河。东边的道路指向并不太明确,但是大圣母堂大致在这个方向。在人民广场和大圣母堂设置了方尖碑后,西克斯特斯五世试图修建一条新的道路连接两个节点,以便北方的信徒进入罗马城就能直接走上朝圣的道路。这条道路没有最终完成,终止在山上的圣三一教堂 [Trinità Dei Monti] 前,然后通过一个斜坡和下面的人民广场辐射出来的东边道路相接。但是这条以西克斯特斯五世命名的斐利斯大道 [Strada Felice] 基本上完成了他对于罗马城内朝圣道路的路网规划。

作为一条朝圣大道,西克斯特斯五世不仅只是以方尖碑来加强道路的指向,在斐利斯大道和从匹亚门 [Porta Pia] 过来的匹亚大道 [Strada Pia] 之间的这个重要的十字交叉口的四个街角还设置了景观饮水泉——四喷泉 [Quattro Fontane]。镇守在四个喷泉后面壁龛中的卧像分别是台伯河和阿诺河的河神、天后朱诺和处女神狄安娜。四喷泉造型精致优美,是朝圣途中一个绝佳的饮水休息的场所。但在一个交叉路口设置四个对称且精美的喷泉显然不是单纯为了行人的饮水,这种以重复和对称的形式来建立视觉焦点的巴洛克手法具有强烈的象征意味。虽然是在主要交通流线的十字路口,但是四个街角的景观化处理将普通的十字路口空间转化成一个精神上类如小广场的场所,而这样一个场所的建立更加明晰了罗马的街道结构。没有方向性的四个街角喷泉将东西向的匹亚大道的重要性提升到与斐利斯大道一致,促使人口逐渐膨胀的罗马城向东发展。就斐利斯大道而言,在向大圣母堂进发的中途能有这么一个可以饮水和休息的城市景观无疑为朝圣的旅程创造了一个戏剧化的小高潮。通过四喷泉的这一段斐利斯大道现在被称为四喷泉大道 [Via della Quattro Fontane]。

图13. 四喷泉大道的四喷泉路口

斐利斯大道的北段没能如西克斯特斯五世所愿完成而终止于山上的圣三一教堂,但是它的重要性决定了它终究将以某种形式延伸到人民广场。1725 年,法国人为了更好地将他们资助的山上的圣三一教堂和下面的西班牙广场 [Piazza di Spagna] 联系起来,出资建造了西班牙大阶梯 [Scalinata della Trinità dei Monti]。大阶梯共有 138 级台阶,是欧洲最宽的阶梯。这个完全巴洛克风格的大阶梯将两条不在同一高度而互不相连的大道以一种奇异的方式联系了起来。大阶梯的上面是山上的圣三一教堂前面的广场，半个世纪之后，教宗又移来一根古罗马的方尖碑立在这里。在大阶梯向上望，圣三一教堂的两个钟楼和方尖碑构成完美的视觉终点。而大阶梯下面的三角形地块是西班牙广场，广场上有一个老伯尼尼设计的精美的船型喷泉 [Fontane della Barcaccia]。从这里则可以没有阻碍地通向人民广场。

图14. 西班牙广场，沿着西班牙大阶梯向上是山上的圣三一教堂和教堂前面的古罗马方尖碑。

在方尖碑移到这里之后，人民广场的地位变得越来越重要。雷纳尔第 [Carlo Rainaldi] 或许是第一个发现这个场地潜力的建筑师。在"三叉戟"大道的中央大道——科索大道 [Via del Corso] 的起点两侧，他为这个地方设计了两个紧邻的看上去完全相同的教堂——奇迹圣母堂 [Santa Maria dei Miracoli] 和圣山圣母堂 [Santa Maria di Montesanto]。双子教堂最终由伯尼尼和方塔纳在十七世纪后期完成。这是一对并不太合乎逻辑的教堂，因为同为圣母堂，从来没有在近在咫尺的地方比邻而建的先例。但是巴洛克的特质在城市风格中的作用再次占了主导地位，从城门乍一进入，就能看到一个完全对称的构图，构图的中央是一根方尖碑、后面是两座完全相同的教堂和从其延伸出去的三条辐射大道，这种景象所传递出来的史诗感是不能以言语形容的。随着双子教堂的落成，广场最初的不规则形状显然不足以容纳这里的巴洛克风格。1811 年，法国人瓦拉迪尔 [Giuseppe Valadier] 开始接手广场的改造设计。他拆掉了一些建筑和高墙，仿照圣彼得广场以方尖碑为中心设计了一个椭圆形广场。瓦拉迪尔对于广场的景观也作了整理，方尖碑边上的由德拉波塔设计的一个老喷泉被移走，在广场的横向两端设置了新的喷泉。新的广场自此形成一个具有强烈秩序感的空间。

图15. 人民广场在十八世纪时场景的版画，吉安巴蒂斯塔·皮拉内西[Gianbattista Piranesi]绘。

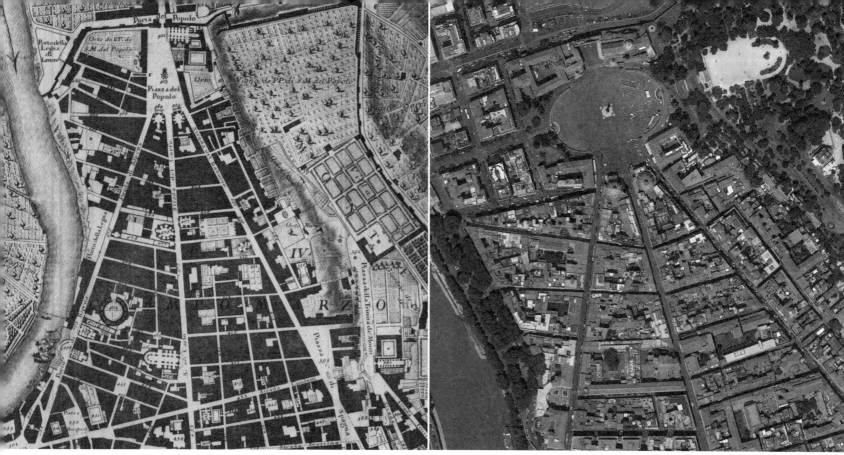

图16. 人民广场十八世纪时的图底关系，尚未形成椭圆形广场，方尖碑和双子教堂等要素已在。
图17. 人民广场卫星图

　　从北方进入罗马的旅人，不论是在十九世纪还是现在，都会为接下来的城市空间体验而惊喜：从看到人民广场的方尖碑开始，细长高耸的碑身后面是双子教堂引领的辐射型道路通向罗马城内的不同地标；走向西班牙广场，出人意料的大阶梯出现在侧面，上方的圣三一钟楼和方尖碑吸引人向上攀登，从而完成城市空间的高度和场所转换；从上面的新起点开始继续前行，路过主要道路交叉口的四喷泉饮水休憩；最终来到另一座方尖碑下，大圣母堂成为这条运动流线的空间终点。整个行进过程当中所体验到的空间的发散、转折、延伸、停顿、高潮，体现了一种强烈的运动感，而这当中所孕育的那种欢快的戏剧化的氛围是中世纪的城市体验所不能提供的。

图18. 罗马城的北入口人民广场

国王的巴黎
KING'S PARIS

法国王室一直以来是欧洲大陆最有权势的王室之一，十六世纪末开始主宰法国的波旁 [Bourbon] 王朝的君主们不断加强法国的中央集权体制，使法国逐渐成为欧洲大陆最为强大的国家。中世纪的法国曾经是哥特建筑的发源地，但波旁王室以奢华夸张而闻名，同时对于艺术家和建筑师而言，他们又是如同佛罗伦萨的美第奇家族一样的保护者和赞助者。

十七世纪的法国是以勒内·笛卡儿 [René Descartes] 为代表的法国唯理论兴起的时代，文艺复兴的影响在法国所形成的古典主义可以被看作是唯理论的具体体现。在当时的法国建筑师眼中，古罗马建筑所蕴含的抽象法则是超越时代和信仰的。同时，早期简朴的文艺复兴风格在意大利已经逐渐转向了以手法变化和追求装饰效果的文艺复兴盛期和巴洛克风格。法国宫廷逐渐沉溺于来自意大利的这种新奇时尚的建筑品位，意大利建筑师们也屡屡被法国国王邀请到法国宫廷为王室服务。根植于唯理论哲学理念并深受法国宫廷风气影响的法国建筑师们逐渐在古典建筑语言的基础上发展了一套与法国王权相匹配的建筑风格体系。从宫廷建筑延伸到城市建设层面，中世纪的巴黎已经开始呈现宏伟风格的气质。

凡尔赛
VERSAILLES

经过几个世纪的持续建设，法国王室的宫殿和园林以其美轮美奂而闻名于欧洲。其中集大成者是巴黎郊外的凡尔赛宫 [Versailles]。

十七世纪中期，路易十四 [Louis XIV] 登上法国王位。为了强化国王在国家事务中的集权统治地位，路易十四希望能将法国的官僚机构和贵族家庭集中在他周围以便于控制。同时也为了躲避巴黎的喧闹和时常发生的暴动，他决定在其父亲路易十三在巴黎郊外凡尔赛的狩猎行宫的基础上扩建新宫殿。凡尔赛宫的设计者是建筑师勒·沃 [Louis Le Vau]（勒·沃之后由法国古典主义的建筑大师孟莎 [Jules Hardouin-Mansart] 继任）、园艺家勒·诺特 [André Le Nôtre] 和画家勒·布伦 [Charles Le Brun] 所组成的团队，这个国王的御用团队之前已经为路易十四的财政大臣设计了富丽堂皇的沃子爵堡 [Vaux-le-Vicomte]。据说沃子爵堡的宏伟的花园和府邸让路易十四倾倒，但也为其主人引来了革职查办的祸水。路易十四要求在凡尔赛看到一个欧洲最大、最恢弘、最奢华的宫殿，这个御用团队在国王的支持下设计并实施了从宫殿到苑囿的宏伟方案。凡尔赛宫的宫殿立面即为标准的法国古典主义立面，纵横三段，左右对称，造型严谨规范，气度庄重雄伟。而勒·诺特所主持的整个园地的设计更是体现了十七世纪法国的唯理论审美观。站在反对神学世界观的立场上而拥护王权的唯理论认为应该通过抽象的理性方式来探求真理，而只有建立在这个基础上的艺术方法才能创作出伟大的艺术作品。而"伟大"也正是路易十四所追求的，凡尔赛宫只有呈现出"伟大"才能衬托出他的至高无上的王权和称霸欧洲的宏图。

图19. 凡尔赛宫十七世纪末期全景图，亚当·佩雷尔
[Adam Perelle]绘。

　　在超过 6 平方公里的土地上，勒·诺特将融合了文艺复兴透视法的纯几何构图叠置在广袤的法国田野之上。整个方案呈轴线对称，沿着中央轴线从宫殿的入口大理石庭院一直到后花园的末端布置了不同的星形节点。每个星形节点都是所在空间的中心景观，并且辐射出对称笔直的道路。自封为太阳王的路易十四尤其钟爱这种类似太阳光芒的辐射型构图。和罗马城北入口的人民广场类似，凡尔赛宫入口就是三条完全对称的笔直宽阔的城市大道。中央通向巴黎的大道算是保持笔直形态最长的，也不过几公里而已，但是这样的布局无疑象征着路易十四绝对集中的权力。宫殿后面大后花园的主要星形节点是阿波罗喷泉，喷泉是宫殿后面花园里的长绿茵道的终点，象征路易十四的太阳神阿波罗朝着凡尔赛宫驾驶着四乘马车从水中喷薄而出。顺着阿波罗的朝向，同样是辐射的道路向花园放射出去；而花

图20. 凡尔赛宫巴洛克风格的东立面
图21. 凡尔赛宫花园内面向宫殿的阿波罗喷泉，太阳神阿波罗驾着四乘马车从水面喷薄而出。

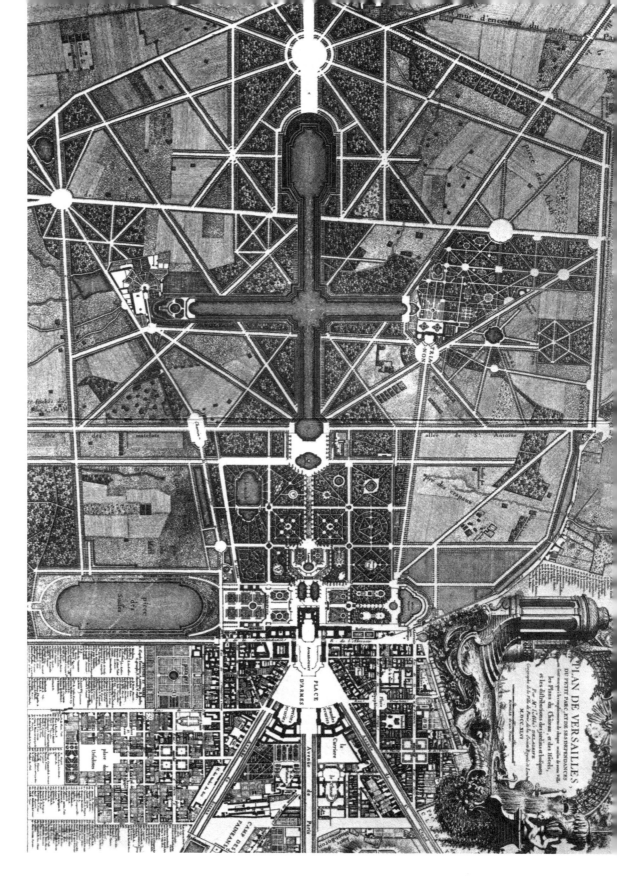

图22. 凡尔赛宫十八世纪中期平面图，德拉格里夫 [Delagrife]绘。

园内还布置有若干小的星形节点，也向外辐射出辅路。阿波罗喷泉的后面是国王的狩猎林地，位于轴线中央的是十字架形的人工运河，运河的十字端点和中央交点也都是辐射道路的星形节点。所有这些从星形节点辐射出来的道路所形成的大斜线切割着花园和狩猎林地，在平面上形成几何形的图案。路边的植物或是被修剪成整齐的几何形状构成划一的队列，或是形成高大的道路绿墙以塑造几何的空间结构。花园的大片树林之中，往往开辟有开阔地，点缀有水池或是喷泉，创造出阴暗空间和明亮空间的明暗光影对比。凡尔赛宫的景观要素：花园、水池、喷泉、雕塑、包括植物，单独来看在具体手法上都不能算作独创，相当部分借鉴于意大利文艺复兴的台地园林。但是勒·诺特将这些要素和手法统一在整体的几何关系所形成的秩序当中，创造了一种与法国波旁王朝的绝对王权相匹配的宏大风格。

随着宫殿和苑囿的建成，路易十四将法国的官僚机构都迁移到凡尔赛，这里成为法国事实上的首都。无与伦比的凡尔赛宫成为了全欧洲王室争相效仿的目标，哈布斯堡王朝在维也纳所建的美泉宫 [Schloss Schönbrunn] 即是仿照凡尔赛宫而建。

香榭丽舍大道
AVENUE DES CHAMPS-ÉLYSÉES

凡尔赛宫的影响不局限于欧洲的宫殿，更重要的是以它为代表的巴洛克形式语言及其体现出来的宏大气势开始在欧洲城市中流行，大规模的人为规划开始更全面地介入到中世纪欧洲那种相对自发演变的城市肌理当中。法国人将宫廷苑囿中的设计手法娴熟地移植到城市当中，城市的设计者试图在城市中再现宫廷中的景观以满足下层贵族和城市平民的需求。原先狭窄曲折、光线晦暗的中世纪道路开始被更为笔直宽阔、光线更为明媚的林荫大道 [Boulevard] 所取代。其中最为可观的是位于塞纳 [Seine] 河右岸的香榭丽舍大道 [Avenue des Champs-Élysées]。

香榭丽舍最初的开发缘于延伸杜勒里花园 [Jardin des Tuileries] 的景观轴线的需要。亨利四世的来自美第奇家族的王后玛丽 [Marie de Médicis]，为尚处在中世纪格调当中的巴黎带来了佛罗伦萨的风尚。在她加冕之前，法国人从来没有想象过植物也可以像士兵一样形成整齐的仪仗队列。美第奇的玛丽将佛罗伦萨贵族在晚餐后林荫道下散步的时尚带到了巴黎，她沿着塞纳河两侧种上树木供她散步。十七世纪初，为了扩展杜勒里花园的景观，玛丽在花园的西边园地上沿着宫殿中轴线开辟了一条属于花园的道路，道路两侧种上了形成整齐队列的树木。这样，她可以在晚餐后最凉快的时间里坐着马车在林荫道上踟蹰，而这条王室的林荫道也以她的名字命名。半个世纪之后，路易十四让勒·诺特继续向西延伸这条林荫道，直到现在的圆点广场 [Rond-Point]。同时，林荫道两侧统一种上了榆树，但这里仍是供王室使用的花园林荫道。十八世纪初，林荫道以其附近田野的名字香榭丽舍重新命名。香榭丽舍大道最重要的改变发生在十八世纪，路易十五将改造这条大道的任务交给了他情妇的兄弟马里尼侯爵 [Marquis de Marigny]。作为国王的主管建设的大臣，马里尼侯爵的工作完成得很出色。在杜勒里花园的西端，也是香榭丽舍大道的起点，他命令建筑师加布里埃 [Ange-Jacques Gabriel] 修建了以国王路易十五命名的新广场。广场呈长八边形，中央是路易十五的骑马像，两侧是喷泉。路易十五广场的落成使得香榭丽舍大道看上去不再是杜勒里花园的一部分，而更像是一条独立的城市大道。侯爵继续向西将大道延拓到现在的星形广场 [Place de l'Étoile] 处。星形广场起初是一个小丘，是王室狩猎活动时的会合点，马里尼侯爵铲平了这个小丘，以此为起点均匀布置了十二条放射性大道。"星形道路方案的前身就是皇家猎苑，这可以从打猎的贵族那里猜想到。在皇家猎苑里，在树丛里开辟出来的长长的小道，使得骑马的猎手可以在中心点汇聚，然后再向各个方向奔驰出去。"[注4] 从凡尔赛宫到香榭丽舍，法国人延续了这一手法，当更多的贵族土地转换成城市的一部分时，他们习惯将狩猎小径的节点建设成为城市道路的辐射原点。随着之后辐射型大道的逐渐成形，这里成为香榭丽舍大道西段著名的星形广场。对于整条林荫道，马里尼侯爵将一个世纪前种的树全部推倒以让道路的景观更为宽敞，同时填平了沿着林荫道的一些低地和水塘，使得整条大道更为平缓和一致。1765 年大道两侧重新种上了更为整齐的七叶树 [Aesculus Hippocastanum]，直到现在这些大树所形成的林荫大道的效果一直是香榭丽舍独特的街景。法国作家梅西埃 [Mercier] 这样形容十八世纪改造之后的香榭丽舍大道："宏伟的杜勒里花园今天因为香榭丽舍大道而被（巴黎人）抛弃了。有人可能还是倾慕于杜勒里花园那精致的比例和设计；但是香榭丽舍是所有不同年纪和等级的人聚集的地方：这个场所的田园气质，阳台层叠的建筑和咖啡馆，更宽敞而且不死板的街道，这些都好像在发出邀请。"[注5]

法国大革命之后，波旁王朝被推翻。巴黎市民将路易十五广场上他的骑马雕像推倒，并架起了断头台，路易十六和他的王后在这里被处决。为了冲淡革命的血腥，广场之后被更名为协和广场 [Place de la Concorde]。拿破仑 [Napoléon Bonaparte] 在位时，为了纪念对奥俄联军的胜利，在大道两端设计了凯旋门。东端是克鲁索凯旋门 [Arc de Triomphe du Carrousel]，体形较小，只用两年时间就建好了，成为进入杜勒里花园的东入口。西端的星形广场上拿破仑为现在的雄狮凯旋门 [Arc de Triomphe] 奠了基。但是雄狮凯旋门直到 1836 年才完工；同年，大道的另一端协和广场也矗立起一根来自埃及卢克索神庙 [Luxor Temple] 的巨大的方尖碑。四年后，法国人为回归祖国的拿破仑遗体进行了盛大的仪仗式，巴黎民众挤满香榭丽舍大道的两侧，目送他的遗体通过雄狮凯旋门，直到协和广场，然后穿过塞纳河抵达荣军院安葬。

图23. 法国大革命时期的协和广场
图24. 拿破仑逝世的送葬队伍经过凯旋门
图25. 香榭丽舍大道平面图，取自1730年的罗素 [Roussel]版巴黎地图。

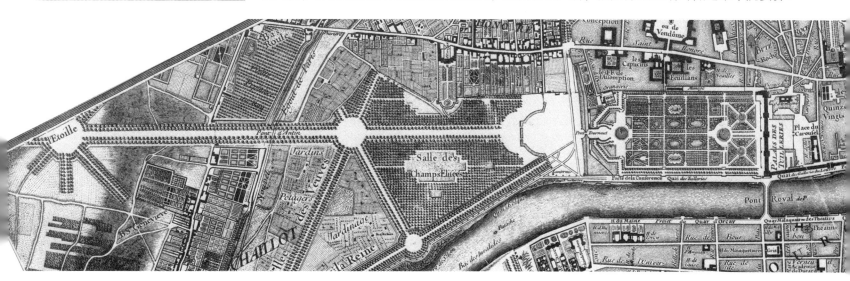

在这之后，杜勒里花园的宫殿在巴黎公社期间被烧毁，法国的共和政府决定不再重建代表帝制的宫殿，并最终拆除了宫殿的废墟。宫殿拆除后，原先一直封闭的卢浮宫 [Palais du Louvre] 西边的庭院第一次向城市景观开放。卢浮宫在平面位置上和香榭丽舍大道存在一个倾斜角度，但是克鲁索凯旋门的存在一定程度地在视觉上纠正了这个倾斜，使得卢浮宫成为巴黎历史轴线的起点。而这条历史轴线在二战之后继续向西延伸，在二十世纪八十年代逐渐形成巴黎新的中央商务区拉德方斯 [La Défense]。

作为一条单独的林荫大道，香榭丽舍以它变幻的空间形成了最富戏剧化的城市街道。笔直的街道却也不能一目了然，宫殿、方尖碑、凯旋门、大片的绿地、辐射型的大道、统一的古典主义建筑的街景、乃至现代主义的建筑，组合成一幕幕不同的城市场景。这是一条充满仪式感的大道，但是巨大的纪念物和建筑背景在各个不同视角所形成的构图又都具有足够的魅力能吸引行人在宽敞的人行道上坐下来喝杯咖啡打发一下时间。从整个城市来看，香榭丽舍大道的发展从根本上改变了巴黎的尺度，使城市逐渐摆脱了中世纪的格局，而愈来愈散发出强烈的纪念性。街道的辐射节点和林荫大道则如同织就了一张巨大的蛛网包裹住整个巴黎，节点上的巨大纪念物强化着城市局部空间的中心感。而类似香榭丽舍的轴线对称的城市空间和绿地陆续从巴黎的中世纪城市肌理中挣脱出来，如荣军院 [L'Hôtel national des Invalides]、埃菲尔铁塔 [La Tour Eiffel] 所在的马尔斯公园 [The Champ de Mars]，这些超大的几何形图示语言从理性思维转移到图纸上、再从图纸上转移到巴黎的城市肌理当中，并且历经工业革命和战后的城市发展而保存下来。不管对于巴洛克有什么不同看法，毋庸置疑的是巴黎保存了巴洛克城市规划的最伟大成就，并且传承了下去。在这里，人类的理性思维以超越现实的恢弘主宰了城市的发展。

巴黎的广场
PLACE DE PARIS

延续着法国王室对于城市的审美趣味，巴黎的广场往往经过精心的规划，规整而又具有相当的尺度。那些著名广场的出现不再是出于宗教或施政的原因，而更多的是伴随着当时的贵族阶层在城市居住的需求而来，好比是房地产开发的伴生产品，是在城市尺度中的某种具有私人性质和特定功能的空间。

孚日广场 [Place des Vosges]，最初称为皇家广场 [Place Royale]，兴建于 1605 年到 1612 年之间。这是一个由亨利四世 [Henry IV] 下令建造的城市贵族住宅区，因为国王希望他的臣子们能住得离他更近一点。孚日广场是巴黎第一处经过都市规划的公共空间，广场呈正方形，边长 140 米，比之前巴黎任何一个广场都大。广场周围是 36 座国王大臣的府邸，每边 9 栋。这些府邸在设计上完全的统一，都是红砖立面，饰以白砂岩的线条，它们的高度、屋顶的倾斜度、甚至装饰物都非常的一致，只有南北两端的两栋因为供国王和王后使用而比其他建筑高出少许。建筑的底层都是开敞的拱廊，连成一圈。广场周围的这些府邸如此的一致，似乎已被抽象成为了古罗马帝国广场内的柱廊，成为广场立面的装饰性符号。

　　孚日广场在当时与其说是广场，不如说是一个贵族住宅区的封闭性中央空地，如同是宫殿的内院。进出广场的南北向的小路，被南北端的两栋中心建筑截断。这两栋中心建筑的底座由三个圆拱组成，其中最中间的圆拱较两边的大，以方便马车进出广场。孚日广场的周围地区非常热闹，但是在进入广场之前几乎感受不到广场的存在。只有从一车宽的狭窄的马路帕德拉缪路 [Rue du Pas-de-la-Mule] 贴着广场北边进入，才会惊奇地看到城市空间在这里突然变大了。

　　建于一个世纪之后的旺多姆广场 [Place Vendôme] 从规划和形制层面都与孚日广场非常相似。整个广场的源起与现在的房地产开发并无二致，路易十四的御用建筑师孟莎出于投机的目的买下了旺多姆公爵的府邸和邻近的土地，希望再将其分割出售。但是这个计划并不顺利，几经转手，这个项目最终被国王收购。而路易十四还是聘请了始作俑者孟莎来进行规划设计，只不过设计任务已经从单纯的房地产投机变成了带有纪念意义的城市广场。广场周围的土地

图 26. 孚日广场
图 27. 旺多姆广场

还是被用作私人宅邸的开发，但是路易十四要求孟莎为广场设计统一的立面，并为想购买土地建造宅邸的大臣们附带了条件，即必须同意面向广场的住宅立面保留且不得更改。所以，几乎与孚日广场一致，新规划的旺多姆广场四周是立面一模一样的大楼，尽管每栋大楼实际的大小和平面都不一样。建筑的底层也采用了拱廊的立面形式，只不过并非是开敞的人行道。

广场于 1720 年竣工，广场最初叫作"征服广场"[Place des Conquêtes]，后来又改称"路易大帝广场"[Place Louis le Grand] 直至 1792 年。广场中央最初竖立着一座超大尺寸的路易十四的骑马像。1806 年，拿破仑一世下令用一座类似于罗马图拉真柱的大圆柱替代路易十四塑像，以纪念他大获全胜的奥斯特里茨战役。柱子上盘旋而上的浅浮雕铜版是用从奥斯特利茨战场缴获的大炮熔炼而成，圆柱顶上耸立一座拿破仑皇帝雕像。旺多姆柱曾在巴黎公社时期被推倒，但很快就又被重新竖立起来。

旺多姆广场的地理位置和历史传承注定这里是巴黎上层社会的时尚中心。但是作为被贵族阶层的城市宅邸所围合的一块空地，巴黎的这些城市广场在初期并非是作为人们室外活动的场所，因为贵族府邸往往拥有自己的花园后院。这些广场实际上更像是露天停车场：在马车时代，广场上充斥着马粪，因为这里停满了马车；马车被汽车替换掉之后，有相当长的一段时间这里又被作为汽车停车场。只是到二十世纪后期的城市复兴计划禁止了露天停车，消除了那些影响观感的杂乱的东西，旺多姆广场才恢复了十八世纪的面貌。

与意大利城市经常见到的小型广场所具有的人文情怀很不一样，巴黎的城市广场更像是罗马帝国时期的帝国广场。法国国王的权势自然地引向对于古罗马帝国的崇拜，这使得带有古典主义气质的巴洛克风格在巴黎大行其道。巴黎的广场和街道一起构成了巴黎的宏伟尺度：在平面构图上，城市广场的规整对称的形状呼应着辐射型的林荫大道；在风格上，庄严且重复一致的立面暗示着绝对的君权；在空间体验上，这些精心规划的广场本身就是巴黎的巴洛克式街道空间体验的高潮部分。

图28. 孚日广场卫星图
图29. 旺多姆广场卫星图

　　巴洛克规划体现在图纸上，只是简单的一笔或是只需用橡皮擦出一些空白，但是在真实的城市当中却往往意味着大规模的拆除。对于经历了十几个世纪发展的欧洲城市而言，如果没有足够的专制集权和雄厚财力，很难将这样宏伟的规划贯彻下去。而即使拥有这样的权力，统治者有时也难免担心因为过度使用这样的权力而可能引起的普通民众的抗争。在大西洋彼岸的美洲大陆，从一片空地开始建设的新城市为巴洛克规划提供了这样一张几乎可以任意涂画的白纸。

　　十八世纪欧洲的启蒙运动不仅在欧洲国家掀起了轰轰烈烈的思想解放运动，也唤醒了北美殖民地居民的独立意识。1776 年，大英帝国在北美的十三个殖民地的代表在费城发表独立宣言，美国独立战争爆发。经过北美人民艰苦不懈的战斗，在 1783 年迫使英国承认美利坚合众国的独立地位。独立之后的国家需要一个新的首都，南方和北方的代表们为地点而争吵不休，最终确定在南方但靠近南北中间线的地方进行选址以建设一个新城作为新国家的首都。乔治·华盛顿 [George Washington] 在波托马克 [Potomac] 河和阿那卡斯提亚 [Anacostia] 河两条河交汇之处选择了新首都的地点，首都的名字以华盛顿命名。联邦法律为这个新城规定了上限 100 平方英里的面积，并将其置于联邦直接管辖之下。

　　一个疆域辽阔的大国将在一片田野之中从无到有地建起一座新的都城，这无疑是一个前所未有的宏伟计划。在得知这一消息的第一时间，来自法国的军事工程师皮埃尔·郎方 [Pierre Charles l'Enfant] 即怀着巨大的热忱给华盛顿去信希望承担这个新首都的规划工作。郎方出生于一个法国宫廷画家的家庭，跟随父亲在凡尔赛度过了童年，并在卢浮宫的皇家艺术学院学习，青年时和当时许多向往革命的法国青年一样自愿来到美国加入美国人民的独立战争。对于刚获得独立的美利坚合众国而言，新首都的建设缺少经费。所以华盛顿所关注的是如何在十年内在缺乏国会预算的支持下完成这项任务。但是郎方将一个法国人的革命热情完全地倾注到这个方案之中，新的首都的建设将是对这个新诞生的国家的最好的诠释，所以他在给华盛顿的信中这样写道，"从来没有一个国家被赋予过这么一个机会可以让他们自主决定首都的地点或是在选址时可以综合所有必须考虑的因素。尽管现在国力许可范围之内的目标并不是寻求伟大的设计，但是这个方案显然需要达到这样一个尺度，即在国家财富增长允许的情况下，在这个尺度下留有足够的余地使得我们在将来的某一刻可以追求宏伟和精致。" [注6] 1791 年，郎方被美国政府雇佣，开始参与到华盛顿的规划建设当中。他的任务是协助测量师安德鲁·埃利科特 [Andrew Ellicott] 进行首都的测绘工作，并提供一套可行的供建设公共建

图30. 郎方肖像

筑的土地图纸。但是郎方显然有着更具野心的想法，他为新首都设计了一个试图和巴黎媲美的规划方案。但是或许是因为过于在整个城市尺度层面关注整个设计方案，郎方忽略了整个任务的时间因素，他没能按照政府要求及时准备好可供售地的图纸。同时他也拖延了一些具体的建筑设计任务，如国会大厦和总统官邸的设计。仅仅一年时间，华盛顿不得不解雇郎方，由埃利科特继续城市的规划工作。埃利科特并没有对郎方的方案作出原则性的大改动，只是拉直或者去掉了几条他认为多余的辐射型道路，并且在图上标注了地块以便政府可以进行土地出售。所以我们现在看到的华盛顿基本还是在郎方方案的格局之上所发展起来的。

郎方在他的方案中首先确定了主要建筑物和大型公共空间在城市中的位置。为了凸显这些城市当中重要的交通节点，郎方以非常巴黎的方式在每个节点引出若干对称辐射的林荫大道，但是与巴黎星形广场所引出的辐射道路不同的是，这里的节点所引出的道路数量相对较少，而且一般都笔直通畅地导向另一个节点，而不会遇到某条横向街道就戛然而止。这些辐射大道之间又相互形成交叉，交叉点处形成次级的城市绿地或公共空间。节点之间的道路尽管以大斜线的方式存在于城市格网之中，却是城市当中最为宽阔的主干道。华盛顿的主要街道几乎达到巴黎香榭丽舍大道的宽度，按照郎方的计划，"我要将这些马路建得很宽，这样可以种上行道树。应该中间留 80 英尺宽给马车道，两边各留 30 英尺宽的可以种两排树的人行道，然后房子和树之间还有 10 英尺的空地。"[注7]

在路网系统之外，为了加强城市东西两侧的河流的联系以刺激经济的发展，同时能够解决城市的排水问题，郎方的方案中还规划了城市运河系统（城市的运河系统最终在十九世纪因为城市的发展而大都被更改为下水道）。但对于郎方而言，工程方面的问题更多地为他提供了在视觉景观方面的机会。他希望将引入城市的河水用于城市的喷泉和水池。其中最令人惊叹的建议是从国会山的台基处涌出瀑布泄入到下面精心设计的倒映水池中，从而和具有强烈功能特征的城市运河系统形成有机的整体。虽然方案没有实施，但这绝对是一个可以与伯尼尼相媲美的想法。从这些关于水的设计细节来看，郎方的城市设计不仅体现在形式的图式语言上，也试图呼应开端于意大利文艺复兴而盛于法国宫廷的景观设计，凡尔赛和勒·诺特对他的影响可见一斑。

方案中最核心的部分是国家最高权力机关的布置。出于对美国宪法中的立法、司法、行政的三权分立制度的热衷，郎方为此规划了三个不同的建筑——国会、白宫、最高法院。其中国会被安排在波托马克河边的高地之上，所以这里也通常被称为国会山 [Capitol Hill]，象征着由人民选举产生的美国国会的至高无上的地位。这里是美国的政治中心，也是城市的原点，城市以国会为中心分成四个区。国会的东侧是最高法院和国会图书馆，沿着国会山的主轴线向西直到波托马克河是宽阔的国家广场 [National Mall]，国家广场的中心是开阔的大草坪，大草坪南北两侧的边界道路是分别被称为"独立"和"宪法"的两条林荫大道。在这条主轴线西端的北侧安排了白宫。国会和白宫之间还有宾夕法尼亚大道相联以方便立法主体和行政主体之间的沟通。

诚如郎方所希望的，首都的核心区为将来的建设留下了足够的空地。在 1812 年战争英

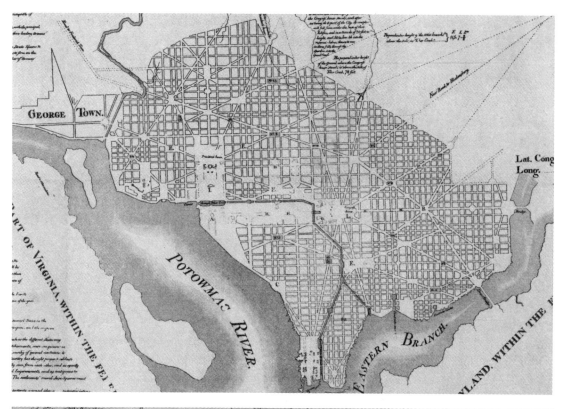

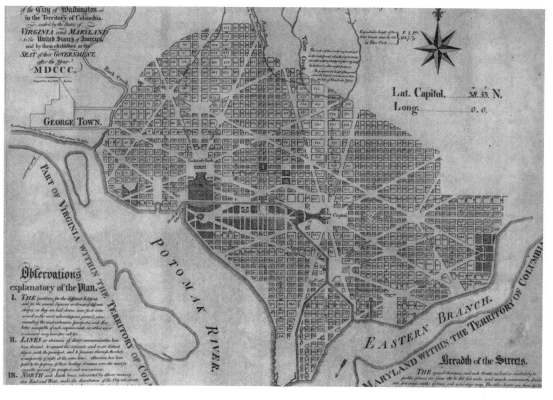

图31. 郎方版华盛顿特区规划方案
图32. 埃利科特修改的华盛顿特区规划方案

国军队火烧华盛顿之后，华盛顿的重建和新建工程愈来愈显现出这里作为联邦政府的所在而应该具有的宏伟。随着美国的逐步扩张，新加入联邦的州带来了更多的国会议员，国会大厦已不敷使用。十九世纪五十年代，国会大厦扩建，之后加上了现在看到的铸铁结构的新古典主义大穹顶。而在波托马克河岸边，也是从国会山向西望的视线和从白宫向南望的视线交叉处，开始建设华盛顿纪念碑 [Washington Monument]。工程因为南北战争而停工了很长时间，直到 1884 年竣工，于 1888 年对外开放。这是一根巨大的仿方尖碑形状的白色大理石的石制建筑，在埃菲尔铁塔落成之前保存着全球第一人造高度的记录。十九世纪中后期开始的波托马克河的疏浚工程使得河道变窄，部分原先的河道成为城市中可供建设的用地，国家大草坪由此向西延伸了一大截。随着后期的城市美化运动，1914 年在延伸了的大草坪西端建造了林肯纪念堂 [Lincoln Memorial]，纪念堂于 1922 年落成。而在靠近国会山的大草坪东段的两侧随着时间推移陆续建起了包括了国家美术馆、国家航空航天博物馆、国家自然历史博物馆、国家印第安博物馆等在内的国家级公共设施。随着美国国力的日益强盛，美国的历史和政权体制被物化在这片宏伟的建筑群当中。

巴洛克方案的宏大并不能掩盖一些问题。大量的城市用地被用于增强并不是必需的交通空间的纪念性。"在他的方案所规划的六千多英亩土地中，需要 3606 英亩作为公路用地，而公共建筑用地、空地或保留地所需要的土地只有 541 英亩。从任何标准来衡量，这个动态与静态空间之间的比例、车辆与建筑之间的比例，都是荒唐的。"[注8] 华盛顿显然也不是城市居民的最佳选择，大部分人宁愿选择近郊的乔治城 [Gerogetown]。所以以城市发展初期的华盛顿并没有体现出郎方规划中的形式感，或者说这种形式感仍旧像是停留在图纸上，而非被城市真正地吸纳。十九世纪初期的欧洲旅行者尽管欣赏这个新大陆城市的低密度所带来的通畅和卫生，但是也对它有别于欧洲大城市的城市感的缺乏而抱怨不已。英国作家查尔斯·狄更斯 [Charles Dickens] 在他 1842 年旅行美国时写的《美国笔记》[American Notes] 一书中语带讽刺地描述华盛顿的空旷，"它有时被称为伟大距离之城，但可能更恰当的定义应该是伟大野心之城。因为只有从国会大厦顶部鸟瞰才能感受到那个城市的设计，那个充满野心的法国人的设计。宽敞的林荫道见不到头也见不到尾；英里长的街道，只是缺少民居和行人；公共建筑也需要有足够的公众才算是吧；交通大道的装饰，只是缺少可以被装饰的交通大道（意指没有交通）。这些就是这个城市的主要特点。"[注9] 但是早期华盛顿不完整的形式感也不能完全归咎于规划者的野心，更多是反映了国家建国初期的不稳定的政治格局。所以，更恰当的评价应该是规划者的野心超越了当时的发展状况。这应该是所有新建的巴洛克城市的通病，图纸上的宏大一旦落实到真正的城市中时，即开始脱离规划者的原本意图，因为城市毕竟不是靠规划者独力建设起来的，其至他这个时代的领袖也没有这个能力来完成这个任务。"时间是巴洛克这个世界的致命障碍：它机械的秩序没有为任何生长、变化、适应、以及创造性的更新留下空间。这类指挥演出的行动必须在当时，一劳永逸地被执行掉。"[注10] 但是即使是一个国家的首都，也不是当政者能够一蹴而就的。

随着时间的推移，类似狄更斯的对于城市的质疑被之后不可预料的发展所缓和。随着南北战争的结束和政局的稳定，华盛顿经历了快速的发展。到二十世纪初，联邦参议院成立了公园委员会为首都华盛顿制订新的发展规划。作为城市更新的早期形式，这个委员会在郎方方案的基础上，完善了城市的发展规划，并且比以前更加严格地实施了这个方案。而美国人福特带来的汽车革命使得"在宽敞的大街上填满了足够多的汽车，尽管这没有增加这个规划的美丽，但也为马路使用这样的宽度赢得了合理性：但这只是在汽车时代来临之后。"[注11]

　　华盛顿这个充满野心的规划也因为巴洛克所天生具有的专制特质而被后世相当多的学者诟病。他们认为，对于通过艰苦斗争从大英帝国的专制统治下解放出来的自由、民主的新国家而言，巴洛克这种陈腐的代表旧时代君主体制的城市规划是和合众国的首都气质最不相适宜的。但是，或许正是因为这是一个大国的首都，而且是一个通过伟大的革命而获得民族自由的国家的首都，巴洛克城市的宏伟绝对配得上这个独一无二的城市，甚至可以说是唯一的选择。

图 33. 华盛顿特区卫星图

第八章

CHAPTER 8

新世界的格网

GRID OF THE NEW WORLD

WE HOLD THESE TRUTHS TO BE SELF-EVIDENT, THAT ALL MEN ARE CREATED EQUAL.

我们坚信这些真理是不证自明的：所有人生而平等。

-- THOMAS JEFFERSON, "UNITED STATES DECLARATION OF INDEPENDENCE"

相对于教宗和国王的绝对权力，西方文明一直存在着以民治为特征的另外一面。在中世纪欧洲特有的分封制度之下，平民阶层的贸易活动一直得到领主们的许可和保护，因为显然这是个贵族和平民阶层能够得到双赢的局面。贸易的发展使得大量的新城兴起于中世纪的欧洲土地，尤其是那些从领主那里获得全部或部分自治权利的城镇，因为税收较低，经济活动更为活跃。随着文艺复兴的到来，这些城市通过贸易聚集了大量的财富，聚集了更多的城市人口，原有的城市规模和形态逐渐成为城市发展的掣肘。文艺复兴之后的欧洲即使在当时来看，也已经是一个古老的世界，但是海外贸易和生产活动的快速发展又为这棵老树催生了新的嫩芽。在一些以转口贸易发展起来的港口城市，随着城市的经济活动日益频繁，城市土地变得越来越稀缺。财力越来越雄厚的商人为了追求更多的利润，需要集聚更多的土地以建立巨大的货仓；市民们也希望重新分配土地或者是重新建设以获得更多的居住空间。不管是商人阶层还是城市平民，都存在着一种驱动力希望能重新改造城市使之适应新出现的城市生活方式。这种新的城市生活方式建立在贸易的基础上，并且在客观上要求加快城市土地的流转，且便于买卖。在这些城市，商业资本逐渐渗入城市生活并开始掌控城市的发展。如同宗教和王权一样，资本的力量开始根据自身的需求改造城市，成为一股新的推动欧洲城市发展的主要动力。

对于城市的发展而言，资本的力量来自于底层，是一种自下而上的力量，这与国王或是主教所拥有的权力截然不同。这种推动力并非来自于某个极点，而是某种来自于不同阶层的意志的合力通过资本这个载体呈现出来，所以资本的推动力有种自然均质的倾向，而格网无疑是最适应这种推动力的城市形态。对于各种社会功能而言，如农业、居住、交通、防御、贸易等等，格网都是一个良好的载体。格网规划也并不是一种陌生的城市形态，不管是古罗马留下的城市或是中世纪新发展起来的贸易城市都大量使用了格网规划。从城市发展来看，尽管格网不是一种自然生成的城市形态，却似乎是城市发展的一种自然选择——甚至可以说是人为介入的必然结果。

格网城市在很多方面显现出了高效的特质，这点对任何一个以市民为主体的城市都是非常有益的。在土地流转层面，"对于商人而言理想的城市布局是可以能被最迅速地分解到为买卖服务的以货币衡量的标准单元。这类基本单元已经不再是邻里或选区，而是单独的可建地块，它的价值可以由沿街的英尺单位来衡量……这类单位对于土地测绘员、房地产投机商、商业承建商和撰写土地契约的律师而言都是最为方便有利。"[注1]通过对于城市土地坐标系式的格网划分，土地确权变得简便而无争议，而土地买卖变得异常容易且便于衡量，从而迅速地改变着城市面貌。

在交通层面，格网所形成的笔直正交的道路网加快了通行速度。古罗马人在调动他们的军团时对于这一点应该深有体会，这也是古罗马人从古希腊学习并发展了这一规划的主要原因之一。对于逐渐进入资本主义社会的欧洲城市而言，城市人口和交通工具的增多使得城市交通成为城市发展的主要考虑之一，格网所带来的正交路网可以大大提高城市的运转效率。

格网甚至在政治上代表着某种进步。早在古希腊人向域外进行开拓时，他们就意识到新的殖民地城市的建设和故乡那些以村镇联合的方式所形成的城邦完全不同。不管是小亚细亚或是西西里，新世界的土地对于开拓者而言只是土地，没有什么特殊的历史涵义或是象征意义，他们毋需过分考虑诸如神庙或是宗祠的位置。对于在异乡为生存而挣扎的人们来说，公正而平均的分配是维系每个个体生存的必要条件。而格网规划的城市很好地在政治层面解决了这个土地分配问题。在十六世纪后期的荷兰，格网规划似乎在社会政治层面有了更深的含义。随着封建王权的日渐式微和宗教改革的传播影响，以卡尔文 [Calvin] 教义为核心的民主平均主义在荷兰人中深入人心。格网规划对于城市土地的均质分配或多或少地剥夺了贵族或是教士等特权阶层在土地使用层面上的特权，而让平民阶层能有更多机会在城市体面地生活。所以，或许多少有些夸大，但是荷兰人似乎赋予了格网规划某种平等的含义。对于荷兰人而言，格网城市与其说是一种城市形态的选择，不如被视作一种正确的政治选择。这种城市规划和政治上的联系在西方人的新世界——北美大陆变得更为直接。在北美大陆的拓荒时期，不管来自哪里，不管信仰什么，拓荒者们首先是平等的。新大陆的土地被格网均匀地划分并分配给拓荒者，在此时唯一不平等的或许是个人在抓阄分配土地时的运气好坏，而不是与生俱来的某种特权。这种土地上的平等也延伸到了人的权利，美国的开国之父们在《独立宣言》中即开宗明义——"所有人生而平等"。在进行新首都华盛顿的规划时，虽然郎方的巴洛克式方案取代了杰斐逊 [Jefferson] 提议的格网，但是这种欧洲式的宏伟和普通美国人的政治立场格格不入。在这个新大陆，格网不仅简便，更被看作是平等的代名词，是正确的政治选择，而北美人也以此为荣。

在杰斐逊的推动下，格网成为众多美国城市的规划方式。格网规划在北美大地的滥觞也证明了其适应工商业发展和城市扩张的能力，不管是新城的建设还是旧城的改造，格网总能以不变应万变地应对各种不同的情况。格网在土地的交易、交通的可达、市政的施工等方面的优势无可比拟。但是格网也有为人诟病的一面，重复是它最大的优点，也是最大的缺点。标准化的重复一方面统一和简化了很多原先很繁琐的城市建设中的问题，另一方面也让人觉得有些无趣、甚至粗鲁。英国著名作家狄更斯访问北美时，曾经在他的《美国笔记》一书中表达了对于费城的印象——美丽的城市但是其机械的规律感令人心智涣散，而他情愿走在弯曲的街道上。来自古老英格兰的狄更斯有理由更欣赏中世纪小城的生活气息，但他也的确指出了格网城市面临的最大挑战——如何在均质的格网城市建立更有变化的城市生活。这将取决于众多的细节：街区的大小是否合适；街区内部是否提供活动场所；街道的宽度如何根据交通或是商业功能进行调整；城市开放空间如何布置和组织；格网碰到地形如何变化；等等。一旦解决好这些细节问题，结合格网在基础建设方面的巨大优势，格网城市往往能取得巨大的成功。

中世纪城市的格网延伸
GRID EXTENSION OF MEDIEVAL CITY

格网与其说是一种城市发展的特定的宏观图式，不如说是一种城市扩张和分配的理念。因为格网的本质只是为了均质而便捷的分配，而并非是为了达成某种构图，所以相对别的图式语言而言——如巴洛克，格网在构图语言中显然是一个更容易共存的对象。最为理想的格网当然是正交的，但这是在正交的坐标系之中。取决于不同的坐标系——如同在数学当中也可以采用极坐标系，格网完全可以显得不那么正交，而呈现出不同种的形式，比如曲线或是有机的形式。客观上来看，格网既可以独立存在，也可以和别的城市规划方式混合使用。

随着欧洲社会经济的快速发展，新的城市社会的需求已经和以前大相径庭，新城区的开发必定和中世纪的方式有所不同。而随着城市的向外扩张，中世纪的城墙也已经开始被拆除，原先被严密包裹着的古老的城市肌理开始暴露在全新的城市环境之中，如何消弭新老城区之间显而易见的城市肌理的裂痕也是令人头疼的问题。在都灵 [Turino] 这样的意大利城市，新的格网在古罗马格网的基础上继续延伸；在一些适应地理环境而发展起来的中世纪城市，如阿姆斯特丹 [Amsterdam]，格网以一种有机的形式向城市外域扩张；而有些城市在拆掉老城城墙并重新进行城市规划时，在保留老城的同时索性置入一张全新的格网，倒也和原先中世纪的老城相得益彰，比如加泰罗尼亚 [Catalunya] 的巴塞罗那 [Barcelona]；如此等等。在具有不同城市发展历史和背景的欧洲城市中，格网以其灵活的形式和极强的适应性，改变着这些古城的面貌。

都灵——延续罗马格网的新格网
TORINO - EXTENSION OF ROMAN GRID

都灵是位于意大利北部的古城，波 [Po] 河流经城市的东部。早在古罗马时期，都灵就是一个典型的罗马格网城市，古罗马所遗留下来的东西大道直到现在仍是城市当中的一条横马路，东西大道的东城门所在的位置在中世纪被改造成城堡，之后城堡又被改造成宫殿。中世纪之后都灵成为撒丁王国 [Kingdom of Sardinia] 的首府，萨伏伊 [Savoy] 公爵从十八世纪初聘请建筑师菲利普·尤瓦拉 [Filippo Juvarra] 开始重新规划都灵。

作为位于法奥之间的缓冲王国，城市防御对于都灵尤其重要。城市被厚实的防御城墙围合起来，沿着城墙是连绵的星状角防御凸出部，城市西南角还有对称构图的星形瓮城，东边则是横跨在波河之上的下城要塞 [Fau Bourg]。

在城墙内，新的城市发展延续着古罗马格网规划的框架。城市的西北片基本保留了古罗马遗留下来的分块较小的格网。原先古罗马时期东城墙的位置成为城市发展的新起点，而东城门处的宫殿被扩建成颇具规模的夫人宫 [Palazzo Madama]，并在这里形成新城市的南北轴线。应公爵夫人的要求，夫人宫的主立面被改造成文艺复兴的风格，但是建筑的后半部分直到现在仍是中世纪城堡的样子。围绕夫人宫就是新城市的中心广场，并以之前这里的城堡将之命名为城堡广场 [Piazza Castello]。沿着这条新南北轴线和老的格网模式，城市向南拓展了更大尺度的格网。南北轴线上新建了当时被称为新街 [Via Nuova] 的通向新城门的道路，现在这条街被称为罗马大街 [Via Roma]。从城堡广场沿着新街向南几个街区又规划了一个新的狭长广场作为南北轴线的延伸，被称为王室广场 [Piazza Reale]，今天被称为圣卡洛广场 [Piazza San Carlo]。在向南到达新城市的边界之后，城市继而向东将新的格网又一直延伸到波河沿岸。到十八世纪中叶，新的格网城市已经基本成形。到十九世纪初，拿破仑占领都灵，并将都灵并入法国。虽然这种附属关系只持续了十四年，但在这期间拿破仑下令拆除了都灵的城墙。从此，随着工业的发展，格网也逐渐向周围延伸，尤其是往城市的南向。

新格网所规划的城市街区相对古罗马格网而言要大很多，街区的大小差不多达到了老街区的 4～6 倍。街区变大的最主要原因是文艺复兴之后城市生活品质的提升，意大利的城市贵族阶层对于城市宅邸 [palazzo] 产生了大量需求，而文艺复兴的宅邸本身就有不小的体量，又往往带有天井庭院，所以一个宅邸所需要的街区面积远大于古罗马时期。但是随着时间的推移，在一些商业街附近，比如新街，为了能将货物运入后院，出现了和商业街平行的背街小巷将原先的大街区分割开，而这些小巷逐渐成为和商业街平行的次级道路。

在古罗马遗留的城市肌理之上，如何延续和发展新的格网，都灵是一个成功的例子。在现在的卫星图上，可以看到因为经历漫长岁月而街区边界已略为倾斜和不规则的古罗马方块格网，也可以看到正交规整的新的长方格网。城市中每个街区都有围合的内院且形式各异、连绵不绝。在这里不同时期和尺度的格网已经融合在一起而不分彼此。

阿姆斯特丹——融合地理环境的有机格网
AMSTERDAM – ORGANIC GRID RECONCILED BY GEOGRAPHY

在城市的格网发展中，荷兰的阿姆斯特丹是个特殊的例子。不同于那些完全正交的格网，阿姆斯特丹的城市发展更多地体现了格网在城市的中观尺度的应用，而真正决定城市发展方向的是城市的地理环境。

阿姆斯特丹以蜿蜒穿过老城的阿姆斯特 [Amstel] 河以及河上的水坝 [dam] 得名，城市处在一片靠海的低地沼泽当中，这是一个典型的人们自发聚居而成的有机形态的中世纪城市，十三世纪末城市取得自治权。城市沿着阿姆斯特河发展起来，为了获得更多的土地，人们不断抽干周围的沼泽地，并打入无数的木桩以防建筑沉降，使之成为可用的城市土地，这点与威尼斯有些相似。中世纪时期的阿姆斯特丹在河两岸均衡地发展着，而城市开发的原则是跟

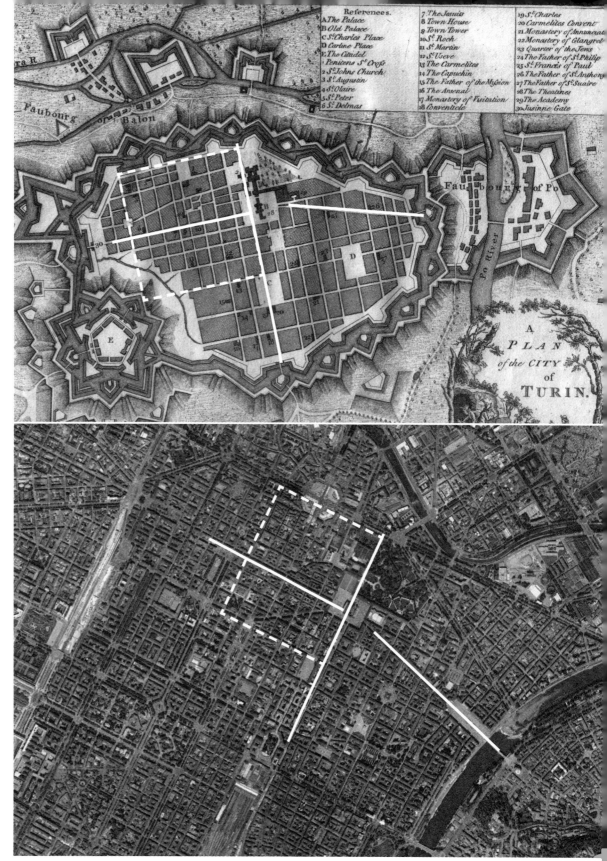

图1. 都灵中世纪地图，有城墙围绕，虚线部分为古罗
马时期城市范围。
图2. 都灵卫星图，虚线部分为古罗马时期城市范围。

随新挖掘的水道。对于像威尼斯和阿姆斯特丹这样的水城而言，水道的建设决定了城市发展的格局。与威尼斯在潟湖之中以加法的形式扩张一个个岛屿的面积最终形成蛛网密布的水道不一样，阿姆斯特丹这里的沼泽地需要以减法的方式开挖新的水道。在主要的水道开挖之后，随着城市的发展，又会以平行的方式在水道之间开挖新水道，并将其接入整个水系统。然后道路、小巷和沟渠以相同的模式被逐渐纳入到新的城区当中。所以，河流是中世纪阿姆斯特丹最基本的城市元素，四通八达的水路网络为城市提供了最基本的交通结构，也决定了城市的空间结构。水边地主要会被用作贸易、交通、仓储，而次级交通网被用于住宅、服务、手工业。城市的每次扩张都意味着水系的扩展，水系成为成长中的城镇的新边界。

十六世纪中期开始，尼德兰 [Netherlands] 地区的以加尔文教派为主的清教徒开始反抗西班牙的统治，史称八十年战争或尼德兰独立战争。断断续续长达八十年的战争使得当时的贸易中心安特卫普 [Antwerp] 不仅在战争中城市遭到了巨大的破坏，并且在后期丧失了通航权，从而低地地区的贸易中心逐渐转向阿姆斯特丹。十七世纪初，北尼德兰地区获得事实上的独立，吸引了大批南部低地国家的商人、工匠，以及大量的宗教难民，而阿姆斯特丹也开始了城市发展的黄金期。

面对大量的移民人口，中世纪老城已然不堪重负，城市需要向外扩张，1607 年由当时的市政当局所批准的"三条运河方案"决定了新城市的发展方向。跨过老城外围早已存在的护城河 [Singel]，新规划以同心圆的方式向外布置了三条运河，从里到外依次是领主运河 [Herengracht]、皇帝运河 [Keizersgracht]、王子运河 [Prinsengracht]，在这之外的所有运河被统一称为外圈运河 [Singelgracht]。三条运河是完全平行的多边形，相当于一张蜘蛛网的纬线，连接几条运河的道路相当于经线。运河的河道笔直，河道两侧都是道路，并且当时的人们已经通过不同的铺地很好地区分了车道和步道。运河带内的路网是经过细致规划的格网，只是通常正交的格网在这里顺着河道的弯折而弯折。所以只是连接河道转折点的道路呈辐射型，而这些辐射道路之间的道路是距离基本相等的平行道路。芒福德评价"三条运河的方案是一个奇迹，融合了开阔、紧凑、明了的秩序……蛛网方案在方向上的不断转折使得远处的街景不再空洞和压抑。"[注2]

三条运河的沿岸主要被开发为住宅区。或许由阿姆斯特丹的重商传统所决定，运河带的土地开发由私人实施而非政府，这在十七世纪非同寻常。不同社会阶层选择不同的运河沿岸居住。富人们定居在老护城河和第一条运河领主运河之间，这个区域比较狭窄，适合建造比较私密的豪宅。而财富较少的阶层就只能选择更外圈的运河沿岸居住，并且房子的面宽也会窄很多，而进深较深。因为这个城市的房产税取决于房子的宽度，所以当地人逐渐形成了建窄房子的习惯，某些房子的宽度甚至只比一楼的大门宽一点。由于门面的狭小，也形成了一些住宅的立面特点，比如立面上的窗户都是细长的比例，而各家都会将更多心思花到屋顶的山墙。所以这个城市的沿街立面尤其的丰富多彩，形成运河边的城市美景。为了运输家具的方便，住宅立面通常在上方装有突出的吊钩，这样大型家具可以通过吊装进入上层楼面，而且外立面也经常向外倾斜以免吊装时家具碰到外墙。虽然普通住宅门面狭窄，但是外圈的运河间地区较为宽阔，也就给住宅后院留下了足够的空间，所以不会因为面宽

图3. 阿姆斯特丹1835年地图
图4. 阿姆斯特丹卫星图

过窄而影响采光。另外在城市的西边，在王子运河和外圈运河之间还有一块比较宽阔的土地，这片被称为约当区 [Jordaan] 的低地被规划成为整个城市的工业区和服务区，以及提供服务的劳工阶层的居住区。由于市政当局在这片区域没有土地所有权，这里的开发完全由商业资本进行推动。开发商们为了节省开发成本，尽量保留了原先这块土地的沟渠作为运河，并在此基础上以相应的格网对这片土地进行了更为狭窄的划分，以供应低收入的劳工阶层。

三条运河的开发并不是一蹴而就，而是历经上百年。开发过程也并不是从内环到外环往外推，而是像摆动的指针一样完成一片再转到下一片。首先完成开发的是运河带西边的区域，然后从西北逆时针旋转向东逐片开发。这种方式有其内在的逻辑性，因为只有这样才可能对不同档次的地段同时进行开发，以同时满足某个时期不同阶层的需求。"三条运河方案"对于当时的阿姆斯特丹来说也是一个庞大的规划，在完成西北片区之后，由于人口逐渐停止增长，对于南部和东部片区的开发开始显得力不从心。所以运河带的南部和东部的开发进展缓慢，甚至停顿了很长时间，尤其是东部片区在以后的几个世纪当中逐渐成为公园、剧院、老人院等公共设施集中的区域。

"三条运河方案"从形式上来看带有典型的文艺复兴的理想城市的影响，笔直且平行的运河显然并没有遵照原先的水文条件，但是精心规划的格网代替了理想城市的向心规划，使得城市的发展更为均衡。而这个格网也没有凌驾于形式之上，而是顺势而为地弯折以融合到大的形式感当中，这充分显示了荷兰人的实用主义城市观。如果说中世纪的阿姆斯特丹是城市发展中自然给予和人类需求互动的绝佳例子，那么它在十七世纪的扩张则是理性的形式原则遇到不规则地形时最好的城市发展范例。当然，我们同时也可以看到格网在城市设计中的灵活性。

巴塞罗那——全新的正交格网
BARCELONA · NEW ORTHOGONAL GRID

相对上面两个有序向外扩张的城市案例，西班牙的巴塞罗那在十九世纪面临着截然不同的情况。作为加泰罗尼亚的首府，巴塞罗那是几个世纪以来的加泰罗尼亚独立运动的中心。为了压制加泰罗尼亚的分裂主张，西班牙波旁王朝在十八世纪初期就在巴塞罗那建造了环绕整个城市的城墙，并且规定城墙向外延伸的 1.25 公里范围——刚好是城墙上炮火的有效轰击范围——为开火带，在这条宽阔的开火带内禁止任何城市建设。作为城市发展的边界障碍，拆除它并不是难事，但当这成为一个政治上的障碍时，就变得很难逾越。在十九世纪，如果谁提出拆除城墙，无异于发出一个反对马德里政府的政治声明，因为对于城墙的个人好恶也代表了个人的政治态度。在这样一个蚕茧似的城市空间内，巴塞罗那在十九世纪初期的人口密度发展到了冠绝全欧。作为对比，当时巴黎的人口密度接近每公顷 400 人，而巴塞罗那每公顷居住人口近 900 人。在这样一个拥挤不堪的城市，流行疾病不断爆发，即使富裕基层的人口寿命也不到四十岁，而工人阶层甚至不到二十岁。面对着这样恶劣的城市环境，巴塞罗那人渴望着一次爆发式的城市变革。

图8. 塞尔达肖像图

到十九世纪中期，整个城市都在公开讨论拆除城墙的可能性，最终马德里政府认识到推倒城墙或许也是一个和解的机遇，在 1854 年中央政府发出了推倒城墙的皇家敕令，并积极介入到新城市的规划和建设当中，希望通过改善中下层市民的生活水准来削弱巴塞罗那的加泰罗尼亚民族分离倾向。从这时开始，来自中央政府的加泰罗尼亚工程师依达方斯·塞尔达 [Ildefons Cerdà] 就已经开始绘制巴塞罗那周边地区的地形图，并致力于巴塞罗那居住条件的研究。而中央政府的发展部也倾向于他的以格网不断延伸城市发展的规划设想。但是为了主导城市的发展，巴塞罗那市政府在 1859 年举办了城市规划的方案竞赛，并且将塞尔达排除在外。最终的结果是戏剧性的，就在竞赛结束前发展部批准了塞尔达的规划方案，而由权贵阶层主导的竞赛委员会则宣布了安东尼·罗维拉 [Antoni Rovira] 的方案为获胜方案。罗维拉的方案是个典型的巴洛克规划，方案以老城为中心，布置了五条放射型大道，在中央大道这个城市中轴线上布置了宏伟的建筑和大尺度的广场。这个方案充分尊重了老城的城市源起，企图以巴洛克式的构图再现加泰罗尼亚文化的荣耀。两个规划方案大相径庭，两个方案的好恶代表了中央政府、市政府、发展部、住房部、工程师、建筑师的不同看法和利益。城市当局不满格网，认为超越城市实际控制疆域的格网会加强中央政府对于整个城市发展的控制。即使在中央政府，以建筑师为主导的住房部也认为城市规划的审定权不应该在以工程师为主的发展部，而这又代表了对于城市发展的学术上的不同意见。利益各方为此展开角力，1860 年中央政府提出和解方案，确认前一年已批准的方案和报告，但否决了城市的经济发展方案，同时要求在规划控制线和标高上遵守塞尔达的格网方案，其余方面则由市政府法规决定。

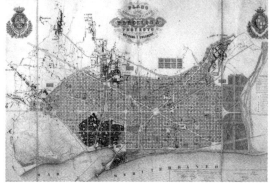

图9. 巴塞罗那延伸区规划方案竞赛罗维拉方案
图10. 巴塞罗那延伸区规划方案竞赛塞尔达方案

图11. 巴塞罗那延伸区现状格网
图12. 巴塞罗那卫星图

面对积重难返的老城，塞尔达的方案采取了完全割裂的态度。在保留老城的基础上，规整的格网方案将老城和原先周边小城镇之间的区域完全覆盖，形成现在被称为延伸区 [Eixample] 的巴塞罗那新城区。塞尔达希望创造一个不同阶层能够相互融合的城市，所以他规划了完全相同的格网单元以避免产生任何形式上的特权区域。格网单元之间是 20 米宽的城市道路，而单元宽度 113.3 米是根据由街道宽度、沿街建筑的进深和高度、建筑的使用人数、人均建筑面积等变量形成的复杂公式计算得出的，整个城市由近千个同样大小的 113.3 米 x113.3 米的单元组成。塞尔达认为阳光和空气是城市居民的基本权利，所以这个方案的最初设想是只在单元的两侧进行建设，单元中央是供公众使用的绿色庭院，而且由于单元另外两侧的开放可以使得这种绿色庭院一个单元接一个单元的连绵不绝。在规划这个城市格网时，塞尔达倾注了他作为市政工程师的对于城市基础设施尤其是交通系统的超前关注。他设想将来的城市或许会充斥像火车那样的蒸汽机牵引的巨大车辆，所以为了避免将来巨大的车辆在十字路口转弯时的视线遮挡，他将每个单元的四个角进行倒角，形成了八边形单元。另外他还在城市当中规划了两条斜向的毫无阻碍的通衢大道形成连接城市对角的快速通道。

对于十九世纪中期的巴塞罗那而言，越是恶劣的状况越是需要一种快速和颠覆性的治疗手段。而且城墙之外的确处于未开发的状态，所以格网的建立并不需要牺牲已有的城市肌理为代价。城市的发展当然并没有完全遵照塞尔达的设想，但是他起码预见到了将来城市的大规模发展的趋势并且预留了足够的发展空间。每个单元的四周——而不仅仅是两侧——逐渐被土地投机商人见缝插针地填满，虽然失去了大片的城市绿地，但城市的发展不至于过于受到土地不足的限制。所以直到现在巴塞罗那的城市尺度仍给人一种舒适感而不会觉得特别拥挤。城市内的火车交通也没有成为现实，但是为火车所预留的街道尺度也很好地迎接了汽车时代的到来。塞尔达没有过多关注巴洛克式的宏伟的公共建筑和广场，而是以工程师的远见着力为城市搭建了一个卫生、现代、高效的发展框架。

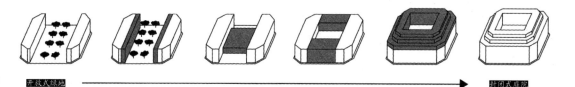

图13. 巴塞罗那城市单元的演变，随着人口的增加，从塞尔达方案的两侧建筑中间连续的城市绿地，到最后的四周围合。

图14. 巴塞罗那延伸区鸟瞰

早在欧洲人发现美洲大陆之前，美洲大陆已经广泛分布着高度发达的城市文明。中美洲的丛林中有着数以百计的玛雅文化的城市遗址，著名的有特奥蒂瓦坎 [Teotihuacán] 和奇琴伊察 [Chich'en Itza]；南美洲的高原上也有印加帝国的城市遗址马丘比丘 [Machu Picchu]。但是随着西班牙探险家的到来，战争和疾病给美洲印第安人带来了毁灭性的打击，美洲文明也迅速终结。欧洲大陆的殖民者纷纷涌向这块大陆，先是西班牙人和葡萄牙人，然后荷兰人、法国人、英国人，纷纷在美洲建立殖民地，这里成为欧洲人的新大陆。

在哥伦布发现美洲的短短半个世纪之后，南美洲已经建立了很多的殖民地城市。现代的南美大都市，如秘鲁的利马 [Lima]、阿根廷的布宜诺斯艾利斯 [Buenos Aires] 都已经在这个时候建立起来。在美洲早期的殖民地建设中，西班牙人不断颁布法令以规范殖民地的统治以及殖民者和原住民之间的关系，在著名的 1860 年的印地法 [Laws of the Indies] 汇编中对于殖民地城镇的建设已经有了详细而具体的规定。印第法在城镇建设方面深受文艺复兴时期被翻译过来的维特鲁威的《建筑十书》的影响，被看作是第一部广泛的指导社区设计和发展的手册。具体而言，该法令规定了殖民地城镇以格网形式建设，城镇中心应该有一个中心广场[Plaza Mayor]，街道的走向要根据主导风向确定，等等。法令甚至规定了类似教堂边可设置非传染性医院，而传染性医院需要远离城市这样的细节。

印地法对于整个美洲大陆的城市建设有着深远的影响。同时，从欧洲过来的源源不断的新移民或多或少地怀有对于新大陆和新生活的某种憧憬。文艺复兴之后的学者们对于理想社会和城市的梦想不可能在充满各种桎梏的古老的欧洲实现，但是在没有任何先决条件的新大陆，这块处女地无疑是检验城市梦想的好地方。格网所带给人们的简便性和公平性，以及宗主国出于殖民地管理的需要所推行的法律规范，使得格网城市迅速地成为从南到北整个美洲大陆新建城市的标准规划。

之后随着美国独立战争的胜利，美国的国土开始越过阿巴拉契亚山脉向太平洋方向扩展。同时更多的欧洲移民涌入美国城市，经济迅速发展，北美城市的发展进入一个新的阶段：已有的城市需要根据新的情况重新规划，而新的土地需要有效地分配给定居者，在新的联邦州也需要建设新的城镇。为了能更好地管理新增加的国土和城市的有序扩展，美国国会在 1785 年通过了国家土地法规 [National Land Ordinance]。该法规显然吸收了印地法的一些特点，以法律条文的形式确定了阿巴拉契亚以西和俄亥俄河以北的新国土上从城镇到街区的格网

图15. 根据印地法建设的西班牙人早期殖民地圣多明各[Santo Domingo]

规划的标准。该法规确定新城镇的标准面积为 36 平方英里，分成 36 个面积为一平方英里的区域，这其中保留一个中心区域为学校区域，另保留四个次级中心区域以待将来城镇发展之后大幅提升价值再作出售。每平方英里的区域按照四分法可不断向下分解到 660 英尺边长的方块，以这个方块为基础，确定城市道路的宽为 60 英尺（约 18 米），建设用地的边长为 600 英尺。将这个边长 600 英尺的方块再一切为二，就是边长 600 英尺 x270 英尺的基本房地产发展单元。这个单元可以进行 20 户的居住开发，那么中间还可设置一条平行于长边的小区道路；也可以进行将近 8 万平方英尺的能停足够多马车（当然也意味着将来汽车时代可停放足够多的汽车）的商业开发；当然也可以保留作为 3.7 英亩大的公园。

　　格网的发展在美国得到了最好的诠释。同是格网，但在不同的时期和不同的地方，呈现出不同的效果和社会理念，这也从一个侧面映照了整个美国的发展史。费城 [Philadelphia]、

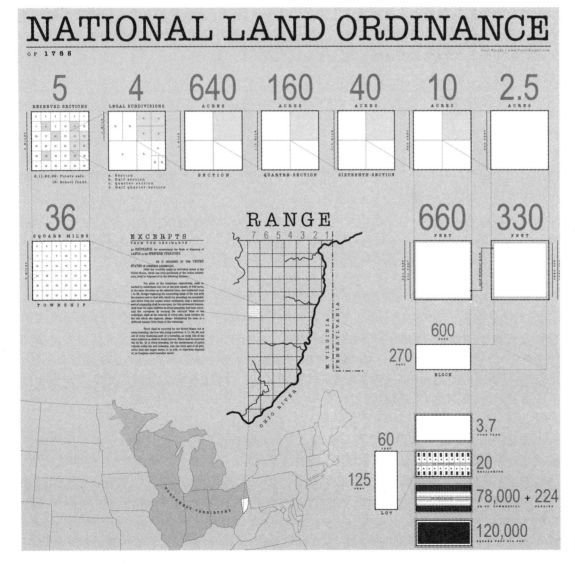

图16. 美国的"国家土地法规"图解

萨瓦纳 [Savannah]、纽约 [New York] 这些北美城市很好地展现了格网城市在新大陆的不同的历史发展阶段和不同的出发点。

费城的中央广场
PLAZA MAYOR AT PHILADELPHIA

费城位于美国宾夕法尼亚州 [Pennsylvania]，位于特拉华 [Delaware] 河和施古寇 [Schuylkill] 河之间，作为早期北美东北部的重要皮毛贸易中心，费城是北美最早建立的殖民地城市之一。

十七世纪后期，英王查理二世为了偿还巨额负债，将包括现在的宾夕法尼亚州和特拉华州在内的大片土地授权给英格兰贵族和贵格派 [Quaker] 教徒威廉·潘 [William Penn]，使之成为当时世界上除王室之外的最大私有土地主。潘旋即踏上去北美的航程，尽管有英王的授权，潘还是和印第安部落达成了土地交易以确保这片土地的和平和安全，并将交易所在地命名为费城（在希腊语中代表兄弟之友爱）以象征与印第安部落的和平共处。为了能够让这块土地能尽快地吸引更多的早期定居者并能获得土地收入，潘希望能将这里尽快发展成一个城市。他邀请同为贵格教徒的托马斯·洪默 [Thomas Holme] 也来到北美担任他的总测绘师，洪默为费城作了详细的测绘和第一份城市规划。

这份 1683 年的城市规划并不能算有太多的独创性，格网城市在新大陆基本上是个必然的选择。城市中央是两条互相垂直的宽度达到 100 英尺（约 30 米）的街道，除此之外整个城市被八条南北向的街道和十二条东西向的街道分割成格网街区，这些次级街道的宽度是 50 英尺(约 15 米)。对于英格兰人而言，他们在第一块殖民地爱尔兰已经大量采用格网规划，所以新大陆的格网也代表了和故土的某种联系以及文明社会的存在。在新大陆，这个规划方案的尺度在当时绝对值得一提，城市区域从特拉华河一直延伸到施古寇河，城市内街道宽阔，还有开放的空地。潘希望新的城市采用一种"非正统"的、但能体现文艺复兴的对称性之美的城市规划。按照潘的要求，城市应该规划足够大的街区和细分的地块，从而可以让定居者的房子被花园和果园环绕，而这才应该是值得受到政治压迫的贵格教徒和其他不同政见者在新大陆所寻求的乌托邦之城。

整个规划也或多或少地体现了印地法的影响。城市中央的两条大道在城市中心交汇形成一个十英亩大的中心广场，广场的四角将布置议事厅、市场、学校等公共建筑。这两条大道将城市分成四个区域，而每个区域又各有一个八英亩大小的广场。这些广场平时是城市的开放绿地，而当城市遭遇灾难时，又是城市的疏散地，这点吸取自 1666 年的伦敦大火的教训。十七世纪的伦敦已经基本没有什么空地可供开发了，所以大火之后，灾民们都被疏散到了伦敦最后的空地摩菲尔兹 [Moorefields]。所以，这些对称的空地将是费城将来应对重大灾难的重要举措。

因为土地售卖并不如想象中的那么容易，所以城市当中的地块又经过重新的细分以适应定居者的需求。而且早期的定居者似乎更倾向于特拉华河附近的区域，所以城市发展的初期

图17. 费城1683年城市规划图，和卫星图对应
图18. 费城卫星图，城市中心广场仍在，现为市政厅，西北和西南两个广场也仍在，但东北和东南两个广场已被建筑填充。

很不平衡。直到大约一个世纪之后，费城才大概呈现出包含中央广场在内的规划愿景。虽然没有成为预想的那种绿色乡村城市，但是费城的规划成为众多新英格兰地区新城市的样本。

萨瓦纳的庭院单元
GARDEN UNIT AT SAVANNAH

1733 年，英国海军将军詹姆斯·奥格索普 [James Oglethorpe] 带领一批定居者来到佐治亚州 [Georgia] 这片处女地，为大英帝国建立与南部西班牙殖民地的缓冲区。在这块可以俯瞰萨瓦纳河的高地上，奥格索普和他的工程师为这个城市规划了独一无二的格网方案。

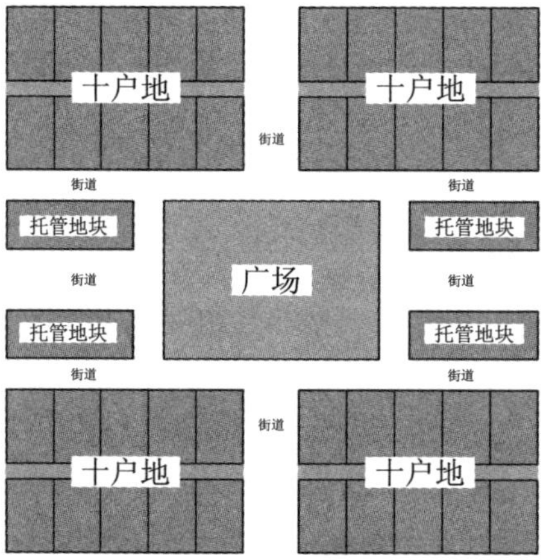

或许一开始只是作为一种类似军营的布置，也可能是因为伦敦大火带来的教训，奥格索普的城市规划提供了非常宽敞的公共空间。整个城市由边长大致为 600 英尺（约 180 米）的基本规划单元构成。单元内有八块地块，公共地块和居住地块各一半。这些地块平行布置，但都围绕着中央的一块大空地。这块空地可以作为城市广场或是花园，是整个单元的活动中心。空地的东西两侧是较小的地块，被规划成托管地块，将被用于以后的公共建筑。南北两侧的四个地块是面积大很多的居住用地，在萨瓦纳被称为十户地 [Tything]，顾名思义十户地被划分成十块居住用地，每块的面宽为 60 英尺（约 18 米），当然每块小居住用地有时还可以细分成两三块更小的居住用地。所有地块都是平行布置，地块之间规划了东西向的街道。中央空地南北侧的街道是延续所有单元的城市街道，而被中央空地隔断的街道则形成了以步

图19. 萨凡纳的城市格网庭院单元

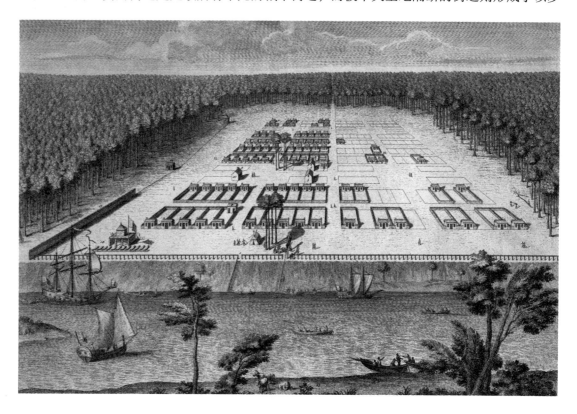

图20. 萨凡纳1734年刚开始建设时的城市景象

图21. 萨凡纳1818年城市规划图
图22. 萨凡纳卫星图，保留并发展了最初的城市庭院单元，白色虚线框为城市庭院单元。

行尺度为主的街道。

最初的城市规划有六个这样的单元，其中四个在初期即建成，另两个在不久之后也完成了。这些单元的中央广场都有各自的名字以纪念与城市或国家发展相关的人物。随着城市的发展，令人庆幸的是这些单元的中央广场并没有被新的建筑占领，而是保持了开敞的城市空间，而城市的发展以复制这些基本单元的方式继续延伸。到十八世纪末，沿着原先的六个单元又向东西两侧建设了六个单元，形成了两排、每排六个单元的东西向城市格局。之后，新的单元继续向南复制，这样的建设模式直到十九世纪中期才停止。在这半个世纪内，又有十二个单元形成于城市的南部。

单元内的地块在实际发展过程中，并没有完全遵守之前的托管地块和居住地块的区别，大量的公共建筑也出现在居住地块上，而一些城市官邸也坐落在用于公共建筑的托管地块上。但这些变化并不改变中央空地的场所围合感，这些空地基本保留了开敞，或是成为绿树成荫的公园，或是增添了某个纪念碑，成为单元的内庭院，从而更加丰富了城市的历史意义。这些开敞的城市内庭院形成连续不断的庭院网格，使萨瓦纳成为一座最美丽的格网城市。

对于那些认为格网只基于经济利益而不注重城市情感的人而言，萨瓦纳的例子最好地反驳了这些人对于格网的偏见。即使是看上去笔直僵硬的格网，只要合理地结合城市广场和绿地，完全可以在理性高效的同时建成优美而富人性的城市。

曼哈顿的1811年商业格网
COMMERCIAL GRID OF 1811 AT MANHATTAN

初期的北美殖民地城市毕竟人口稀少，而且田园生活也仍是早期殖民者的城市居住理想当中的重要部分，所以格网规划在快捷有效地为早期殖民者分配土地的同时，也留有充足的城市土地可供用于公共绿地或是公园。但是随着美国独立战争的胜利，更为大量的欧洲移民涌入北美，这不仅推动了这个新大陆的经济发展，城市人口也快速增加。一些美国城市——如芝加哥 [Chicago]、纽约 [New York]——逐渐成长为比肩欧洲的巴黎和伦敦的大城市。与此同时，格网规划提升城市土地商业价值的作用在这些大都会城市逐渐体现出来。

纽约市发端于曼哈顿 [Manhattan] 的南端，曼哈顿是个南北走向的狭长半岛，东西两侧分别是东 [East] 河和哈德逊 [Hudson] 河，两条河流在半岛南端汇合到大西洋中。早期荷兰殖民者利用这里的河流和港口所带来的内陆和跨洋的运输便利，在这里建成了贸易中心，并以新阿姆斯特丹 [New Amsterdam] 命名。1664 年，荷兰人因为东南亚的肉豆蔻贸易而将此地交换给英国人，从此改名为纽约，并发展成为美国北方的大城市。曼哈顿的南端——也被称为下城 [Lower Manhattan] 的地区——是当时的城市中心，直到现在还保留着早期殖民城市的不少特征。环绕整个下城的码头地区大部分是荷兰人通过填海造田得来的土地。城市的街区虽然也是通过格网形式分割，但是每一个区域互相独立，不同的格网形成不同的角度，区域之间有着明显的边界。

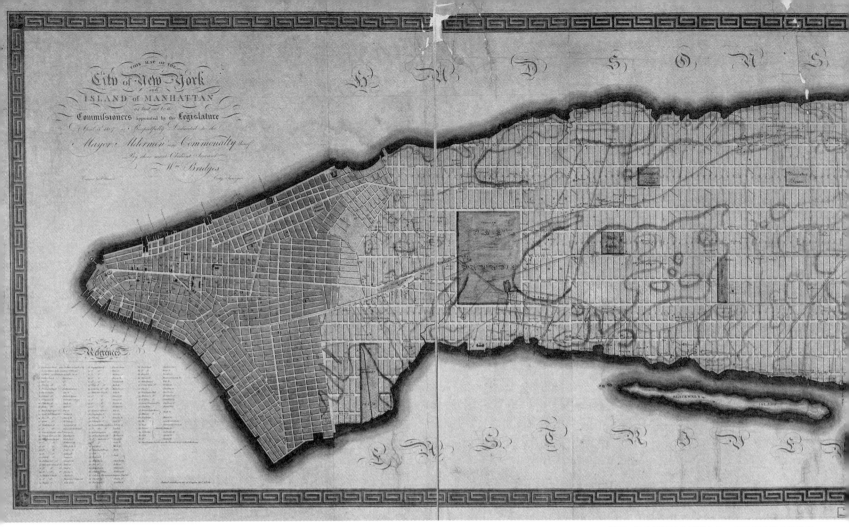

图23. 曼哈顿1811年规划方案，不规则的线为原地形线，可以看到格网方案对于地形的无视。

　　在独立战争胜利之后，纽约曾经短暂地被确立为新国家的首都，第一任总统华盛顿的宣誓就职仪式也是在纽约进行的。曼哈顿的下城还建立了美国最早的股票交易所，从十八世纪末开始，纽约已经成为美国的贸易和金融中心。城市逐渐从曼哈顿的南端向北扩展，因为地理因素的限制，曼哈顿土地有限，如何更好地提升土地利用率对于纽约的发展至关重要。纽约的市中心需要扩张，但这必须是一次计划周密的扩张。而且纽约市政府在曼哈顿拥有两平方英里的土地，但是随意划定的现状边界和杂乱的道路大大降低了这块土地的价值并使得土地出让异常困难，所以市政府对于重新规划纽约有着强烈的驱动力。

　　1807 年，纽约市议会已经开始考虑为城市的未来做一个新的规划方案，为此州立法机构为纽约指派了一个由卸任参议员、律师、总测绘师组成的三人委员会负责新规划。此时首都华盛顿已经基本成形，当然美国人对于早期殖民地的格网规划也不陌生，这是摆在委员会面前的选择。虽然郎方的巴洛克方案赢得了华盛顿的规划，但是这种带有明显的欧洲王权烙印的方案显然不太符合实用的美国人的口味。而且对于一个新生的国家而言，巴洛克和格网甚至隐喻着两个世界的不同政治立场。所以，委员会毫不犹豫地选择了格网方案，并在 1811 年的方案图的附言中明确指出，"……不管是以直线和矩形的街道来规范，还是采用那些圆形、椭圆和星形的所谓美化手法——当然这些符号的确可以装饰方案，不论什么，

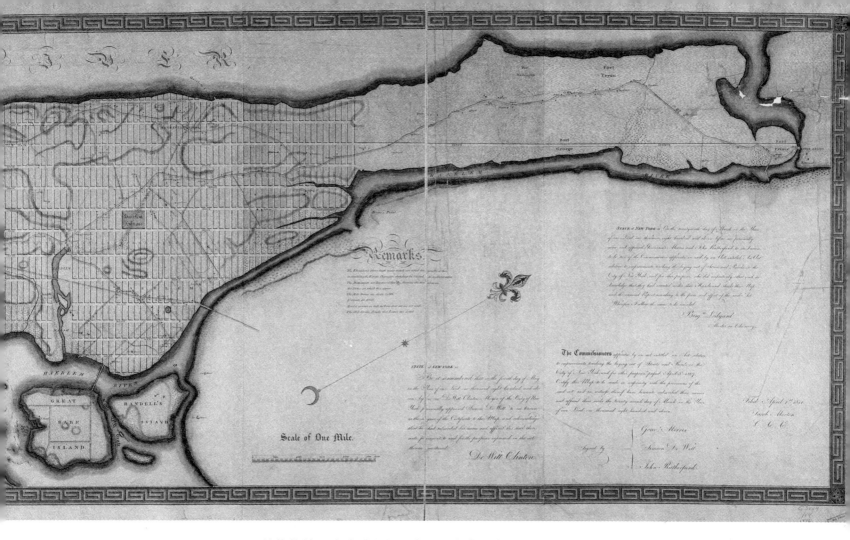

最终的效果应该是方便和实用。考虑这个主题，人们必须牢记城市主要是由人居构成的，而边角笔直的房子是最容易建造和最方便居住的。这些直截了当的想法（对于这个方案）是决定性的。"

整个方案有老城区五倍那么大，新的城区被正交的、全部以数字命名的街道格网规整地分割，从下城的边界休斯敦街 [Houston St] 开始一直向北延伸到将当时的郊区小镇哈莱姆 [Harlem] 也包括进来。因为曼哈顿岛是南北走向的狭长半岛，所以方案在南北向规划了 12 条 100 英尺（约 30 米）宽的通衢大道，满足主要的交通功能。格网的最大特点是东西向的 155 条平行横街，除掉每隔 10 条街左右的和南北大道一样宽的 15 条横街，其余的横街自身宽度都是 60 英尺（约 18 米），而横街之间的距离只有 200 英尺（约 60 米），以此计算，刚好每 20 条横街是一英里的长度。如此密集的路网将曼哈顿的土地划分成狭窄的条状，以此保证每块土地都有独立的沿街面，可以自由地进出场地，这对于地产开发来讲是至关重要的。

1811 年的方案从图面来看可以说非常简单，就是从南到北规整密集的格网。方案一开始就受到了包括土地所有者和各种政治势力在内的众多批评，反对者们认为方案过于单调，完全忽略了曼哈顿的地貌起伏，将导致后期平整土地的巨大费用。而且除了几块小街区被保留为绿地，方案中就再也看不到早期殖民地格网城市所非常重视的绿地或广场的安排。所以这个方案也一直被某些批评家诟病为一个臭名昭著的只追求商业价值而忽略公共利益的方案。但是，从来就没有一剂药方可以瞬间解决城市的所有问题，而有时公共利益也的确处于比较难界定的领域。城市的设计需要表达城市的最迫切需求，就这一点而已，城市委员会非常明确地将实用性放在第一位。十九世纪初期，纽约已不再是政治中心，城市规划不需要像华盛顿那样传递某种政治性的象征意味，完全可以更多地从商业层面考虑城市的发展。而从实用的角度出发倒反而是美国式民主的一种体现，也就是在一定的限制之下充分鼓励个人的抱负和努力。纽约的格网规划将土地切分成小块，大大降低了投身到地产开发的门槛。显然，1811 年的规划在城市土地价值的提升上获得了巨大成功，所有当初拥有土地的反对者，都在之后的城市发展中通过土地交易获得了巨额利润。不仅如此，格网在平面上的单调往往具有很强的欺骗性。当高高低低、各种样式的建筑矗立起来之后，很难说纽约是一个只重商业利益而缺乏任何城市趣味的城市。而恰恰相反，在提供了格网所能提供的包括产权分割和交通组织在内的所有便利之外，纽约是世界上最富有变化的城市之一。

　　从规划的目的来看，委员会也希望能将格网的规整性和秩序感与公共利益结合起来，希望新的规划能提升城市的健康水准，保证公众享有洁净流通的空气，从而控制疾病。当时的

图24. 曼哈顿1811年方案之后第二大道街景，可以看到地形被道路切割。

图25. 曼哈顿卫星图

图26. 曼哈顿鸟瞰

医学水平普遍认为新鲜空气是人体健康的关键，但是委员会自身也对方案是否能保证城市内新鲜空气的流通持有一定疑虑，因为方案当中的确只预留了很少的空地。但是由于曼哈顿两侧即是比较宽的河流，并在南端汇成港湾，所以委员会认为海洋上吹来的气流足以保证这个方案可以适当稠密。之后城市的实际变化有很多是方案所没有预期的，最好的例子就是大名鼎鼎的百老汇 [Broadway]。百老汇在格网规划之前就已经存在，新的规划不仅没能让它消失，相反因为一直保持的斜向走势使得它成为曼哈顿独一无二的对角线大道。因为斜向街道和密集格网的交通干扰，百老汇和主要横街相交的地方倒是逐渐演变成了城市主要的广场：在 14 街形成了联合广场 [Union Square]；在 23 街形成了麦迪逊广场 [Madison Square]；在 34 街形成了先锋广场 [Herald Square]；42 街则是耳熟能详的时报广场 [Time Square]；59 街是哥伦布广场 [Columbus Circle]。

1811 年的纽约规划不仅是重塑纽约的一个起点，也标志着早期北美殖民地格网城市发展的终结。美国城市的发展"从社会政治美学的考虑转向更简单和实用的方案以承载十九世纪快速的城市发展"[注3]。如果说从费城和萨瓦纳可以看到早期北美殖民地城市所继承的从欧洲舶来的些许理想城市和理想社会的情怀，那么纽约的规划则代表着美国的城市发展走上了完全属于自身的道路。美国人以直率且毫不掩饰的对于实用主义的追求和欧洲人的精致拉开了距离，并且提升着这样一种民族自豪感——在这个新大陆，一切事物包括城市都应该是全新的。同样的格网，但是背后所隐藏的却是完全不同的城市哲学。

第九章

CHAPTER 9

工业革命的冲击

IMPACT OF INDUSTRIAL REVOLUTION

My qualification? I was chosen as demolition artist.

我的资格？我注定就是一个拆除艺术家。

-- Baron Haussmann, "Memoires, 3 vols, 1890-1893"

十八世纪后期，瓦特 [James Watt] 发明了蒸汽机，标志着生产活动中机器动力开始全面替代人力畜力。工业革命开始在英国出现，并逐渐蔓延到其他欧美国家。机器化的生产大大提高了生产效率，大量的产品随着欧美国家的海外贸易和殖民地版图的日益扩大得以迅速地被消化，并反过来进一步推动了工业革命的发展。到十九世纪中期，英国已经基本完成了工业革命，法国、美国、德国等欧美强国也在之后的几十年中陆续完成了工业革命的蜕变。工业革命所带来的生产力的超乎意料的大幅提升，极大地改变了延续了上千年的生产关系，从而使得资本主义在欧美社会迅速发展。这个改变如此巨大，以至于整个社会关系也产生了颠覆性的变化。

工业革命的时代，工业如同一种宗教信仰，人们相信工业能够生产一切，也能改变一切。在这个时代，甚至是曾经给欧洲人带来巨大财富的海外贸易都不再重要，中国的丝绸已经不再是不可取代的奢侈品，因为纺织机使得英国人能够快速廉价地生产各种棉布和羊毛面料。工业革命的一切围绕着生产，不论何地，只要能提供工业革命所需的资源或是劳力，就能得到发展。所以很多人误解工业革命产生于大城市。其实工业革命萌芽于村镇地区，因为那里往往更靠近矿山，也有足够的因为几个世纪前就开始的圈地运动而失去土地的农民。所以当工业革命来临时，不论乡村还是城市，如果要发展就得去适应大工业的时代。大工业改变着大众的生活，也成为重新塑造城市的主导力量。

工业城市的一切也围绕着生产，在生产规模迅速扩大的同时，大量的新兴城市如雨后春笋般地涌现出来。以英国为例，曼彻斯特 [Manchester] 因为纺织业的革命而迅速成为仅次于伦敦的大城市，伯明翰 [Birmingham] 因为靠近煤炭和铁矿产地而成为冶炼和制造中心，另外如设菲尔德 [Sheffield]、格拉斯哥 [Glasgow] 等城市都在短短几十年内因为钢铁和制造业的繁荣而发展成为重要的工业城市。工业革命催生的城市彻底改变了城市某些原有的需求。一直以来防御是城市所能提供的最重要的功能之一，护城河和城墙曾经使很多欧洲城市几百年来免于入侵，但是再厚实的城墙在机器生产的钢枪铁炮面前也是弱不禁风。十九世纪，越来越多的城市开始填平护城河、拆除城墙。城市的物理界限转瞬之间被突破，开始迅速地向外膨胀。

工业化生产彻底改变了城市当中原有的雇佣关系，以师徒形式进行小规模雇佣的手工业作坊被成千上百地雇佣劳动力的工厂取代。在英国，圈地运动在工业革命时期进入高潮，大量的农村劳力被迫涌入工厂寻找工作，城市人口急剧增加。英国城市人口占全国人口的比重在工业革命前还只是个位数，但是到十九世纪五十年代就已经急剧膨胀到超过一半，而到十九世纪末就已经达到七成，成为全球第一个实现城市化的国家。同时，就工业化国家整体而言，也接近有一半人口实现了城市化。可以毫不夸张地说，工业革命引领了欧美国家第一次现代城市化进程。如此多的人口在这么短的时间内集中到城市，对于城市的居住环境是个严峻的考验。工业革命给城市带来了前所未见的新问题，这其中最令人憎恶的一面或许就是环境污染了。工业生产的副产品是各种工业废物，任意排放的废水污染了城市水源，空气中也时常弥漫着呛人的废气。工业时代的各种发明无疑提高了城市的卫生水准，但是相比随处可见人畜粪便的中世纪街道，早期的工业城市似乎不过将有机物的污秽转变成了无机物而已。

工业革命也给城市带来了众多的新鲜事物。技术的革新和大量新材料的使用，使得千百年来西方以石材堆砌为特点的建造方式逐渐被新的建筑方法取代，城市当中出现了许多原先想都根本不敢想的建筑物。1851 年首届伦敦世博会出现了以铸铁和玻璃建造的水晶宫 [Crystal Palace]，1889 年巴黎博览会则在巴黎矗立起了高达 320 米的纯钢结构的埃菲尔铁塔 [Eiffel Tower]；相映衬的是中世纪以来的古典建筑年久失修而破落不堪的场景。这些新奇的纪念物尽管充满争议，但毫无疑问地表明城市的审美观在大众中间正在悄然地改变。如何在城市当中协调工业化之前和之后截然不同的建筑风格，也是摆在刚进入城市化的西方人面前的难题。

大规模原材料和工业产品的运输也催生了交通方式翻天覆地的变化。1825 年英国人斯蒂芬森 [George Stephenson] 发明了蒸汽动力的火车，火车的诞生拉近了原料产地、市场与城市间的距离，城市的发展逐渐可以不再局限于周边农村地区的供应。随着交通工具的发展，城市内的交通形式在这个时期也日新月异：1863 年伦敦已经开通了第一条运营的地铁线；十九世纪末期有轨电车大量出现于欧美城市中。这些新奇的交通工具改变着城市人口的出行方式，进而更加深刻地改变着城市的街道空间。

更深层而言，工业革命为西方的都市生活注入了一种前所未有的现代性，西方城市曾经拥有的田园诗般的生活在大都市中逐渐被物质生活为代表的消费主义所吞噬。纺织品贸易的繁荣和钢铁、玻璃的大量使用催生了如拱廊 [arcade] 那样的全新的具有现代意味的城市空间。拱廊街是十九世纪二十年代以后在巴黎兴起的一种全新的商业街区，它两边是连续的店铺，街道的上空以玻璃拱顶覆盖使得街道好似一个巨大的室内空间。沃尔特·本雅明 [Walter Benjamin] 在其《拱廊街计划》[The Arcades Project] 一书中引用一份巴黎导游图上的话来形容它："这些拱廊街，是工业化奢华的新发明，玻璃作顶，大理石铺地的廊道穿过整片建筑，业主们从而可以联合起来进行经营。沿着光线从上方入射的通道两侧，是最为华贵的商铺。这种通道简直就是一个城市，一个微缩世界。"[注1] 类似"拱廊街"的充满现代性的城市意象，以一种蒙太奇的手法在工业时代的都市里被拼贴在一起，这种相对前工业时代的巨大时空变迁给城市中的闲逛者带来了一种唤醒式的震惊。

工业革命对于城市发展而言，好像一次基因突变。这场突如其来的城市化进程不可阻挡，不管是适应还是厌恶它，它都按照自己的方式对城市进行了根本性的改造。欧美国家的城市在度过早期工业化的不安之后，开始直面工业革命的影响。为了改善城市的拥挤状况，适应新的城市生产生活方式，大规模的城市建设和改造被提到了议事日程。

图1. 首届伦敦世博会场馆水晶宫

英国——焦炭城和早期伦敦
UNITED KINGDOM-COKETOWN & EARLY LONDON

　　工业社会生产大量而廉价的产品让人充满希望，但工业革命早期的城市绝不是一个优美的场景。狄更斯在他的小说《艰难时世》[Hard Times]中虚构了一个工业城市——焦炭城，以作为整部小说的时空背景。小说中对焦炭城的描述，让人洞察到工业革命早期城市的令普通劳动者身心窒息的城市环境。

　　想象一下工业革命早期那些不断吞噬焦煤的以蒸汽为动力的巨大机器，焦炭城是个充斥着这些钢铁怪物和厂房的城市。城里到处都是喷着黑烟的烟囱，狄更斯将焦炭城的烟雾比喻成"蛇雾"，寓意着这个城市被巨蛇那样邪恶的东西缠绕盘踞着。烟雾中没有燃尽的焦炭飘落到街道上如一层黑雪，弥漫在空气当中玷污了漂亮的石头建筑。焦炭城市民的脸庞通常也是黝黑的，他们的工作和生活单调如活塞运动，还被梭机所发出的巨大噪声所包围。对于狄更斯而言，掩盖在工业繁荣下的焦炭城是一种新的人为的邪恶形式，工业化的城市化所达成的只是摧毁美丽的自然和普通人的自由意志。

图2. 英国柴郡小镇威德尼斯[Widnes]的工业化场景，1950年。

进入工业革命时代以来的英国城镇基本上毫无例外地都经历了焦炭城这样一个时期。大伦敦的发展是其中的一个缩影。伦敦沿泰晤士 [Thames] 河而建，靠近入海口，同时还可以逆流而上进入内陆，古罗马因为这里水陆交通相交而选择这里建立了不列颠岛上最早的殖民要塞。作为英格兰的首都，伦敦一直是中世纪以来欧洲重要的城市，城市的人口也在持续增长。但是工业革命的到来，使得人口增长的曲线陡然上升。经过工业革命开始的头二十年，大伦敦在 1801 年成为欧洲首个人口超过 100 万的城市；而到工业革命结束时，根据 1841 年的统计，人口已接近 200 万。人口的增长部分归因于幼儿死亡率的下降，更重要的是乡村人口不断地移居到伦敦寻找工作机会。

大伦敦的中心在泰晤士河的北岸的西部地区，最早建立的伦敦市 [City of London] 和威斯敏斯特市 [City of Westminster] 很早就已连成一片，王室、议会、贵族宅邸集中在这个区域。英国宪政制度的确立使得在财政制度和土地财产制度方面与欧洲大陆有显著不同，尤其体现在对私有产权保护的重视上。即使 1666 年的伦敦大火几乎烧光了整个伦敦市，伦敦市议会为了保障市民的土地产权，拒绝了任何企图利用这个机会来实施宏伟的巴洛克方案的计划，而仍旧依照大火之前的土地所有权进行了重建。所以伦敦大火最终极大地提升了城市新建筑的质量和外观，但是并没有对中世纪那些弯曲狭窄的巷道造成太多的改变，之后一个多世纪伦敦保持着中世纪的城市肌理。这种状况一直延续到工业革命，才在 1811 年开始着手伦敦有史以来第一次以规划手段对城市进行的改造，也就是由约翰·纳什 [John Nash] 设计规划的摄政街 [Regent St]。摄政街位于威斯敏斯特市，于 1825 年完工，是第一条在伦敦那蛛网纵横的中世纪城市中贯穿的通衢大道。为了这条大道的建设，市政府在征地工作上花了大量的金钱以市场价格收购了摄政街穿过的私有土地和房屋。

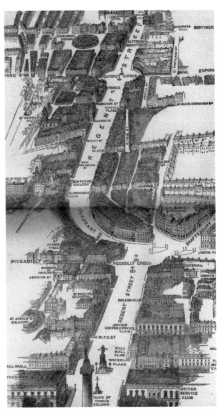

图 3. 摄政街街景版画
图 4. 摄政街街景版画
图 5. 摄政街轴测图

摄政街位于伦敦最中心的地段，地段的重要性决定了政府的支持力度。但并不是所有区域都能够得到政府的财政支持来进行统一规划的，所以伦敦的工业区则完全是另一幅图景。当那些失去土地而身无分文的人来到伦敦，他们不得不在城市中最廉价的区域寻找住所。伦敦的地形沿着泰晤士河北岸向东西方向延伸，西边是王室和上层人士的区域，东区自然成为工厂主为工厂选址和新来的工人们的最佳选择。东区在老伦敦的城墙之外，一直以来是农田和城市垃圾堆埋的场所。这个最靠近伦敦这个大市场和贸易中心的地方不仅能够提供相对廉价的厂房土地，而且这里散布的一些小乡镇好歹有一些基本的生活设施，所以从工业革命一开始，东区就开始吸引大量的工业生产和移民。与中世纪的有机生长的城镇最大的不同在于：

图6. 伦敦摄政公园西北端1814年发展状况
图7. 伦敦摄政公园西北端1864年发展状况
图8. 伦敦摄政公园西北端1914年发展状况

大量人口在短时间内涌入这些新的城镇，在土地开发已经成为一种为资本家熟知的商业模式的工业时代，这些城镇以最快速和廉价的方式被开发起来，而唯一的目的就是在最短时间内让工厂运转起来以获取最大的利润，所以东区的城镇以一种放任和粗放的方式野蛮地生长着。

东区的典型景象无疑就是现实中的"焦炭城"，这是一片烟囱林立、机器轰鸣的工业区。工人们的住宅通常靠近工厂，这样可以走路上班。这里的住宅区街道狭窄，房子间距很小，人口密度很大，住宅质量低劣。十九世纪初的蓝领工人的工资收入极低，除却生活开支几乎没有剩余，能在这里觅得一个居处已属不易。工业时代的一些发明方便了生活也造成了极大的困扰。冲水马桶的发明和高密度人口使得城市的排污量大大增加，加上同时向城市排水系统排放的还有如工厂和屠宰场的污物和污水，这大大超出了原先只是为了城市的雨水而设计的排放系统的排污能力。过度排污的结果就是如 1858 年夏天的伦敦，连续的干旱缺少足够的降雨将污物带走，整个伦敦的下水道满溢出来，城市当中弥漫着臭气，这段时间被伦敦的历史学家特定地称为"巨臭时期"[the Great Stink]。城市卫生条件的恶劣又间接导致传染病的蔓延，工业革命时期的医疗条件已经改善很多，但是在十九世纪的伦敦仍旧发生过数次瘟疫，比较大的有四十年代的霍乱流行。短时间内大量人口的涌入和基础市政设施的缺乏，使得伦敦这些工业居民区迅速地沦为一个个工业烟尘和中世纪街道的污秽相结合的贫民窟。这里更是地痞流氓和罪犯的孳生地，狄更斯的《雾都孤儿》[Olive Twist] 所描写的就是这个地区的悲惨生活。而约翰·拉斯金 [John Ruskin] 更为直接地表达了对于工业时代伦敦的憎恶，"那个伟大而肮脏的伦敦，轰隆、咆哮、烟雾、恶臭——一堆发了酵的砖砌建筑的集合，它的每个毛孔都流出毒液。"[注2]

图9. 1904年伦敦工人阶级的居住情况，工作和生活在同一个房间，拥挤不堪。

图10. 1912年伦敦东区街景，生活区紧邻工厂区的烟囱。

图11. 1904年伦敦东区街景，儿童在街边进行皮革制作。

伦敦东区早期放任的发展到工业革命后期逐渐被纳入到整个伦敦发展的轨道，但工业时代的大都市扩张采用的是一种全新的非系统性的方式。1836年，伦敦第一条火车线投入运营，接下去的几十年伦敦的铁路和火车站建设经历了一场大发展，将市中心和周边的一个个孤岛一样的工业区联系起来，这段时间被称为伦敦的"蛙跳发展"[leapfrogging]。与过去的城市以同心圆向外扩展的方式不同，便捷的火车交通先将一个个外围的工业区纳入到大伦敦框架之中，然后新的城市空间逐渐沿着交通线填充和发展，最终形成一个大都市区。快速交通以暂时忽略未发展区域的方式高效地将不邻界的区域串联成一个类似分子模型的大都市，这是工业时代带给城市发展的一大特征，而快速交通从此开始在城市的发展中扮演重要角色。

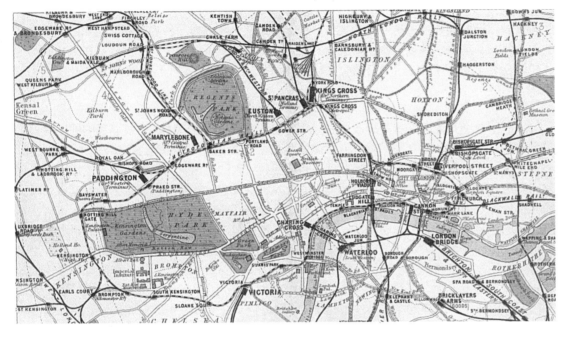

图12. 1899年伦敦地区铁路地图
图13. 莫奈画作《议会大厦》[Houses of Parliament]，1904年。

　　随着工业革命的深入，工人阶级的工资和生活水准逐渐提高，普通大众的公共利益也引起了全社会的关注。1848年议会制定了《公共卫生法》，其中规定了住宅的卫生标准，这对提高工人阶级的居住条件起到了相当的作用。1851年，伦敦更是举办了全球第一次世界博览会，海德公园[Hyde Park]内的水晶宫[Crystal Palace]以铸铁结构和玻璃的通透形象更新了人们对于机器时代的沉重印象。虽然焦炭城的压迫感有所缓和，但是工业生产的大量污染仍然存在。由于大量用煤，伦敦空气污染严重，烟尘与雾混合所形成的著名的伦敦雾可以在城市上空笼罩多天而不散。印象派画家莫奈[Claude Monet]十九世纪末旅居伦敦时曾以雾中的议会大厦为主题创作多幅作品，虽然画作笼罩在印象派特有的模糊光影之中，但何尝不是当时伦敦深受污染之害的焦炭城市的真实写照。

法国——巴黎的奥斯曼改造
FRANCE - HAUSSMANN'S RENOVATION OF PARIS

在英吉利海峡的对岸，面对英国城市的大发展，一向以宏伟的建筑和规划而自负于世的法国人开始急切地希望他们的城市能摆脱中世纪的面貌。

启蒙运动以来的巴黎所呈现出的一面是其强调秩序感的轴线和宏伟的巴洛克城市空间，但是巴黎也隐藏着继承自中世纪的另外一面——那就是普通巴黎市民所处的环境。与法国王室所处的皇家苑囿相比，普通巴黎市民的居住环境大多还保留着中世纪以来的风貌。中世纪时候的领主制度限制着人口的流动，所以巴黎仍维持着一定的城市面貌的秩序感。但1789年的法国大革命彻底解放了平民阶层，法国平民不再受制于领地和领主的束缚。同时，海峡对岸英国的工业革命也开始影响到法国。为了寻找更多的工作机会，大量的乡村人口搬迁到巴黎，从十九世纪初到中叶的近半个世纪，巴黎人口从50多万暴增到超过150万。身处工业革命和迅猛发展的城市化过程所带来的从未有过的巨大变革，很难有人为此做好必要的城市规划方面的预备工作。新进城的乡村平民为了一个容身之处，只能在城市中见缝插针，在任何可能的地方私自搭建廉价的居所。经过半个世纪的发展，巴黎的几个主要城区都出现了大型的贫民窟。这些没有经过规划的地区极度缺乏给排水等基础设施，随意的排放使得街道异常污秽。

从城市交通来看，在十九世纪中叶的欧洲主要城市，马车已经成为主要的出行工具。但是这些只有上层阶级才能负担得起的出行工具确是不折不扣的马路杀手，因为驭手往往不顾行人安全而让马匹全速奔驰。在狭窄的街道，行人一不小心就会被马匹或是车轮带倒而受重伤甚至死亡。而如果相向而行的两辆马车在一条狭窄的街道交汇，那么等级较低的马车需要向后倒退，但在后面又有马车紧跟的情况下让马匹后退毕竟不是那么容易的事，所以又时常造成城市交通的堵塞。中世纪遗留下来的狭窄街道在此时更加显得拥挤不堪，而这点给法国政府出了个大难题。因为大革命之后的巴黎市民对于政治异常敏感，时常发生的市民起义只要在这些狭窄的街道上设置大量路障，政府的军队和大炮就难以前行。从政府角度而言，城市交通的通畅与否关乎政权的稳定。

到十九世纪中期，从各方面看，巴黎都需要一次大手术来清除一些让很多人都感到难以忍受的城市疥癣，因为大家都知道巴黎的面貌即是法兰西的脸面。1848年底，拿破仑的侄子路易·波拿巴 [Louis Bonaparte] 上台，史称拿破仑三世。这位新的法兰西皇帝早年因兵变被囚禁之时就曾在狱中草拟过一个大规模改造巴黎的计划。拿破仑三世在自命为皇帝不久，于 1853 年任命原巴黎警察局长奥斯曼男爵 [Baron Haussmann] 担任塞纳省行政长官,直接统辖巴黎。交给奥斯曼男爵的首要任务就是着手进行巴黎的都市改造。在同年,拿破仑三世在看到伦敦世界博览会的成功之后,已经宣布了巴黎将要在 1855 年举行第二届世界博览会。对于骄傲的法兰西人而言,巴黎的博览会是一定需要超越其他国家的。设想届时欧洲各国的达官贵族和豪商巨贾的到来,中世纪的巴黎城似乎不堪重负。奥斯曼的都市改造规划正是在这一时代背景下出炉的。

图14. 奥斯曼男爵肖像

奥斯曼的巴黎都市改造可以说是世界上第一次具有现代意味的都市改造,但这也并不意味着他没有参照的样本。法国建筑师在城市街道和王室园林的规划设计中所形成的巴洛克风格显然深刻地影响了法国人的城市观,香榭丽舍大道或是凡尔赛宫所代表的宏伟轴线和具有纪念性的空间感早已深入法国人骨髓,这应该是奥斯曼男爵所憧憬的城市景观。奥斯曼的"现代化"方案首先体现在街道的重新规划。在这之前,巴黎右岸的城墙早在路易十四在位期间就已经被推倒,这些城墙被推倒的地方已经被改造成巴黎特有的"大林荫道"[Grand Boulevards] 环绕着右岸的王室区域。但是整个巴黎市内的道路仍然保留着中世纪的面貌,为此奥斯曼首要的任务是在密集的城市当中开辟出一条条宽阔的大道,让这些大道形成现代化

图15. 奥斯曼规划对于巴黎街道的主要改造
图16. 巴黎的林荫大道

	1860年之前巴黎范围		1840-1845年建的梯也尔城墙范围
	1860年巴黎向周边社区的扩张,这些周边社区形成之后巴黎的区		铁路线
	奥斯曼所建的公园和花园		1853-1870年奥斯曼所开辟的街道或林荫大道
			奥斯曼所建的城市纪念物和纪念建筑

的路网。其中最重要的是贯通巴黎中心地带的一个"十字","十字"的一横是香榭丽舍大道的延续,一竖则是连接塞纳河两岸并穿越西堤岛 [Le Cité] 的南北大道。除此之外,他也将右岸的林荫大道延续到了巴黎的左岸,使得巴黎的大道逐渐形成环状。这些现代化大道的两侧人行道不仅宽阔,而且普遍种上高大的乔木,形成了巴黎特有的街景。

在这些新开辟或拓宽的街道上,巴黎政府鼓励房地产开发,但是为了避免再现中世纪街道的杂乱无章从而破坏巴黎的宏伟尺度感,奥斯曼规划制定了世界上第一个严格的城市街道立面的法规。该法规引入了"街道墙"的概念,街道墙好比是街道这个室外空间的内墙壁,临街建筑立面存在的意义已经不在于其自身,而是从属于街道立面,并作为其中一分子来加强街道立面的整体性。"街道墙"不仅规定了建筑高度——临街建筑的高度不得超过 35 米;对包括建筑材料、立面风格,甚至立面的具体样式都作出了详细的规定。具体而言:临街建筑的底层通常是厚重的石砌立面;二层的每个窗子可以有一到两个阳台,阳台上统一使用铸铁栏杆;三、四层延续整个立面风格,但窗子周围需减少石头装饰;五层通常省却外墙的装修,并将阳台连续;屋顶则统一采用接近 45°角的斜坡,屋顶上的烟囱造型和高度也被统一起来。奥斯曼规划将法国古典主义延续而来的学院派风格 [Beaux Arts] 延伸到城市每一条主要大道,水平连续但富含古典建筑语汇的街景并不给人单调之感,相反正是这种近乎严苛的城市风貌方面的规范形成了巴黎独一无二的典雅气派的城市景观。

图17. 巴黎的街道立面,可以看到奥斯曼规划关于"街道墙"的概念。
图18. 巴黎的街道立面,可以看到奥斯曼规划关于"街道墙"的概念。

在完成道路系统这个骨架的重建基础上,奥斯曼进一步系统性地将道路网上的重要节点提升为具有纪念意义的场所,将之从单纯的交通节点改造为刺激和激发城市当中各种事件和活动的神经元。当然,几条宽阔的林荫大道如果交汇在某一点,必定也需要在规模上相称的城市节点来匹配。香榭丽舍大道上著名的凯旋门所在的十二条大道的交叉点就是在奥斯曼主持下改造成了更具形式感的星形广场。除此之外,在奥斯曼规划的支持下,巴黎在此期间修建了大量的公共建筑。这其中不仅有类如里昂车站 [Gare de Lyon] 和巴黎北站 [Gare du Nord] 这样的火车站,也有法兰西第二帝国时期最重要的文化建筑——巴黎歌剧院 [Opéra de Paris]。歌剧院由建筑师查尔斯·加尼耶 [Charles Garnier] 设计,这是一件学院派风格的巅峰之作,其建筑宏大,又不乏巴洛克精美细致的细节,内部装饰金碧辉煌,法国式的古典主义在建筑语汇的丰富性方面在此被推向了极致。歌剧院所在的场地也一直是右岸的一个重要交通节点,向外辐射七条大道。其中笔直向前的歌剧院大街 [Ave de l'Opéra] 径直通向卢浮宫,

沿着和平大街 [Rue de la Paix] 则通向旺多姆广场，而歌剧院前横贯的东西大道是旧城墙所在的"大林荫道"之一卡普契尼林荫道 [Blvd des Capucines]。歌剧院的背后还是以奥斯曼本人命名的奥斯曼大道 [Blvd Haussmann]。为了凸显歌剧院的象征性和地位，在歌剧院动工前三年，奥斯曼已经开始歌剧院大街的建筑拆除和拓宽工作，以期形成一条新的轴线，建立起这块场地和卢浮宫之间的联系。歌剧院落成三年之后，歌剧院大街基本完工，街道两边的建筑也以奥斯曼风格进行了重建，而大街的透视灭点上的端景则是歌剧院的精雕细琢的正立面。这种利用透视法以求城市纪念性的做法是巴黎城市景观的最大特点，因为似乎只有这种街道景观才符合法兰西文明的宏伟和气派。而这个特点无疑是延续了巴洛克的城市规划：在城市的运动流线上以某个地标建筑物形成枢轴，并通过街道的透视关系加强这个地标建筑物的标识意义，如同罗马的方尖碑。

图19. 星形广场的辐射型大道和凯旋门，奥斯曼的改造极大加强了香榭丽舍大道的轴线感和纪念性。

　　在大兴土木的同时，奥斯曼也需要改善工业革命给城市环境带来的负面影响。新鲜的空气和明媚的阳光——这些工业革命所付出的代价已经让越来越多的人开始怀疑工业革命的巨大意义，奥斯曼在他的回忆录中就特别强调城市公园对于居民健康的重要性。在稠密的城市环境中保留一片绿地应该是一个最不能被轻易妥协的选项。所以奥斯曼围绕着新建立的城市轴线，或是利用原来的地貌，或是大片的空地，他开辟了和城市尺度相适应的大型城市公园或是休憩性城市绿地。这些绿树成荫的公园成为了巴黎的城市绿肺，比如昂尼拉花园 [Jardins du Ranelagh]、碧丘蒙公园 [Parc des Buttes-Chaumont]，都是在奥斯曼规划时期被改建或开放为公共绿地的。奥斯曼对于城市开放空间和公园绿地的打造，不仅及时满足了工业时

图20. 巴黎地下管网的施工
图21. 巴黎下水道的游览

代的城市居民亲近自然的需求，同时从另一个层面来看也使得其野心勃勃的拆迁计划从公众当中获得了某种合法性。

　　除却城市表面的景观，奥斯曼还专门聘请了工程师对埋在地下的基础设施进行了全面的改造，以方便城市居民的生活和出行。就城市照明而言，工业革命前的巴黎入夜之后是黑暗的。根据雨果 [Victor Hugo] 在《悲惨世界》[Les Misérables] 中的描写，"当时巴黎的街道上一盏煤气灯也还没有。街上每隔一定距离只装上一盏回光灯，天快黑时便点上。那种路灯的上下是用一根绳子来牵引的，绳子由街这一面横到那一面，并且是安在柱子的槽里的。绕绳子的转盘关在灯下面的一只小铁盒里，钥匙由点灯工人保管，绳子在一定的高度内有一根金属管子保护着。"奥斯曼规划将煤气管道铺设在人行道之下，将巴黎的主要街道的路灯升级为自动点亮的煤气灯。除此之外，奥斯曼规划中更重要的、也是毫无争议的一项工程是对巴黎下水道的改造。作为曾经的城市疾病的孳生地，排水系统的通畅对于是否能够控制疾病的流行有着至关重要的意义。这次的都市规划第一次系统地梳理并重建了城市的地下排水系统。为了彻底解决困扰巴黎的污水问题，奥斯曼让他的总工程师尤金·贝尔格朗 [Eugène Belgrand] 负责巴黎的下水道改造。贝尔格朗不负期望，为巴黎设计和修筑了一个完整的地下水道网，他利用巴黎东南向西北降落的地势特点，将流入水道网的污水集中到一条总干道，并沿这条总干道，排到 20 公里以外的郊区。在他的任内，他将巴黎下水道的规模扩展了整整四倍，铺装了 800 公里长的给水管和 500 公里长的排水道。从奥斯曼规划开始，巴黎在建设地上道路的同时一定会在地下修建宽敞的下水道，这些下水道也和地上道路一样有它的街名。这个被巴黎市民引以为傲的下水道系统就像一个地下城市，现在一部分的下水道甚至成为巴黎的观光景点之一，里面展示着下水道的系统设计、各种设备，以及砌筑工艺等等。

　　从 1853 年始，到奥斯曼 1870 年离任，经过十多年的重新规划和拆迁建设，近十万幢新建筑在巴黎这座昔日的中世纪古城拔地而起，城市内到处是崭新的大型公共建筑和公园，城市人口规模突破两百万。对于拿破仑三世而言，他所期待的"新巴黎"已然成为现实。借着奥斯曼的都市改造的东风，巴黎在 1867 年和 1878 年又举办了两次世界博览会，重新成为世界瞩目的中心。本雅明将巴黎称为"十九世纪的世界首都"，而奥斯曼显然为此扮演了一个重要角色。

　　这次划时代的规划给奥斯曼本人带来了巨大的名声，但是或许他自己也没想到的是大众对于这次都市改造的指责却丝毫不弱于对它的赞誉。为了重建巴黎的交通系统并在城市当中修建宽敞笔直的道路，奥斯曼动用了拿破仑三世所能给的一切政府权力，进行了大量的强制性拆迁。在他主政城市规划的近二十年间，近一半的巴黎房屋被拆除，而其中大量房屋并不破旧衰败或是处于恶劣的环境，其被推倒的原因大略只是为了让位给某条林荫大道的拓宽。我们现在仍可以想见奥斯曼在中世纪的巴黎城市平面图上用直尺大笔一挥，抹掉一片片的中世纪城市肌理，贯穿一条条宽阔的林荫大道。奥斯曼规划在消除了巴黎的贫民窟的同时，客观上也重新改造了城市原有的社会结构。大量的新建的"奥斯曼风格"[Haussmannism]的住宅构成了林荫大道的街景，但显然这不是为了底层百姓所准备的。大量底层百姓在都市改造之后不得不迁移到城市郊区，而那些有幸被强制拆迁所遗漏的老城区则涌入了更多的平民而生存条件变得更为恶劣。这场十九世纪的城市"贵族化运动"[gentrification]扩大了城市阶层的贫富分化，巴黎的社会结构在大改造中遭到毁灭性破坏，社会矛盾更为激化。具有矛盾意味的是，在拿破仑三世倒台后不久，巴黎就爆发了巴黎公社的城市动乱，而这多多少少与奥斯曼规划的初衷相悖。

巴黎多个世纪以来所形成的中世纪城市面貌和生活方式在短短二三十年之内被新的资产阶级格调的都市风貌和生活所取代，这对那些有着浓厚怀旧情结的人而言不啻是巨大的心理上的撕裂，这其中包括了大文豪雨果在内的众多文化名人。尽管在他的书中有着对中世纪巴黎的污秽城市环境的客观描绘，但当看到奥斯曼的巴黎那种犹如革命之后的中世纪风貌荡然无存的景象时，雨果不免心生无限惆怅甚至是愤怒，认为这些新的林荫大道不过是为了"极其方便地从兵营出动！林荫大道和广场是为了宣告你的名字，而这样的创造只是在期待隆隆炮声。"[注3] 其他批评者们也往往以奥斯曼的名言"炮弹不懂右转弯"来佐证林荫大道只是为了政府压迫人民反抗而便于调动军队之用。在雨果和众多批评者眼中，奥斯曼那种无情的彻底推倒的都市改造手段无疑是拿破仑三世企图复辟极权统治的一种象征。

在革命性的城市拆除工作如火如荼之时，也正是由于这些反对者或是历史主义者的存在，另外一股关于历史建筑保护的城市发展脉络也早已在法国逐渐萌芽并获得大众认可。以著名作家梅里美[Prosper Mérimée]为代表，他在成为法国历史纪念物委员会[Monument Historique]的总督查官之后，在1840年推动发布了法国境内第一批国家历史纪念物名录。在近两个世纪之前出现这样的历史保护名录是具有高度前瞻性的，在经历了漫长而缓慢的城市发展阶段之后，众多欧洲城市和巴黎一样处于大规模城市改造一触即发的状态。在城市大规模拆迁改造的来临之前，国家历史纪念物名录为那些历史悠久且精美、但可能阻碍城市发展或扩张的建筑物或建筑群建立了合法的防火墙，让它们得以合法地永续存在下去，以免被拆除的厄运。

在奥斯曼规划开始前五年，法国著名建筑理论家勒·杜克已经开始了对巴黎圣母院[Cathédrale Notre-Dame de Paris]的改建工程，工程一直延续到奥斯曼规划的后期，并恰好和奥斯曼对西堤岛的拆迁改造重合。西堤岛是位于塞纳河中央的一个沙洲，如同一个中世纪的河流要塞，被巴黎人称为城市的摇篮。但是十九世纪初的西堤岛充斥着罪犯和娼妓，已然沦为城市中的一个阴暗角落。尽管有着许多精美的中世纪建筑，在奥斯曼眼中这里就像是

图22. 中世纪的西堤岛平面图
图23. 奥斯曼改造后的西堤岛平面图
图24. 西堤岛上的巴黎圣母院

一盆滋生孑孓的脏水。为了从根本上清除这个城市死角，也为了加强塞纳河两岸的交通联系，奥斯曼无情地拆除了岛上四分之三的建筑，拓宽了通过岛上的两条城市南北主干道——王宫大道[Blvd du Palais]和西堤大街[Rue de la Cité]，为岛上的法院和警察总部设置了开阔的空地。在西堤岛这个中世纪建筑保留完好的封闭之地进行强制拆除招致了众多的指责。但是平心而论，奥斯曼的拆除不仅清扫了岛上的污秽，也为岛上最负盛名的巴黎圣母院打开了视野。

对于历史建筑，勒·杜克显然有着与奥斯曼截然不同的态度，但是在真正处理历史建筑之时，两者又有着有趣的相似之处。被誉为现代建筑第一个理论家的勒·杜克不是那种纯粹的历史保护主义者，他的建筑哲学容许他对于历史建筑有自己的诠释，他不排斥在尊重历史客观的基础上对历史建筑进行某种创造性的演绎。勒·杜克在对巴黎圣母院进行细致的清洁、修复和提升工作的同时，出于他对中世纪教堂形式的理解，在教堂中轴线上加建了第三个尖塔。所以现在看到的著名的巴黎圣母院的山墙立面也并非其完全真实的历史体现，确切地说是勒·杜克个人在对中世纪哥特建筑形制的总结基础之上的带有个人色彩的想当然的演绎。由此来看，勒·杜克的历史建筑保护观与其说是对历史建筑的保护，不如说是对于某种历史形制的保护。这一类教科书方式的历史改造在对于形式和规则的理解上与奥斯曼的都市规划理念有着契合之处，也就是建筑和城市都应符合某种理性主义的形制，这形成了法国人——确切地说是巴黎人——特有的城市观，而这或许源自于深入法国人心底的、自法国古典主义

图25. 当代巴黎的图底关系图

以来就一直存在的对于某种形式理性的向往。

　　巴黎的变化，代表着现代城市的来临，这种现代性是以新的资产阶级的生活方式来展现的。人们希望通过对于城市的彻底改造来与古典时代进行切割，旧日的田园诗不再适合现代都市。本雅明在对十九世纪法国著名现代派诗人波德莱尔 [Charles Baudelaire] 进行研究时，以"渐次熄灭的煤气灯、把人固定在土地上的住房牌号、日渐堕落成商品生产者的专栏作家"等隐喻与诗人一起对第二帝国时期的巴黎发出挽歌式的哀叹。但注视着这个嘈杂的商品物质世界，又不得不一起对急剧变化的社会现实发出"震惊"的慨叹。如同本雅明所研究的"拱廊街"这一类所呈现出来的以商品而非某种地域感为特征的消费空间，这种人类文明史上第一次以商品为特征的现代性的诱惑对于普通民众而言是极具震撼性的。客观来看，奥斯曼规划迎合了那个时代大众对于"现代性"的渴求。在奥斯曼的巴黎时代，城市的形式感和工业时代的"现代性"紧密相联。奥斯曼并不讳言自己对于这一"现代性"的代理人身份，在当选为法兰西艺术学院院士后，他自述："我的资格？我注定就是一个拆除艺术家。"[注4]这一"现代性"某种意义上即代表了新的资产阶级的公共利益，而为了获得这一公共利益，奥斯曼不会有任何犹豫去拆除阻碍达成这一"现代性"的建筑或是街区，而这事实上也让较低的劳工阶层的公众利益受到相当程度的损害，这也是奥斯曼规划为人所诟病之处。

　　不可否认的是，公众性远非其字面意义上那么的普世，而是充满了矛盾性和时代特点。对于奥斯曼的巴黎都市改造，过分指责和过分赞誉一样有害，客观地来看，这个宏伟的规划折射了急剧的社会变化和城市需求。而从城市规划的技术层面来看，这是人类历史上第一次超前地实现了具有现代意味的城市规划，而这个规划又复杂地综合了技术、法规和行政管理等各层面的问题，并最终能全面地付诸实施。从规模到形式感而言，这一次的巴黎都市规划都可以说是前无古人后无来者。

北美——工业和田园的两面性
NORTH AMERICA - AMBIGUITY OF INDUSTRY AND COUNTRY

　　跨过大西洋，原先的北美殖民地正处在发展的快车道上。美国独立之后，以迅速的步伐向前迈进。到十九世纪中叶，美国的国土已经从大西洋沿岸扩张到太平洋沿岸，横跨整个北美大陆。1865 年美国的南北战争以北方联邦胜利告终，南部各州的奴隶制被废除。1869年，在《太平洋铁路法案》的授权下，第一条横贯北美大陆的铁路完工，宣告了美国大陆在经济运行上开始连成一体，由此推动美国成为联结太平洋和大西洋的经济大国。继英法之后，北美大陆也在十九世纪后半叶完成了工业革命。随着国土的扩展和工业的大发展，这个曾经给欧洲提供原材料和农产品的新大陆，以一种崭新的面貌开始呈现在世界面前。

　　相对拥挤的欧洲而言，北美仍是欧洲移民的梦想之地。美国这个新兴国家如此辽阔，即使大西洋沿岸的土地已经逐渐被先驱者瓜分完毕，但是一路向西直到太平洋还有更为辽阔的处女地等待着新移民去占领和开发。十九世纪，更多的欧洲移民涌入美国寻求机会，随着工业化的发展，大部分的新移民和大量原先的农民选择在新兴的工业化城市当中落脚，因为在这些城市完全不愁找不到工作。源源不断的新劳力和高效率的工业生产相互促进，以更快的速度催生着北美的城市化进程。

北美城市的工业化
INDUSTRIALIZATION OF NORTH AMERICAN CITIES

　　与传统的自中世纪延续下来的欧洲城市在工业革命时代遇到的困境有所不同，北美城市并没有太多的历史包袱。就空间格局而言,殖民地特色的均质格网规划可以让城市无限扩张，笔直的街道也早已为工业时代的交通作好了准备。就城市传承而言，尽管众多的北美城市早在殖民地时期就已有规划的雏形，但大部分的城市建设用地在工业革命到来时仍是平整如新而毋需顾及太多历史。相对欧洲城市的漫长的中世纪的积淀，北美城市在十九世纪的发展简直就是在白纸上作画。在这样一种现实情况之下，美国城市呈现出一种高度工业化、更具现代气息的城市意象。

　　这一时期，北美的工业城市集中在五大湖区，湖区丰富的铁矿资源以及廉价的水运条件为这里成为美国的制造中心提供了最为便利的条件，湖区周边的城市群在工业革命时期也得到了最为快速的发展。位于密歇根 [Michigan] 湖畔的芝加哥在十九世纪初期还只是美国陆军的一个要塞，但是半个世纪之后，随着沟通密歇根湖和密西西比 [Mississippi] 河的运河的建成，以及铁路的建设，芝加哥开始成为连接美国东西部的重要交通枢纽。便捷的水陆运输极大地刺激了工商业的发展，城市的繁荣带来了爆炸式的人口增长，芝加哥成为当时世界上人口增长最快的城市之一，它是十九世纪末世界上人口超过 100 万的城市中唯一一个在一个世纪前还不存在的城市。

在工业革命之前这类人口暴增的城市中，由于大量的木结构建筑，而且缺乏消防设施，大火似乎是不可避免的宿命。1871 年，历史上有名的芝加哥大火几乎将整个中心城区夷为平地。但是从另一方面，大火也促进了建筑技术的更新和城市面貌的转变。大火之后，市政当局要求以砖石代替木材作为主要的建筑材料，随着北美钢铁产量的增加，正处于尝试阶段的钢框架结构在造价方面的可行性也越来越高，而钢框架使得建筑物轻易地突破了之前在结构高度方面的桎梏。在这之前不久，高楼的上下交通问题也已经被美国人艾利沙·奥的斯 [Elisha Otis] 所发明的自动安全升降机解决。1857 年，纽约的一座五层商店首次安装了使用奥的斯安全装置的以蒸汽为动力的客运升降机。这无疑是一项影响深远的技术发明，因为它彻底解决了高楼的使用问题。

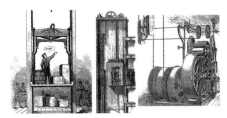
图26. 奥蒂斯发明的安全升降梯

在芝加哥地区开始广泛试验并在实际建造中率先采用钢框架结构体系和自动安全升降机的情况下，这里逐渐聚集起第一批设计高楼的先驱建筑师，他们在建筑史中被合称为"芝加哥学派"[Chicago School]。其中威廉·詹尼 [William Jenney] 设计了第一栋全钢框架的高楼——家庭保险大楼 [Home Insurance Building]，这栋落成于 1885 年的十层高楼也被认为是人类历史上第一栋摩天大楼。在之后的十几年当中，芝加哥市区雨后春笋般地出现一栋栋超过十层的高层建筑。这些高楼在技术上已颇为现代，普遍采用钢框架的内部结构和陶土砖干挂墙面的外表皮；而在形式上仍保持着古典柱式的象征意义，底部的两层好比是柱础，柱身是中间的体量，最上面往往是出挑的装饰性强烈的檐口以象征柱帽。形式感上的新古典主义倾向不能掩盖这些高楼的工业化气质，高层建筑其自身的巨大体量、标准楼层的重复、平整而注重采光通风的立面，凸显了鲜明的工业时代特征。尤其在建筑细节上，"芝加哥学派"的建筑师还发展了一种被后世称为"芝加哥窗"的形式语言，那些"芝加哥窗"几乎占据柱子之间的所有空间，显得直截了当，中间大玻璃，两侧是上下推拉窗，窗子在立面上排列形成规整的网格。比较典型的"芝加哥学派"的高楼有霍拉伯和罗氏事务所 [Holabird & Roche]设计的芝加哥中心 [Chicago Center]、路易斯·沙利文 [Louis Sullivan] 设计的沙利文中心 [Sullivan Center]。

图27. 家庭保险大楼，落成于1885年的第一栋摩天高楼。

工业革命的技术发展不仅推动芝加哥在高度上发展，也让城市更为迅速的运转有了可能。与脱胎于中世纪城市的欧洲城市不同，美国城市从殖民地时期就以格网规划道路。宽阔的直线道路对于以轨道为特点的城市交通工具的革命有着重大意义。工业革命初期，西方的大城市中为了控制马车的行进路线和运载更多的人，已经出现了有轨马车。但是在一个繁荣的工业城市，步行或是畜力运输系统显然已经不适合运转日常的大规模人口流动。西海岸的圣弗朗西斯科（旧金山）在 1873 年开始尝试公共缆车以代替有轨马车，这一交通工具在当时造价昂贵，但是在以陡坡闻名的旧金山街道上行之有效。1882 年，为了在漫长严寒的冬季减少户外步行，芝加哥为地处平坦地区的城市开先河引进了这一技术，在城市马路上兴建

图28. 波士顿的有轨马车
图29. 芝加哥的有轨缆车

长距离线路，并在仅仅几年后就成为了年运输量最大的缆车城市。在二十多年的缆车岁月里，芝加哥公共缆车线路为市民提供了超过 10 亿人次的运量。因为缆车折返困难的自身特点要求线路尽量形成环形，所以缆车公司会围绕着城市中心建造大环线让车辆折返，这些环线缆车线路逐渐形成了城市中心区的边界

城市缆车因为设备故障率高，很快又被新的交通工具所取代。1890 年，芝加哥开始采用有轨电车逐渐代替缆车。1892 年，芝加哥开始兴建高架城铁，在一些主要的干道，马路上空逐渐被延续不断的钢铁桁架所遮盖，而马路和人行道之间是布满铆钉的型钢支撑。这些钢铁结构的出现让街道似乎变成了一个钢铁有机体的腔肠。高架城铁的兴建大大加快了市中心和郊区之间的通勤速度。到 1897 年，几家高架城铁的运营公司达成一致，开放并共享各自在市中心的高架线路，从此围绕城市中心的高架城铁环线落成，高架环线以内的区域逐渐被称为环线区 [Loop]，而这个环线区也逐渐成为城市的核心商务区，大部分的高层建筑集中在这个地方。

毫不夸张地说，在进入二十世纪之前，芝加哥已经颇为现代——甚或可以说颇具"未来感"。随着更多的高层建筑在环线区的落成，列车高架在城市道路之上，在空中穿梭于高楼大厦之间，这是一个会让"乡下人"彻底眩晕的高度工业化的城市意象。钢铁的摩天大楼和钢铁的高架轨道毫不遮掩地将芝加哥转变成一个钢铁铸成的有机体，和着列车飞驰过头顶上的钢铁高架而发出的终日不息的钢铁碰撞的哐哐哐的声响，直白地展现着美国城市对于未来的看法。

图30. 芝加哥高架城轨"L"线下面的马路
图31. 芝加哥城轨地图

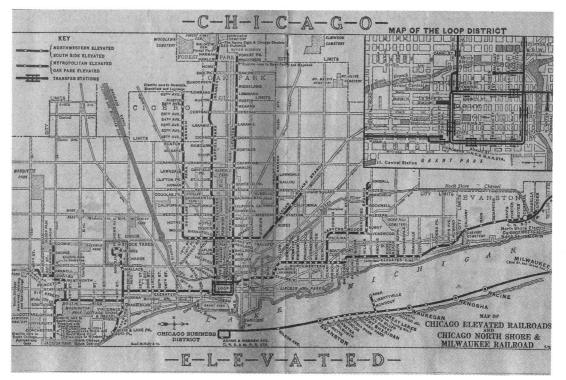

图32. 芝加哥卫星图，虚线为"环线"高架城铁，其围合区域为芝加哥的中心商务区。
图33. 芝加哥"环线"高架城铁

图34. 奥姆斯特德肖像

在美国城市拥抱工业化的同时，根植于北美人深层意识中对于土地的依恋而滋生的对于田园生活的向往并没有一丝泯灭，相反工业革命带给城市的众多问题让这一丝愁绪在精英阶层中迅速萌芽。在工业革命时代面对着因工业发展而过度使用煤炭能源所形成的"焦炭城市"，城市环境的日益恶化和传染病的极易流行使得从上层阶级到普通工人对新鲜空气、阳光以及公共活动空间都产生了迫切的要求。

1851年纽约州议会通过公园法，之后纽约市政府经过多年的辩论，决定在当时的这块以岩石地表为主不适合房地产开发的曼哈顿中心区建造公园，并聘请公园方案的获胜者弗雷德里克·奥姆斯特德 [Frederick Law Olmsted] 作为总设计师。奥姆斯特德被普遍认为是开创了现代景观设计这一学科，是这一领域毋庸置疑的奠基人，他的一生完成了包括纽约中央公园 [Central Park] 在内的大量城市公园，是美国最重要的公园设计者。

作为一个城市公园，中央公园占地面积惊人，足足占据了曼哈顿中央150个街区，达840英亩。仅从公园占地面积来看，就体现了美国人对于自然原野的向往。公园历时十多年，于1873年全部建成。公园内有开阔的草地和高大茂密的树林，这里的边界是模糊的，田园风格是浓重湿润的，如同他自己描述的"青翠如滴，湿漉华丽"。而这当中，又体现了美国东北部新英格兰地区传承自曾经的宗主国英格兰的园艺和画意派 [picturesque] 的影响。奥姆斯特德在景观设计中引进了"近处光影的复杂性"来体现景观变化的神秘性和丰富性。为了创造神秘感的效果，他会混合使用不同色彩和肌理的树木、藤蔓来模糊轮廓，在从地表到高处不同的层面用不同的植被一层层的交织，以此创造一种不断变化的光影效果。在这样一个优美的城市公园当中，工业化的因素被减少到极限，或是通过一种典雅的手法被精心处理成浪漫自然的一部分。典型的例子是公园当中有名的哥特桥 [Gothic Bridge]，设计师将铸铁弯成柔美的哥特风格的曲线，由此将一件工业产品完全地融入到自然当中。

奥姆斯特德因地制宜，原先的地貌被基本保留和重新整修，沼泽被疏浚而成为公园内的湖泊。中央公园是一个以脱离传统的欧洲造园手法而设计的城市公园，如同他在给

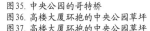
图35. 中央公园的哥特桥
图36. 高楼大厦环抱的中央公园草坪
图37. 高楼大厦环抱的中央公园草坪

图38. 中央公园卫星图
图39. 中央公园鸟瞰

他的搭档的信中所说，"我们所做的最大成就在于在获得郊区园艺效果的同时，我们给了地形以最大的可能让它自由发挥。这是任何一个园艺师都做不到的，而我们在这方面所做的是绝不嫌多的。"相对园艺倾向的欧洲古典公园，中央公园的设计目标是在城市之中创造一个类似自然的环境。所以，进入公园内部，如同回到新英格兰林木葱郁的乡村，数十公顷遮天蔽日的茂盛林木构成了公园的主体，同时内部植被层次丰富，和水体相互掩映，林间小径蜿蜒不绝。这里是城市孤岛中各种野生动物最后的栖息地。

如果说奥姆斯特德在纽约完成了一个巨大的城市开放空间的话，那么他在波士顿 [Boston] 的工作就更向前迈了一大步。对于一个大城市而言，由于城市半径过大，除非像中央公园那样的巨型尺度，否则一个大公园不一定能让所有人感受到它的存在。不少城市都有不止一个的公园，但是大多数的情况是每个公园服务各自所在的社区，相互独立，公园对于城市的整体作用有限。在此前提下，奥姆斯特德的波士顿"绿宝石项链" [Emerald Necklace] 项目为数个城市开放空间的系统合成提供了一个成功的范例。

图40. 波士顿"绿宝石项链"的绿道

在完成几个波士顿的公园之后，奥姆斯特德在波士顿市政府的支持下开始了更宏伟的城市公园计划。出于希望城市平民能够更多地利用城市的公园和绿地以提高城市居民的整体健康水平的目的，他用连续不断的景观空间串联起已经完成的公园和现存并计划改造的绿地。这个"绿宝石项链"从城市南边的大公园富兰克林公园 [Franklin Park] 开始，连接了阿诺德植物园 [Arnold Arbretum]、牙买加水塘 [Jamaica Pond]、泥河 [Muddy River]、后湾 [Back Bay Fens]，最后汇入城市的主要河流——查尔斯 [Charles] 河。各个开放绿地节点之间的连接道路被称为"公园大道"[parkway]，近7英里的"公园大道"类似林荫道，因为当时汽车尚不普及，所以道路宽度不大，主要容纳马车通行和步行，两侧树木高大茂密，"公园大道"文如其名，更像是公园里的道路而不是作为城市的交通流线。整个城市的公园被"公园大道"交织成一个网状结构，形成一个开放式的城市空间系统，从而可以在整体层面充分发挥城市绿地的开放功能。这个系统化城市绿地空间项目的成功大为改观了波士顿的城市面貌，将新英格兰乡村风貌和传统带回了城市。

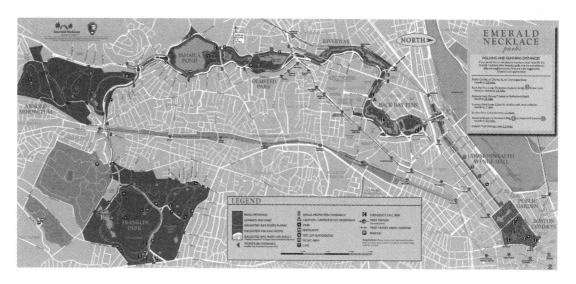

图41. 波士顿"绿宝石项链"平面图

在这之后的美国城市的公共绿地系统的建立，基本都以波士顿为模本，甚至在名称上也千篇一律冠以"绿宝石项链"。从城市空间形态来看，原先独立存在的城市绿地被相连成串，就好像水墨画上的"留白"隔而不断，而城市脉络也由此被更完整地组织起来，从而形式一个整体。

美国人自身对于乡村的热爱无疑是推动城市公园建设的重大动力，但很重要的一点是美国城市精英阶层在工业革命后期的公众意识的觉醒。"人人生而平等"的理念从独立战争以来就牢牢扎根在美国人心头，对于精英阶层而言，在城市建设中任何设计和建造活动的深层哲学基础都是应该围绕社会平等的思想。在一个"焦炭城市"，如果能够提供一个"卫生"的城市环境无疑是造福集体大众的，而田园风光对于热爱自然的美国人而言就是提供一个"卫生"场所的最为简捷的途径。以奥姆斯特德为例，他早年就曾投身于文学领域并积极反对美国南方的奴隶制度。基于社会平等的思想，奥姆斯特德的景观设计是把所要达到的"公众服务"置于设计的形式之前的。中央公园不仅为市民提供了一处逃离城市喧嚣的赏心悦目之地，园内也设置了各种设施方便市民们的活动。比如总长近九十公里的步道铺设平整，除了散步也非常便于溜直排轮；公园内长椅近万张，随处可以坐下；园内甚至还有一个动物园，孩子们每天放学就可以过来看各种动物。这些设置的安排体现了奥姆斯特德的"服务"理念，所以中央公园内是不乏生机的，观赏自然风景的、体育活动的、露天音乐会的、甚至是露宿街头的人——所有人在这里可以找到自己的一片乐土，这是纽约的大后院，是一个真正对所有人开放的城市空间。

用城市公园来归类巨型尺度的中央公园其实并不确切，它也不应该被形容为被曼哈顿的高楼所围绕，实际上这个公园——或者说这块自然之地，完全占据了纽约这个城市天平的一头，而另一头是那个人造的城市，两者是等量齐观的。

如果说北美城市的工业化是一种被动的接受，那么在同时，城市内田园生活的营造则是美国人的主动追求，而这种追求对于设计师而言甚至还蕴含着一种为民请命的公众意识。

城市美化运动
CITY BEAUTIFUL MOVEMENT

北美的城市在对工业化的憧憬和对乡村生活的留恋中犹豫前行。到十九世纪后期，随着这块新大陆也逐渐进入西方主要工业国家之列，其庞大的体量注定将是西方社会的主要推动力量。辽阔的国土、丰富的资源、庞大的市场，这些因素使得工业革命的规模在美国达到了顶峰。此时的美国人早已褪去了独立战争时的青涩，他们在各个层面开始向欧洲看齐。不幸的是，没人否认美国的确是一个充满机会的新兴国家，但在大部分欧洲人眼里，美国就像是一个毫无教养的没有文化的暴发户，美国这个词在那个时代代表着大规模的批量生产，代表着工业化的洪流，是低级趣味的总称。

美国人显然不可能认同欧洲人的看法，但是那些游历过欧洲名城、浸淫在欧洲文化之中的城市精英们又不得不叹服欧洲的历史积淀。在城市面貌方面，的确也很难反驳欧洲人的这种偏见。尤其是工业革命期间，高出生率和大量的移民使得北美的大都会城市面临与巴黎的都市改造前类似的处境，在标榜公民道德和公众利益建设的北美大陆，巴黎式的都市改造非常轻易地赢得了人们的响应。美国人开始希望城市不仅是为民众提供生活的便利和工作机会，更应该是一个美丽的、让市民骄傲的地方，应该如同欧洲的城市那样令人过目不忘。在这样的背景下，十九世纪末北美兴起了以美化城市或是纪念化城市的都市美化运动 [City Beautiful Movement]。这个运动或多或少地受到了奥斯曼的巴黎都市改造的影响，因为就形式感而言，巴黎的都市改造获得了无与伦比的成功。

城市美化运动在美国的兴起应该极大地归功于 1892 年在芝加哥举办的世界博览会。这届博览会不仅为了纪念哥伦布发现美洲四百周年，也象征着芝加哥从 20 年前的大火中浴火重生。建筑师和城市规划师丹尼尔·伯纳姆 [Daniel H. Burnham] 被选定为此次博览会的执行者，

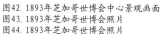

图42. 1893年芝加哥世博会中心景观画面
图43. 1893年芝加哥世博会照片
图44. 1893年芝加哥世博会照片

奥姆斯特德为园区进行了规划和景观布局。伯纳姆认为公共空间的装饰性——如建筑的样式和雕塑的布置——是博览会成功的关键。在他的引领下，世博会的核心区域被建成为一个如同童话般的国度：中央是巨大的长条形水池，水池两侧的道路上布置着大片绿地和巨大的雕塑作品，周围几乎全是新古典主义的建筑——令人惊叹的是这些建筑几乎是一体白色的。到了夜晚，这里灯火通明，四面八方的人被这个不分昼夜的白色领地折服，称之为"白城"[White City]。"白城"向世人充分展示了当建筑、规划、景观、雕塑、装饰等各方面的设计师在一个全面的合作方案下高度协同工作时能将城市美化到一个什么程度。从此，城市美化运动作为一个城市发展的概念正式被引入了美国的城市建设当中，美国人对于城市的概念从只是经济发展和工业化程度的象征，扩展到城市也应该为其居民创造一个具有美学意义的生活环境。市政当局开始意识到完全可以在城市街道、公共建筑、公共场所、公共艺术等他们具有控制权的公共领域进行某种程度的美化，以提高城市的生活水准。但"白城"作为一种样本的出现，使得当时的人们将古典主义的建筑、轴线对称的规划方案、如画的城市景观以及宏伟的城市空间尺度作为衡量城市美化运动的标尺。

芝加哥博览会在城市建设方面的影响很快渗透到北美的主要都市，其对于首都华盛顿特区的改造也起了重大的推动作用。自从十九世纪后期，华盛顿特区就因缺乏品位的城市建筑和品质低下的城市空间而饱受当地甚至全国性媒体的批评。而城市美化运动在两个层面都是契合当时的政治气候的，首先美国在国际舞台上的崛起需要相应的文化地位，而城市面貌是最为直观的文化表达；其次城市美化运动在美国这个私有制主导的社会当中引入更多的公共因素，这点在政治领域对于缓和当时社会阶层的尖锐矛盾具有重要的意义。在这样一个背景下，在国会参议员麦克米兰[McMillan]的推动下，集合了伯纳姆、奥姆斯特德等人在内的一个设计委员会重新复活了法国人郎方为华盛顿特区做的规划方案，推出了美国城市的第一个从美学角度出发的城市规划法案，法案以麦克米兰命名。法案的目标很明确：其一是通过改造首都的面貌达到与欧洲在文化上的平等；其二是更好地纪念国家的缔造者们；其三是通过美化城市提升市民的生活品质。法案以一半篇幅讨论城市公园系统的改善和美化方案，这显然受到了奥姆斯特德的大波士顿公园系统的激励；而另一半篇幅则聚焦于华盛顿特区国家广场[National Mall]的改造。因为波托马克河的疏浚工程，国家广场的大草坪已经向西扩展了一大截（但国家广场仍特指华盛顿纪念碑东侧草坪）。设计委员会希望围绕国家广场大草坪，将重要的政府部门和纪念场馆重新布局，将这块空间塑造成为首都——甚至是全美国——的"纪念核"[Monumental Core]。郎方方案中的对角线大道自然成为"纪念核"的边界，"纪念核"的中心是类似于凡尔赛宫大草坪那样的开阔草坪。"纪念核"呈东西向十字布置，以华盛顿纪念碑为中心，国会山、白宫、林肯纪念堂、杰斐逊纪念堂（麦克米兰方案建议放置一个万神庙性质的纪念建筑，后建造杰斐逊纪念堂）各占一端。沿着东侧大草坪的两条长边则布置了联邦政府部门和各种国家级的博物馆和美术馆。随着之后林肯纪念堂的落成，国家广场完全成形，林肯纪念堂和华盛顿纪念碑之间隔着一个近 700 米长的长方形水池遥相呼应，站在纪念堂外东望，高耸入云的纪念碑清晰地倒映在波光涟漪的水池中，更远处是白色的国会大厦穹顶，这片大草地已转变为真正的国家殿堂。

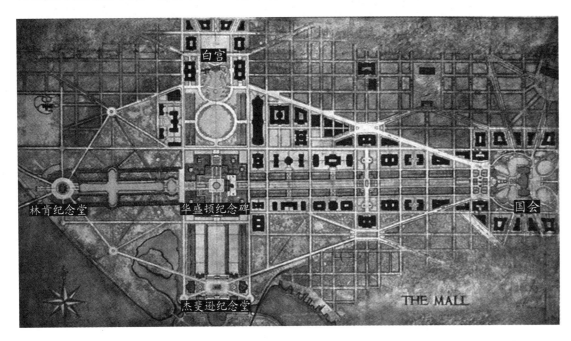

图45. 华盛顿特区的麦克米兰规划案平面

城市美化运动对于美国城市的影响不容小觑，这个运动的宣扬者们认为"美"是一种有效的社会控制手段，是建立城市的道德秩序的基石。二十世纪初，众多的美国大都市在不同程度上推动了城市美化运动。因为芝加哥世博会的成功，伯纳姆在 1909 年提交了新的芝加哥城市综合性规划。规划方案的形式语言是完全的学院派风格，在美国式的格网城市中加入了巴黎的对角线的大街。抛开形式的话，方案当中涵盖了诸多的从公众利益出发的城市改造计划，这包括市中心密歇根湖岸的改造、城市轨道交通系统的合并、外圈的公园系统规划、市政和文化中心的布局等等。这些计划对于调和芝加哥这个新兴的工业城市形象具有相当的作用。

囿于市政当局对于私人土地的行政权力限制，美国城市几乎不可能进行如同巴黎那样翻天覆地的改造。而且从形式上而言，崇尚自由平等的美国人似乎对于巴黎的那种象征着某种君主意味的形式主义也有着潜意识的抵触。除了如首都华盛顿的国家广场那样特定的城市空间，城市美化运动在平面布局上对于巴洛克风格的偏爱并没能让美国人去尝试再造一个奥斯曼式的巴黎。伯纳姆的芝加哥规划就被批评过于注重形式，是企图建设一个"大草原上

图46. 从国会山向林肯纪念堂方向鸟瞰国家广场

的巴黎"。但是对于一些城市节点和重要建筑的纪念化和崇高化得到了当时人们的广泛认同，这一倾向的最好表现就是建筑风格的新古典主义。十九世纪后期的美国仍以法国文化为风向标，建筑师们以毕业于巴黎美术学院为荣，没有机会去法国学习的建筑师们也以各自的方式学习巴黎美院的形式语言。传承于巴黎美院的"学院派"风格毫无疑义地成为了代表城市美化运动的特殊风格，这一时期北美的大都市中出现了大量的"学院派"风格的公共建筑。尽管沙利文曾经在晚年指出"白城"对于美国建筑在新古典主义风格方面的影响整整将美国的现代建筑的发展拖延了四十年，但那些大型的新古典主义风格的公共建筑的确在美国城市当中植入了一些令人难以忘怀的空间节点。这些宏伟的纪念碑式的建筑和与其相匹配的大尺度城市空间彰显着美国的崛起和那个工业时代的繁荣。

第十章

Chapter 10

现代主义

Modernism

ARCHITECTURE OR REVOLUTION!

要么建筑，要么革命！

-- LE CORBUSIER, "TOWARD AN ARCHITECTURE"

工业革命时代所产生的很多问题被其自身的巨大成功所掩盖。身处那个转换的时代，普通人大多以一种惊惧和艳羡相交织的矛盾心态来审视工业革命带来的翻天覆地的变化，而很难有更多的时间来审视这场变革对于社会各层面的深远影响。随着工业革命的完成，那些积累了半个多世纪的问题和矛盾逐渐显露出来。任何事物都有它的两面性，工业革命在生产力上的提升加剧了整个西方社会的竞争机制。工人需要与机器竞争以获得工作机会；日益壮大的劳工阶层需要与资方竞争以提高劳动待遇；而巨大的工业产能所需的原材料和出口市场又促使国家机器也加入到这个白热化的竞争态势当中。进入二十世纪，组成不同利益集团的欧洲国家之间的紧张局势使得战争成为一个必然选择，1914 年第一次世界大战爆发。席卷全球的战争虽然以协约国的胜利告终，但在这场四年多的消耗战中并没有真正的胜利者。大战使得本已脆弱不堪的欧洲社会处在一触即发的革命边缘。作为胜利国的俄国因为持续的战事而经济崩溃，内部矛盾反而加剧，在一战结束之前就爆发了十月革命，成立了历史上第一个无产阶级专政的苏维埃共和国。在大西洋彼岸，通过一战积累了巨大经济实力的美国在经历了十年的战后繁荣之后，生产开始大量过剩，股市一夜之间崩盘，自由资本主义的脆弱在随后席卷全球的大萧条中显露无遗。在还没有学会如何有效地调和工业化时代种种矛盾的时候，工业革命之后的西方社会处在巨大的动荡之中。在这样一个社会环境当中，人们更有一种紧迫感以寻求某种公义和秩序，而城市的有序发展当然是最重要的组成部分之一。

西方城市在工业革命之后已经蜕变为现代意义上的城市，而越来越多的前所未见的新问题开始考验西方社会对于城市的认知逻辑。在宏观的城市功能层面，居住和工作当然是需要首先解决的问题。欧美的城市人口比例仍在不断上升，在最短的时间内为广大的劳动阶层提供住房和工作机会对于任何政府来说都是一个巨大的挑战。但与工业革命时代相比，普通居民对于城市居住的期望已不满足于停留在最低标准，而普遍希望居住条件能有较大的改善，希望家庭能有足够的居住面积，能有洁净的卫生设施，能有足够的阳光和绿地。为了保障大众的居住条件，英国早在十九世纪后期就通过了劳工阶层居住法案 [Housing of the Working Classes Act]，并在之后的数十年间不断修订类似的居住法案以提高劳工阶层的居住条件。在土地使用方面，单纯对于土地产权的保护已经不能适应现代城市的发展，技术的发展足以能让土地拥有者最大限度地利用一块土地。但如果对此不加限制，就很有可能出现覆盖整个地块的高层建筑，而这种做法必定会危害到其他土地所有者的权益。为了应对这样的情况，纽约在 1916 年制定了第一部全市范围的分区规划 [zoning] 法规，以明确每个区域的可建设用地的性质和其他如建筑高度之类的建设限制。

各种新型交通工具的出现也在迅速改变城市的尺度和面貌。早在工业革命后期，火车就已经成为习以为常的城际交通工具。而包括有轨电车、高架城铁、地铁在内的各种城市有轨交通的发展，极大地延伸了城市居民的出行范围和城市尺度，伦敦、巴黎、纽约等西方大都会在二十世纪初期都已基本建成了早期的地铁路网。除了公共交通的发展，在私人领域不得不提的是汽车的出现。美国人亨利·福特 [Henry Ford] 是世界上第一位将流水装配的概念实际应用到汽车产业并获得巨大成功的企业家，他以这种方式让汽车在美国真正普及开来。福特汽车的生产方式使汽车成为一种大众产品，福特在 1908 年推出了畅销的 T 型车，这款车型从面世到停产，销售量超过 1500 万辆。汽车的普及进一步解放了人们与土地的束缚关系，汽车时代的逐渐来临不仅大大拓展了城市的边界，也将深刻地改变城市的面貌。而这也意味着一个长期萦绕着城市学者的问题的发端，那就是以人为中心还是以汽车为中心进行城市的规划和设计。

图1. 十九世纪二十年代的美国街道已经被福特T型车占据，该车型保持全球销量纪录近半个世纪。

　　进入现代化社会的城市在功能方面日益复杂，不仅是城市自身的问题交织在一起，其他领域的一些问题也因为城市这个载体而在大众眼里转变成为一个城市问题。对于城市发展，建筑师关注城市空间的美感，工业革命之后的城市卫生官员关注大众的健康问题，而社会工作者又希望致力于城市低收入阶层的生活标准。让一个尺度已经数倍甚至十数倍于一个世纪前的城市正常运转，不可能是单个问题的解决方案的简单集合，而必定是一个系统性的解决方案。面对工业化的深入发展对于城市乃至整个社会的原有秩序的挑战，对城市发展的思考如果只是从建筑师、公共卫生官员，或是社会工作者的比较单一的角度来看待显然是不充分的。在二十世纪，城市规划作为一门学科、一个职业、也是一套法规，开始广泛地、系统性地指导城市的发展进程。众多的城市规划和设计方面的学者和实践者试图发展出一套独特的理论来一劳永逸地解决城市问题。

田园城市
GARDEN CITY

在工业革命的源起地，英国人率先意识到工业革命在很多方面所带来的负面影响。工业革命带来巨大财富的同时，也加剧了阶级分化和贫富不均的现象，劳工阶层的生活和工作的日常环境也非常恶劣。工业革命初期的社会主义实验者试图创建一种新的社区模式来实现乌托邦式的理想社会。英国企业家罗伯特·欧文 [Robert Owen] 在他的工厂小镇拉纳克 [Lanark] 的慈善实验非常成功，工人们的生活条件普遍高于其他厂区。基于这个实例，他进一步提出了一个理想的工人社区模型：在 5 平方公里左右大小的社区可以建立一个 1200 人左右的工人社区，在这里工作的人收入平等，所有人住在一个大房子里，每个家庭有自己的公寓，有公共的厨房、餐厅、幼儿园。欧文于 1825 年来到美国印第安纳州的新协和 [New Harmony] 小镇来实践他的理论，或许低估了不同人群参与这个项目的动机的复杂性，这个社会主义性质的社区实验进行了两年就不能再维持下去。

图2. 欧文的新协和小镇乌托邦社区实验

在设计美学层面，早期的工厂只追求生产和销量，工业产品的品质也不如人意，这更加唤起了人们对于中世纪时期那种精致手工艺的缅怀。还是在英国，在威廉·莫里斯 [William Morris]、约翰·拉斯金 [John Ruskin] 等人的领导下，工业美术运动 [Arts & Crafts Movement] 在十九世纪下半叶开始酝酿发生。在效率压倒一切的工业时代，对于工业化所带来的种种问题的无能为力使得不少的英国艺术家、建筑师、理论家重新思考中世纪美学以作为抗衡工业化的有力工具。退隐到中世纪的创作方式，从另一个视角来看也意味着回到中世纪的生活方式。就这一层面而言，工艺美术运动也隐含着英国知识分子对于回归乡村生活的向往。工艺美术运动因为彻底地反对工业化，而有其相当的局限。但是作为首次在思想上对于工业革命的反思，它对于二十世纪初欧美在整个设计领域（包括建筑、城市、工业产品等诸方面）的活动有着巨大的影响。

从十六世纪早期莫尔的乌托邦城市畅想，到欧文的社会主义社区实验，再到工艺美术运动，这些活动和思想或许并没有太强的关联，但很难说没有为之后的城市理论模型的提出作出关键的注脚。在英国人看来，乌托邦的理想和田园情怀是交织在一起的，理想的城市模型是应该融合工业化的生产和田园式的生活的。英国的埃比尼泽·霍华德 [Ebenezer Howard] 于 1902 年再版了他在城市和社会改革方面的著作《明日的田园城市》[Garden Cities

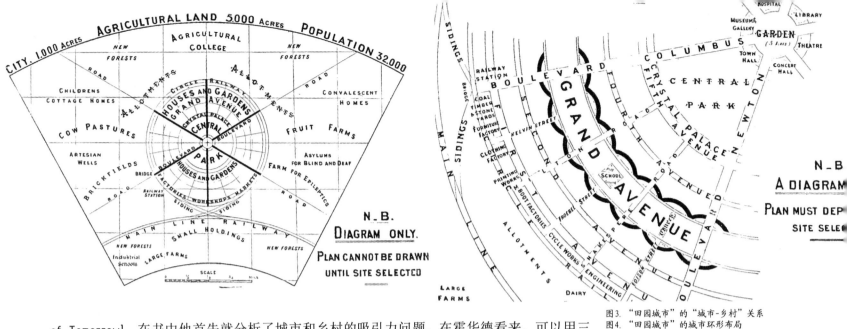

图3. "田园城市"的"城市-乡村"关系
图4. "田园城市"的城市环形布局

of Tomorrow]，在书中他首先就分析了城市和乡村的吸引力问题。在霍华德看来，可以用三个磁体的模式来代表城市、乡村以及一种新的模式——"城市—乡村"这三者对于大众的吸引力。这三个磁体中，城市或乡村尽管有着各自的长处——比如城市有更多的工作机会、乡村有更美好的景观，但也都具有明显的难以克服的缺点——比如城市的高消费和环境污染、乡村生活的劳累和物质匮乏，只有"城市—乡村"这一磁体因为兼具两者的长处而应该是新的城市理论模型的基础。霍华德认为"城市和乡村必须结合，这个欢愉的联合可以迸发出新的希望、新的生活、新的文明。"[注1]在这一基础上，霍华德提出了他的"田园城市"的城市理论模型。

图5. 霍华德肖像
图6. 霍华德的"三磁体"模式

田园城市大致呈圆形布局，占地6000英亩（相当于24平方公里），人口规模32000人。城市应该利用靠近中央的1000英亩（相当于4平方公里）土地建设，城市外围的5000英亩（相当于20平方公里）应保留作为耕地。田园城市的形态有着非常明显的文艺复兴时期理想城市的烙印，城市被6条120英尺（相当于36米）宽的壮观的林荫大道均匀分区，城市的各种功能从中心以"建筑—绿地—建筑—绿地"的有序变化，并以同心圆向外推的方式进行发展。越往外围，建筑的高度和密度都越低，同时公园修葺的精致程度也逐渐降低，由此完成中心的城市气氛向外围郊区的田野气氛的过渡。城市中心是整个城市最为精致的公园，占地5.5英亩，有着优美的水景。围绕着这个公园的是城市的市政厅、音乐厅、演讲厅、图书馆、博物馆、美术馆、医院等公共建筑。在公共建筑的外围是一圈面积达到145英亩的可供市民日常休憩玩耍的公共公园，这个"中央公园"被一圈称为"水晶宫"的玻璃敞廊包围。这个玻璃敞廊也是城市的购物中心，但其内部空间远比普通的商店要大，这里是雨天或者冬天都能吸引市民过来的地方，而且环形的建筑使得任何一个住得最远的市民也只有600码（相当于550米）的距离。再往外是城市的住宅区，整个住宅区的中间部位又是一个环形的公园带，被称为"宏伟大街"，这条宽420英尺（相当于128米）的绿地环带将住宅区分成两条宽度大致相等的环带，这也意味着最远的居民离这个绿地环带也只有240码（相当于220米）。居住区的一些主要公共建筑沿"宏伟大街"布置，包括6所公立学校，以及不同的教堂。住宅区再往外是城市的铁路环线，沿着铁路环线是工厂、仓库等各种生产场地，并且城市的铁路环线和通向外地的铁路线直接相连，以方便货物的运输。铁路环线以外就是属于这个"田

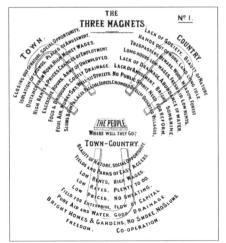

园城市"的 5000 亩农用地，这些农用地不仅为城市提供日常必需的农产品，也为渴望田园生活的城市居民提供了一个近在咫尺的田野环境。

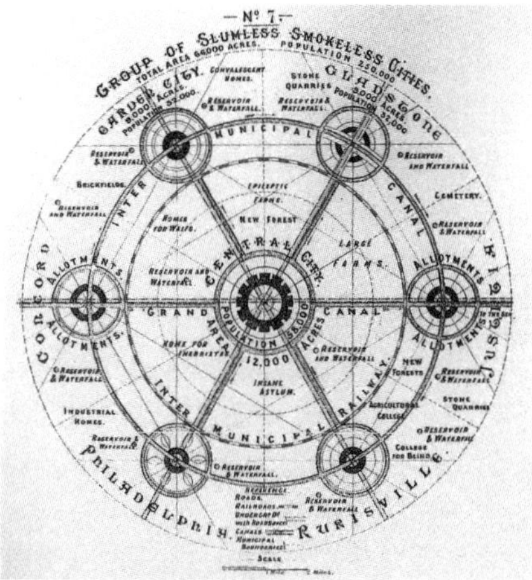

田园城市理论中的最重要部分不仅在于城市和乡村的融合，更在于对于城市规模的控制。客观事实是只要还处在城市化阶段，城市人口的增长就不会停止，而且人口主要会向中心城市迁移。面对这个问题，霍华德认为"城市肯定会增长；但它应该以这样一个原则增长，就是能促使这样的增长不会削弱或破坏，而是会增强城市的社会机遇、美观和便捷。"[注2] 所以，当田园城市的人口超过 32000 人，应该在城市的乡村地带以外不远的距离继续建设一座新的田园城市。当田园城市增加到一定数量，还应该设置用地 12000 英亩（相当于 48 平方公里）、人口上限为 58000 人的中心城市。这些城市构成一个田园城市群——也就是霍华德提出的"社会城市"[social cities]。作为一个分散人口的城市理论模型，交通工具的发展为此提供了可能。到二十世纪末期，英国的全国性铁路网已形成，路网总长超过 3 万公里。"社会城市"的交通联系即建立在铁路运输之上：社会城市群的外围田园城市由 20 英里（相当于 32 公里）左右的外环铁路全部串联起来，这样最远距离的城市之间也就只有 10 英里（相当于 16 公里），大概在 12 分钟就能到达；中心城市到每个外围城市的距离是 3.25 英里（相当于 5.2 公里），大概也就是 5 分钟的车程；铁路系统不在城市之间的地方设站以提高效率，城市之间的地方则依靠城市间的高架公路提供交通。

田园城市不只是一个规划理论，书中更多的是对于城市建设制度和运营制度的探讨，潜藏在后的是对于理想社会的探索。霍华德在 1899 年成立了田园城市协会 [Garden Cities Association]，以此为主体推广他的田园城市的理念。1903 年在赫特福德郡 [Hertfordshire] 购买了一块土地，成立了田园城市有限公司，开始建设第一个田园城市——莱奇沃思 [Letchworth]，1919 年开始建设第二个田园城市维林 [Welwyn]。莱奇沃思用地 5500 英亩（相当于 22 平方公里），现在的人口在 33000 人左右，恰好是田园城市的规模。

图7. "社会城市"理论模型

图8. 第一个"田园城市"莱奇沃思的市中心

田园城市理论是二十世纪初最为重要的城市发展理论，其本质是一种分散的城市理论。这一类理论认为城市的大型化之后所产生的社会问题超越了城市规划的解决能力，唯一的解决之道是控制城市的规模、并将人口分散出去，以在第一时间就避免城市社会问题的产生。田园城市理论在城市规模的控制、中心城市与外围城市的组织模式、城市与乡村关系的建构等方面都为之后的城市规划理论提供了或多或少的激发因素。谈及田园城市的重要性时，值得注意的是，田园城市在解决城市问题的时候将乡村提升到了与城市相同的地位，以一种系统性的方式来看待城市问题，构建了一个全新的城乡结构形态。

　　霍华德在其《明日的田园城市》一书的最后一章探讨了伦敦的未来，显然田园城市理论最终针对的目标就是类如伦敦这样的大都会。包括他所投身建设的两个田园城市莱奇沃思和维林都离伦敦这个中心城市不远，这两个城市从某种意义上来看似乎都是为了最终解决伦敦问题的前奏。

卫星城市
SATELLITE CITIES

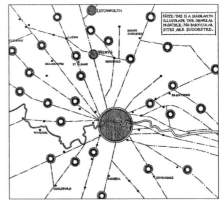

　　在北美大陆，美国人格雷厄姆·泰勒 [Graham Taylor] 于 1915 年出版了《卫星城市》[Satellite Cities] 一书，明确提出了"卫星城市"的概念。1920 年，霍华德所建立的田园城市规划协会举办了关于大伦敦地区卫星城镇的会议，查尔斯·普尔顿 [Charles Purdom] 提交了一个由二十多个个卫星城镇环绕的大伦敦发展方案，这其中就包括了莱奇沃思和维林。卫星城镇，顾名思义就是在中心城市周围建立一圈较小的城镇群，好像卫星环绕行星一样。作为参与莱奇沃思项目的主要建筑师、也是田园城市理论的信奉者——雷蒙德·昂温 [Raymond Unwin] 在 1929 年担任大伦敦区域规划委员会的咨询顾问时，提出了将伦敦的人口和就业岗位转移到附近的卫星城镇去的报告。卫星城市的概念在二十世纪初的兴起不是一个巧合，随着人口和工业向大城市的集中，大城市的土地价格已经飙升到迫使不少工厂自发地转向郊外以寻找廉价的土地。根据《卫星城市》一书中所列的数据，二十世纪初美国中心城市周边地区的就业增长超过中心城市两倍。在大量人口仍在涌入城市的同时，也已经开始了部分人群自发转向郊区或外围城市的流向。泰勒对于卫星城市概念的提出即是基于他对美国中心城市周边地区的工业发展所带来的社区变化的观察。

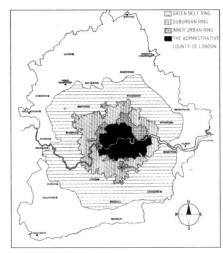

　　对于中心城市人口的疏解，卫星城市是个一目了然的概念，这个概念很快得到了欧美城市规划界的认可并得到了快速的发展。初期的卫星城市主要以"卧城"[Bedroom Town] 的形式存在，几乎只承担居住及附属功能，一般与中心城市的距离也不会太远。因为这一类卫星城市几乎不能提供工作机会和文化活动，所以居民每天需要在卧城和中心城市之间进行钟摆运动一样的通勤。尽管丧失了一些生活的便利，但这一类的卫星城市还是提升了很多工人的居住条件。在这之后，一些"卧城"逐渐发展出自己的工业与配套设施，开始为部分居民提供工作机会，成为半独立的新型小城镇。在美国，不少的卫星城本身就是企业主转向郊区城市建厂的直接结果。

图 9. 伦敦周边的卫星城布局草案
图 10. 由四条环带组成的大伦敦方案

卫星城市明确针对城市的规模控制问题，试图在大城市周围设置小城市来减轻大城市的压力。但人为的规划是否确实能逆转人群向中心城市集聚的方向？其答案不容乐观，只要中心城市在就业、教育、文化等方面的天然优势所产生的超强吸引力存在，要想逆转向其集聚的方向非常困难。事实情况也是如此，早期的卫星城除了为劳工阶层提供一个稍好的居住条件之外，很难再有其他吸引力而死气沉沉。在很多建设卫星城的大都会地区，中心城市的发展往往是远超过卫星城的发展。不用很长时间，卫星城就被中心城市吞噬而成为一个更大的大都会城市的郊区，通过建设卫星城来分流中心城市人口的目的从而限于徒劳。从这一点教训来看，卫星城市是一个相对的概念，在规划卫星城的同时，是需要将中心城市的规划一并考虑进来的。如果需要卫星城行之有效，更重要的是在疆域上控制行星城市——也即中心城市的规模。

二战时期，为了重新建设因大轰炸而损失惨重的伦敦，帕特里克·阿伯克龙比 [Patrick Abercrombie] 于 1944 年提交了"大伦敦方案" [Greater London Plan]。该方案在形式语言上体现了田园城市的要旨，中心城市伦敦由中心城区、郊区带、绿带、郊外乡村带四条环带构成，其中永久性的绿带起到了控制中心城市无限扩张的作用。方案也融合了卫星城市的设想，在伦敦之外已有的几个新城基础之上，又在各个方向上均匀地规划了十个左右的卫星城市。通过同时控制中心城市的发展和布置足够的卫星城市，"大伦敦方案"为战后伦敦的发展提供了一个行之有效的发展方向。二战之后，卫星城市也在欧美各国获得了极大的发展。

从花园郊区到邻里单元
FROM GARDEN SUBURB TO NEIGHBORHOOD UNIT

雷蒙德·昂温无疑是田园城市理论的积极推动者之一。在参与莱奇沃思的设计工作之后，深受田园城市理论影响的昂温接受了另一位社会活动家在伦敦西北郊的汉普斯特德花园郊区 [Hampstead Garden Suburb] 的规划设计任务。与莱奇沃思相似的是，汉普斯特德也是由一个城市发展公司拥有并主导建设，换句话说，其背后有着相似的社会改革倾向的推动。两者很大的区别在于汉普斯特德不是一个自我封闭的城市，这里没有规划任何工业或公共设施，所以它是一个必须依附于大城市的典型的郊区居住区。而与工业革命之后的那些大量的临时搭建的劳工阶层的郊区所不同的是，这里的居住环境优美，大大提升了郊区居住的吸引力。

图11. 汉普斯特德花园郊区概念
图12. 汉普斯特德花园郊区实景

低密度的居住条件使得每户人家各自独立，社区的道路是林荫路，社区还有大片的树林和绿地向居民开放。汉普斯特德花园郊区虽然不是一个封闭型的社区，但是其社区环境吸引着相似社会背景的人聚居到一起，构建了一个事实上具有某种排外性的邻里社区。

　　在大西洋彼岸的美国，或许由于土地的广阔，类似的郊区社区早在十九世纪后半叶就开始发展起来。随着芝加哥到昆西之间的铁路的落成，铁路穿过的芝加哥西南郊外的河边[Riverside] 郊区获得了发展的机遇。奥姆斯特德在1869年受委托为这块1600英亩（相当于6.5平方公里）的郊区用地作了规划。作为享有"景观学之父"声誉的奥姆斯特德对于郊区的景观环境异常重视，而这个郊区的原始环境就很不错，散布着橡树和核桃树林，还有一条弯曲的小河流过这个地块，所以他希望规划方案能使所有居住在这里的人都能拥有美丽的景观。为此，奥姆斯特德首先完全地保留了河岸边上的用地，将发展用地保持在距河岸相当一段距离之外，使河岸成为连续的公园系统。同时，他根据地形和河流规划了几乎全为曲线的街道和居住区地块，这种避免直角相交的道路交叉处通常又可以形成类三角形状的绿地或广场，成为整个公园系统的一部分。河边郊区是奥姆斯特德将公园系统融入到居住区当中的规划典范。同样也是因为铁路交通的便捷，纽约皇后区 [Queens] 的森林山花园 [Forest Hill Garden] 社区在1908年开始开发。这是美国最早的通过规划形成的居住区之一，由奥姆斯特德之子小奥姆斯特德规划。社区共容纳大约800户居民，主要是单家庭住宅（纽约的住宅往往以容纳几个家庭来区分，单家庭住宅意味着独立住宅），也有少量的公寓。英国的乡村风格一直是美国东北部新英格兰地区钟情的建筑风格，所以社区以英国的传统乡镇为模仿对象，住宅大量采用了都铎风格和乔治风格。

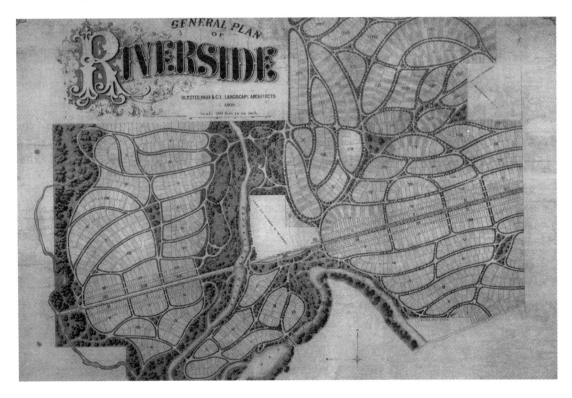

图13. 河边郊区社区总图

二十世纪初的美国，与大量的人口涌入城市寻找工作相对应的，也开始出现已经积累了一定财富的城市中产阶级向郊区流动的趋势。美国白人的祖先来到这片土地的首要目的就是获取一块属于自己的土地，所以美国人对于郊区生活并能拥有一块自家的后院有着强烈的心理认同，而田园理论的传播和类如奥姆斯特德这一类建筑师对于郊区社区的景观化规划又为此添加了强有力的背书。但是最重要的可能莫过于汽车的普及了，福特为大众造车的理念使得美国在二十年代已经开始迈入汽车时代，当中产阶层能够负担一辆属于自己的汽车时，郊区生活就从梦想转变为一种现实。

在花园式郊区住宅区的基础上，克莱伦斯·佩里 [Clarence Perry] 在 1929 年进一步提出了邻里单位 [Neighborhood Unit] 的概念。邻里单位为之前的花园郊区注入了一支新的社区粘合剂——邻里关系，邻里关系的基础——也是邻里单位概念的出发点，就是社区安全，尤其是儿童的安全。为了达到这个目的，邻里单位主要从规模和交通两个层面对社区进行控制。就规模而言，邻里单位以规划小学的规模为基础控制整个社区的人口规模和社区尺度，以此保证小学生不必穿越城市的交通要道去上学。所以邻里单位的规模一般为 5000 人或稍少，尺度由人口密度决定，但大约在 1 英里直径范围内。小学应布置在社区中央，以保证儿童上学的距离不超过半英里。当然除小学之外，社区内还应该有教堂、图书馆、诊所、社区中心等各种配套的邻里公共设施，以及公共广场和绿地。就交通而言，邻里单位的四周边界都应该是主要的外部城市干道以保证交通的便捷，并且商业设施也沿着外部道路布置，而两个相邻的邻里单位还可以将商业都布置在分界道路周边以形成较大的商业区。而内部则是一套完全不同的建立在人行尺度上的社区道路。其布局以限制外部车辆入内或穿越为原则，所以内部道路的宽度会减小，同时比较曲折。居住地块还可以采用尽端式道路 [culs-de-sac] 的形式以最大程度地限制汽车的进入，以此保持内部的安静和安全的居住气氛。尽管邻里单位也强调社区边界的交通干道以保持社区与城市其他地区的开放性联系，但是内外道路的明确区分事实上营造了一种封闭社区的气氛。从邻里关系来看，这种封闭性有助于保障社区的安全，更重要地是对于社区居民的社交活动和身份认同有着非常积极的影响。佩里的邻里单位概念在 1929 新泽西州的拉德本 [Radburn] 社区规划中得到了很好的体现。

图14. 邻里单位的尽端式道路

图15. 邻里单位概念图，外圈为一英里半径圈。
图16. 拉德本社区总图，外圈为一英里半径圈。

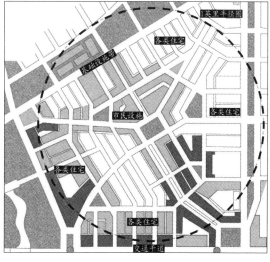

其他城市分散理论
OTHER URBAN DECENTRALIZATION THEORIES

分散理论的修正：有机分散

卫星城市理论所代表的城市分散的逻辑是主导二十世纪初的西方城市规划的。田园城市和卫星城市理论对当时的设计师们影响巨大，1918 年芬兰建筑师埃列尔·沙里宁 [Eliel Saarinen] 受邀为赫尔辛基 [Helsinki] 的城市新区做了一个扩展方案，称为"大赫尔辛基"方案。方案明显地受到了卫星城市的影响，主张在赫尔辛基外围建立一些半独立的城镇，以疏导城市人口和控制城市规模。但是城市分散的设想在卫星城市的实践过程中被证明有很多难以解决的问题。在 1943 年出版的《城市：它的发展、衰败、未来》[The City: Its Growth, Its Decay, Its Future] 一书中，沙里宁在讨论了集中和分散的基础上，提出了有机分散理论，为城市分散理论作了非常重要的修正。

沙里宁在他的书中以树木的生长来类比城市的发展。树枝在生长分权的过程当中，总会本能地预留出生长的空间，而不致于阻碍其他部分的生长。由此，在城市的发展过程当中，沙里宁认为需要遵守的两个重要原则就是"灵活和保护"。这两个原则在运用到城市问题时，具体而言就是："第一，对城市的任何部分进行规划时，必须达到这个目的，即保证城市的正常发展，但又不会干扰到其他区域；第二，采取措施以保证对已建立的价值的保护。换句话说，这意味着：通过'灵活'规划来保证城市健康连续的发展；采用'保护'的措施来稳定价值。"[注3]

"灵活"原则意味着为城市规划添加了动态的要素，"保护"原则认可了规划之前的某些有价值的旧有秩序。这两点都是非常重要的城市规划原则，对于之后的城市规划理论的发展有着很大的启发。运用这两个原则，在对城市进行具体改造时，沙里宁认为需要根据事先制定的计划以外科手术的方式进行，这个手术需要达成三个目标："第一，根据预定方案，将那些衰败地区的活动转移到功能上适合这些活动的地区；第二，根据预定方案，以最适合这里的目标重新振兴这些上述被清空的地区；第三，保护一切有价值的存在，而不管其新旧。"[注4] 套用沙里宁所乐意使用的比喻方式，城市好比一个有机体，有机分散就像是一种持续不断进行的外科手术。这个手术对于任何新发现的衰败和死亡的细胞进行果断的切除，而对健康细胞进行保护和培养。那些被去除的细胞所留下的细胞空隙在实际操作过程当中，最大的可能就是被改造成绿地或是公园，这样的话，对于那些被保护的社区而言，将会有更好的生活环境。这样原先紧致的城市肌理就会逐渐变得松散，而形成一种"分散"的状态，而这一"分散"的过程当然也是一个有目的性的选择过程，而非一刀切的将某个特定人群或社区就此从中心城市切分出去。

有机分散理论为大城市的发展注入了一种新陈代谢的理念，为二战之后的西方大城市发展提供了重要的理论支持。

图17. 沙里宁肖像
图18. 大赫尔辛基规划方案

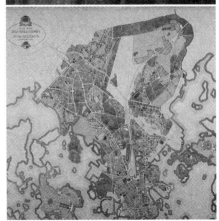

对于城市分散的程度在不同的地域有着非常不同的看法。相对人口稠密的欧洲，二十世纪初的北美大陆仍是地广人稀。虽然工业化的发展已经在北美集聚起了如芝加哥和纽约这样的大都会中心城市，但是美国人对于土地和荒野在思想深层上似乎有一种难以言喻的依恋。这一点在很大程度上影响着美国城市的发展。

美国建筑师赖特 [Frank Lloyd Wright] 将城市分散理论带到一个极端。他在 1932 年出版的《正在消失的城市》[The Disappearing City] 一书中提出了"广亩城市"[Broadacre City] 的概念。广亩城市这个概念的建立显然不能脱离美国广阔的国土和福特汽车。在汽车时代，赖特认为"大城市已不再现代"[注5]，汽车大大地扩展了个人的行动范围，个人没有必要被拘束于城市当中。这个被赖特称为"为了个人的城市"[注6]被规划成一个巨大的地区性农业网格，每个家庭将从联邦土地储备里得到 1 英亩（相当于 4000 平方米）的土地。每个家庭可以依靠这一英亩土地解决自己的食物问题，当然更重要的是有这么大的一块土地，个人可以在这里重新获得在城市当中失去的自由。交通当然需要依靠汽车，大型居住区之间以超级公路相连接，沿着公路是包括加油站和超市在内的各种公共设施。广亩城市的概念已经脱离了传统城市的概念，更确切地说，这是一个反城市的概念。对于每个家庭都能分配 1 英亩土地的方案可能不需要太当真，这更多地只是加强赖特关于城市宣言的声音分贝。从形式上看，广亩城市是城市分散理论的极端，但其实质更多地围绕在社会制度层面。如果仔细审视赖特的建筑观，他反对僵硬的、公式化的建筑风格，倡导以场地为基础的、具有个性的有机建筑。对于工业化时代的城市，赖特认为人的灵性不可能在这种机器造就的城市中得以发展，只有广亩城市才可能给人以自由。在这个城市理想中，赖特宣称"我在广亩城市看到了自由的生活"[注7]。

赖特是美国人最为喜爱的建筑师 (不是"之一")，这不是没有原因的。从折射中西部大草原气质的草原住宅到强调场地的有机建筑都体现了他的美国文化的根源——一种异于欧洲的、根植于美国本土的自由开拓的精神，而这个根源也充分地反应在了广亩城市的概念当中。所以，尽管广亩城市看上去像是一个超越现实的、反城市的城市概念，但是也精确地预测到了一些美国城市的发展方向。事实上，美国城市的主要发展方向在某种意义上的确是与欧洲大陆的城市背道而驰的。

图19. 赖特肖像
图20. "广亩城市"概念规划图

图21. "广亩城市"概念意象
图22. "广亩城市"概念意象

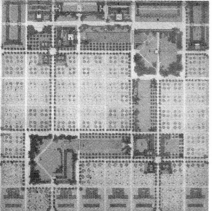

城市的功能主义
URBAN FUNCTIONALISM

现代主义建筑运动
MODERNISM MOVEMENT

　　二十世纪上半叶是建筑学最重要的转折点。随着各种新技术和新材料的发明，建造房屋这一古老的手艺已经演变成某种类似工业产品的生产过程。从十九世纪末兴起于法国的新艺术运动 [Art Nouveau]，到维也纳分离派 [Vienna Secession]，再到德意志制造联盟 [Deutscher Werkbund]，新一代的建筑师们在探寻适合新的工业时代的形式语言的过程当中，彻底厌倦了文艺复兴以来的古典主义形式语言，他们认为在这个新的属于大众的时代，这一类古典语言已经成为累赘堆砌、虚假无用的装饰符号。新一代的建筑师希望与以巴黎美术学院为代表的过去的建筑美学彻底决裂，从而发展一种全新的、以实用性和合理性为特征的建筑美学。"形式追随功能"，成为这一场建筑运动最为鲜明的口号。

　　在德国，格罗皮乌斯 [Walter Gropius] 于 1919 年开始担任新建立的包豪斯 [Bauhaus] 的校长。虽然只存在了十几年，但是包豪斯——尤其在二十年代中期以后——对于设计和工业化生产的结合的重视，是现代主义运动的重要推动力量。包豪斯教育体系中的平面构成教学对于几何构图的提倡，也或多或少地为之后方盒子式的建筑风格提供了一个激发因素。格罗皮乌斯所设计的包豪斯校舍就是典型的由不同功能的方盒子所叠加而成的现代主义建筑，摒弃了任何古典的形式语言，也没有多余的装饰。这是一种全新的建筑形式，意味着和过去时代的彻底决裂。这一类的盒子建筑将在之后的几十年内以"国际式"的名义在不同的国家和地域大行其道，也将深刻改变城市的面貌。

　　法国的勒·柯布西耶 [Le Corbusier] 是现代主义运动当之无愧的旗手，1923 年他出版了自己的文集《走向一种建筑》[Vers Une Architecture]，为现代主义呐喊助威。年轻时曾是一位前卫艺术家的柯布西耶延续了他的纯粹主义 [purism] 的艺术倾向，钟爱简单的几何形体，对建筑设计强调"原始的形体是美的形体"[注8]。他更认为"住房是居住的机器"[注9]。对于机器而言，当然最重要的在于实用，能够帮助人类解决问题，而机器自身的样貌显然不是排在最前面的属性。所以他对于"风格"不屑一顾，宣称"所有的'风格'都是谎言"[注10]。对于柯布西耶而言，这场建筑运动不啻于一场革命。二十世纪二十年代的欧洲刚从一战的阴影中摆脱出来，而俄国十月革命的成功正在欧洲散播革命的火种，欧洲社会处在一种前所未有的动荡之中。经历过大革命的法国人或许比任何欧洲民族都了解革命的残酷性，在这样一个社会变革的年代，柯布西耶喊出了"要么建筑，要么革命"[注11]的口号。当然革命可以避免，其前提就是通过走向一种新建筑来完成社会的变革，消除影响社会稳定的因素。这种新建筑的首要任务就是要能促进降低造价，减少房屋的组成构件，从而能以工业化的方法被大规模地建造。

图23. 柯布西耶肖像

柯布西耶和现代主义城市
CORBUSIER & MODERNISM CITY

柯布西耶不仅在建筑学层面影响了大量的年轻建筑师的美学立场，他更是现代主义城市的主要推动者。现代主义的意识形态对于建筑和城市的要求并无二致。现代主义的城市也是一个巨大的机器，要让这个机器正常运转，需要的是人的理性。所以，浪漫的中世纪风格也好，代表权力的巴洛克风格也好，在工业时代都是无效的"风格"符号，现代主义城市的形式所需要服从的是新产生的城市功能。

柯布西耶关注到工业时代的"大城市"的发展，他意识到交通和居住是两个最为核心的城市问题，"交通方式是所有现代活动的基础，居住安全是社会平衡的前提"。[注12]柯布西耶将中世纪的城市道路比喻成"驴子行走的道路"，是一种心不在焉的、限制城市发展的道路系统。他对于西特所总结的中世纪城市法则持一种批判态度，认为那是一种一厢情愿地将城市的景观混淆成城市生存的基本法则的理论。柯布西耶认为在现代城市当中，建筑物的修建、各种基础设施如排污和管道、交通的通畅都依赖于直线的道路，直线道路才是理性的"人行的道路"，是符合城市高效运转的合理选择。交通问题是柯布西耶的城市理论中的核心问题：激发他对于城市的兴趣就在于汽车时代的到来；而汽车交通对于城市发展虽然是个极大的挑战，但对于一个刚拥抱汽车时代的人而言更是个难得的机遇；最终，在他的城市模型里，以汽车为代表的现代交通又是解决这个时代城市问题的密钥。

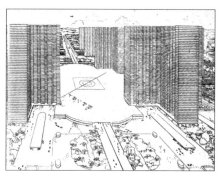

图24. "现代城市"意象之摩天大楼和交通干道
图25. "现代城市"意象之摩天大楼和中央车站

1922年，柯布西耶为巴黎的秋季沙龙准备了一个充满争议的"现代城市"的规划方案鸟瞰图，并在之后出版的《明日城市》[Urbanisme]中详细介绍了他对于这个可容纳300万人的"现代城市"的设想。柯布西耶首先将城市人口区分为三种：居住且工作在市区的市民，居住且工作都在郊区——花园城区——的市民，居住在花园城区但在商业区工作的混合型市民。人口的划分决定了这个城市的三个功能分区：作为商业和居住中心的市区；工业区；花园城区。中心城区是柯布西耶的规划重点，他提出了四条基本原则："必须疏解市中心的拥堵；必须提高市中心的密度；必须增加不同的交通方式；必须增加公园和绿地。"[注13]对于城市密度，柯布西耶认为密度越高则市民的交通距离越短，所以他在市中心布置24栋摩天大楼，以容纳商业和旅馆等功能，可容纳40万～60万人；居住体块采用锯齿状或封闭型的住宅社区，可容纳60万人。另外，郊区的花园城区还可容纳200万居住人口。当市区的密度通过垂直发展的方式被极大地提升之后，那么市中心获得的最大好处就是自然地会增加大量的公园或绿地面积，这点对于提高城市的生活品质而言是非常关键的。在提升了城市密度之后，交通是最为难以解决的问题，因为两者似乎是个不可共存的矛盾。但是这个问题在柯布西耶

图26. "现代城市"概念的复原模型
图27. "现代城市"概念的意象透视

看来只要通过理性的分析不难解决，如同城市分区建立在人口类型的分析之上，"现代城市"的交通路网则应建立在对于不同交通类型的分析之上。所以，"现代城市"的交通路网由多层次的道路组成：地下交通用于重型货物的运输；地面交通用于端头的、多方向的日常交通；联通城市南北、东西的高架桥则形成城市的快速交通主动脉。在这样一个交通为主导的"现代城市"中，柯布西耶认为现有的道路数量起码需要减少三分之二，以减少影响交通速度的十字路口。

基于"现代城市"的模型，柯布西耶于 1925 年提出了巴黎市中心的瓦赞方案 [Plan Voisin]。瓦赞是当时的一个法国汽车的品牌，柯布西耶认为只有汽车才能拯救城市，故而找到瓦赞公司并获得了资助，方案也由此冠名。这个小插曲让人更深刻地了解到汽车或许才是"现代城市"中真正的主角，不幸的是这一点恰恰将成为后现代主义对于"现代城市"的反思的核心内容。瓦赞规划选择了巴黎的市中心，塞纳河的北岸，与巴黎的历史轴线香榭丽舍大道仅一街之隔。规划方案将完全推倒现有的建筑，然后划分为东边的商业新区和西边的住宅新区，两个新区之间的地方则是布置在地下的中央车站。方案的中轴线是东西方向和香榭丽舍大道平行的城市交通主轴线，宽达 120 米，道路中央布置供汽车使用的快速交通高架路。商业区和住宅区都被巨大的格网分割，形成 400 米见方的街区。在商业新区内，

图28. "瓦赞方案"的模型
图29. "瓦赞方案"的图底关系

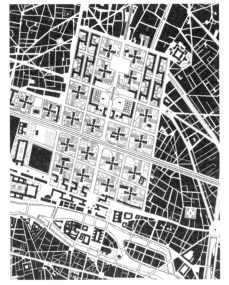

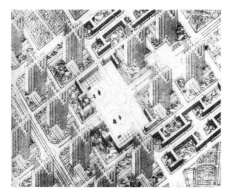

图30. "瓦赞方案"的中央区块轴测图

将有 18 个这样庞大的街区，而每个街区中央则是一幢十字平面的摩天大楼，这里将容纳 50 万～70 万人，将是整个法国乃至欧洲的商业中枢。商业新区被这样创造成"一个垂直的城市，这个城市将那些长久以来在地面被挤压的单元堆叠到远离地面的高空之中，沐浴阳光和空气" [注14]。而摩天大楼下方的公园在人们的视野中会联成一片，使得整个城市变成一个超大型的公园。

将巴黎最富历史意义的中央地带全部推平，从某种意义上说这样的规划方案已经超越规划自身，因为很难说这是柯布西耶对于巴黎的本意，不如说这更多地表明了柯布西耶对于"现代城市"的立场，那就是新的时代需要革命性的手段来颠覆旧有的、不合时宜的秩序。但巴黎的城市特点如此的悠久、完整而统一，几乎不能容纳任何相悖的秩序感的存在。所以瓦赞方案也时常被诟病为现代主义对于历史文脉的粗暴践踏。或许对此有所意识，在之后的城市规划设计中，柯布西耶更多地将当地的地理条件和历史文化方面的因素融合到规划方案当中。1932 年，柯布西耶到北非旅行，为当时法国在北非殖民地的行政首都阿尔及尔 [Algiers] 提交了欧必由方案 [Plan Obus]。这一次柯布西耶努力地将阿尔及尔的海港地貌和当地的传统文化的因素融入到未来城市发展当中。这个同样基于交通但形式独特的城市方案，即使放到现在来看，仍充满了未来感。方案包含了四部分内容：城市中心靠近水边的两幢板楼作为行政中心；在离开海岸一段距离的城市的山坡上是几条曲线形的公寓楼构成一个封闭性的中产阶层的居住社区；行政中心和居住社区之间以一条南北走向的快车道联系，快车道以高架的形式横跨在阿尔及尔的老城区卡斯巴 [Casbah] 上方，试图保持这个历史城区的完整而不受城市发展的侵扰；沿着城市向外发展的方向，是一条弯曲细长而又契合海岸线的居住交通综合体，这个延绵不绝的综合体内是一个个现代化的公寓，而且每个公寓都有着优美的海景，而综合体的顶部则是通向市中心的快速道路。

从瓦赞方案到欧必由方案，不管是单调一致的重复，还是具有异国情调的曲线，都被注入一种新时代的宏伟形式，看不到对于旧有秩序的一丝妥协。尽管柯布西耶对于现代主义城市的乌托邦式的憧憬在二十世纪六七十年代受到了相当多的指责，客观地说，在柯布西耶线条简洁的精美插图当中，他所勾画的"现代城市"令人心驰神往——"退层的建筑矗立在这个光辉城市，中间是公园和学校。电梯分布在一个合理的距离之间（在建筑内不需要走超过 100 米的距离）。车库就在电梯附近，和道路直接相连……公园内有游泳池。屋

图31. "欧必由方案"模型
图32. "欧必由方案"模型

图33. "欧必由方案"的居住交通综合体草图

顶花园连绵不绝，人们在上面可以进行日光浴。"[注15] 这个全新的城市蓝图没有多余的装饰，有的只是阳台、空气、绿地。

　　就城市规划来看，现代主义是个广泛的概念。尤其在城市街区的功能纯化方面，柯布西耶的现代城市幻想和田园城市理论并没有太大的不同。不管是分散理论还是集中密度，现代主义的要义即在于将居住、生产、商业等城市用途进行理性的分区切割，以此纯化城市功能并有效控制城市的发展。经过十多年对于现代主义城市的鼓吹，柯布西耶在其主导的国际现代建筑协会 [CIAM] 的 1933 年第四次会议上，正式提出了现代城市的规划所必须关注的四大功能领域：居住、工作、游憩、交通，这个纲领性的文件在十年后的 1943 年以《雅典宪章》的名义公诸于世。二战之后，在柯布西耶的声望的推动下，《雅典宪章》在很长一段时间内成为大量西方城市重建，乃至全球城市建设的指导原则。

现代主义新城
NEW TOWN OF MODERNISM

米尔顿凯恩斯
MILTON KEYNES

二战之后，城市分散主义的理论和现代主义的功能性规划紧密地联系在一起。欧美各地兴起了相应的新城建设和郊区化的城市发展方向。英国、美国、苏联等国家都积极推进卫星城市的建设。战后的卫星城逐渐开始摆脱和中心城市的联系，距离越来越远，规模越来越大，逐渐成为一些区域中心。1946 年，英国议会通过了"新城法规"[New Town Act]，授予政府指定某些地区发展新城的权利，新城的建设主导权也允许被让渡给地区发展公司。在人口密集但受战争破坏较大需要重建的地区，新城正好以卫星城镇的形式分流中心城市的人口。之后的新城建设距离中心城市较远，具有更高的独立性，拥有自己的工业和齐全的公共配套设施，基本上已经不需要依赖中心城市。

伦敦西北大约 70 公里的米尔顿凯恩斯 [Milton Keynes] 于 1967 年成立发展公司，开始城市的规划设计，城市以原先的村庄名字命名。新城距离伦敦、伯明翰等主要城市的距离大致相当，从距离而言已经脱离卫星城的概念，其用意是试图发展一个新的自给自足的区域中心以满足该区域的城市需求并分流大城市的人口。新城的发展公司试图竭力避免初期卫星城镇发展的失误，希望能重新实现田园城市的理想。因为新城所规划的人口规模较大，所以城市在大格网的规划基础上采用了平行发展的模式，而不是传统英国城镇的由内向外的扩张模式。大格网的间距为 1 公里，其所分割的居住区也就是 1 平方公里。这类大网格的布局

图 34. 米尔顿凯恩斯的鸟瞰意象图
图 35. 米尔顿凯恩斯的鸟瞰实景图

显然受到了较深的美国郊区的现代主义城市规划的影响。格网方案是美国城市的主要特点，也是重新分配土地的一种有效方式。随着美国城市郊区生活区的发展，邻里单位的概念也在郊区规划当中逐渐占据主导地位。为了不影响交通干道的行驶速度，以邻里单位为基本单元的道路格网远远大于市中心的道路格网，以此减少十字路口的数量。米尔顿凯恩斯的这些大规模的居住区拥有自己的包含小型商业功能在内的街区中心，所以每个居住区相对独立而自成一体。这种规划方式使得城市的市中心不再需要建设传统的市政中心，而代之以集中的城市商贸区作为街区中心的补充。新城除了提供居住功能之外，公共服务和文化设施一应俱全，甚至还有大学。另外，城市当中也规划了大量的景观绿地。发展到今天，米尔顿凯恩斯的人口规模已经达到当年的规划预计，是英国新城建设的典型范例。

巴西利亚
BRASILIA

　　现代主义城市由于其无视历史的特质，最有可能实现的地方当然是某个不需背负太多历史责任感的新兴国家。南美洲为现代主义提供了良好的土壤，在现代主义盛行的年代，这个大陆不乏代表性的现代主义建筑，而巴西首都巴西利亚 [Brasilia] 或许是最为接近柯布西耶城市理想的现代主义城市。

　　作为一个幅员辽阔的国家，巴西人一直有着将首都从沿海的里约热内卢迁到内陆地区的想法。出于多种目的，巴西政府最终在二十世纪五十年代决定在内陆地区兴建一个新首都，以便于将经济发展辐射到内陆地区，并提升巴西的国家形象。1956 年，新首都巴西利亚的建设委员会成立，其中的建筑和城市发展部门由深受柯布西耶影响的现代主义建筑师奥斯卡·尼迈耶 [Oscar Niemeyer] 主导。第二年，同样信奉现代主义的城市规划师卢西奥·科斯塔 [Lúcio Costa] 所设计的方案在新首都的城市规划竞赛中胜出。这个方案后来被称为"飞行员方案" [Pilot Plan]，整个方案的平面布局就像是一架飞机，或是展翅的大鸟。因为当时的总统希望在其任期结束前为新首都揭幕，所以巴西利亚的建设以难以想象的高速度进行，用了不到四年的时间，一座新的宏伟城市在巴西中部的高原上从无到有地矗立起来。

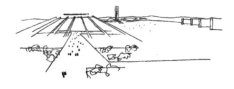

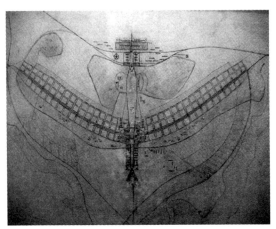

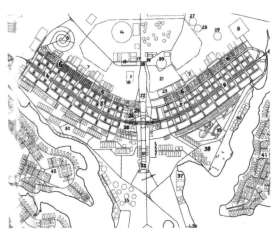

图36. 尼迈耶的巴西利亚草图，左侧为国家教堂，右侧为政府办公楼，远处为三权广场。

图37. 科斯塔的"飞行员方案"规划原图
图38. 科斯塔的"飞行员方案"规划总图

图39. 巴西利亚卫星图

新首都被城市东面巨大的人工湖帕拉诺瓦湖 [Paranoá Lake] 半环绕着，人工湖的面积达到近 50 平方公里，和城市的展开方向一致，所以从城市的行政中心和居民区都能方便地到达湖滨。在功能分区的基础上，科斯塔的方案布局由丨字交叉的两条主要干线构成，其中南北轴线的干线被弯曲成弓形以适合新首都的地形，由此形成飞机一样的平面布局。城市的主轴线是东西向的贯穿整个城市的大草坪，这个国家的行政中心到城市的主要公共设施都布置在这条轴线上，是与华盛顿大草坪类似的国家级纪念轴线。轴线的东端是整个国家的行政中心——由尼迈耶设计的三权广场 [Praça dos Três Poderes]。广场的中心是议会大厦，有一幢两块板楼合在一起的议员办公用高楼和议员开会使用的裙楼组成，裙楼屋顶的两侧上方分别是一个向下覆盖的穹顶和一个向上开口的"碗"，代表参议院和众议院。议会大厦的后面，在轴线的两侧是尼迈耶的经典之作最高法院和总统府，两个建筑造型相似都极其优美，以现代主义的语言重新演绎了古代神庙的形式，外缘的柱子被设计成边缘曲线形的三角板，越向上越纤细，撑起一片出挑深远的白色水平屋顶。三权广场前面草坪的两侧是排列整齐的十几幢火柴盒式的现代主义大楼，由政府各部门使用。沿着纪念轴线继续向西，两侧分别是国家教堂、国家博物馆、国家图书馆、国家大剧院。越过南北轴线，远处矗立着电视塔和东端的三权广场遥遥相对。

图40. 巴西利亚城市中轴线（1960s）

南北向的弓形轴线是由中央的大片绿地和宽阔的快速车道组成的城市交通主干线，中产阶层的居住区和居住配套的中小学、医院、商场等建筑主要布置在这条弓形轴线所形成的两翼。两翼靠近东西轴线的地方是城市的中央商业区，城市的主要服务功能集中在这里，但也被划分成功能明确的区块，如文化、商业、银行、旅馆、医院、广电等等。南北两翼各向南北两端延伸，则是连绵不绝的正方形的居住组团。这些居住组团被称为"超级区块"[superquadra]，每个区块的大小约为 280 米 x280 米，区块内布置的是 10 幢左右清一色的六层楼高的长条板楼，大致地将区块围合成封闭的社区，略微的不同只在于通过这些板楼的长度、间距、朝向对平面布局进行了一些构成处理。"超级区块"的容积率不算高，在

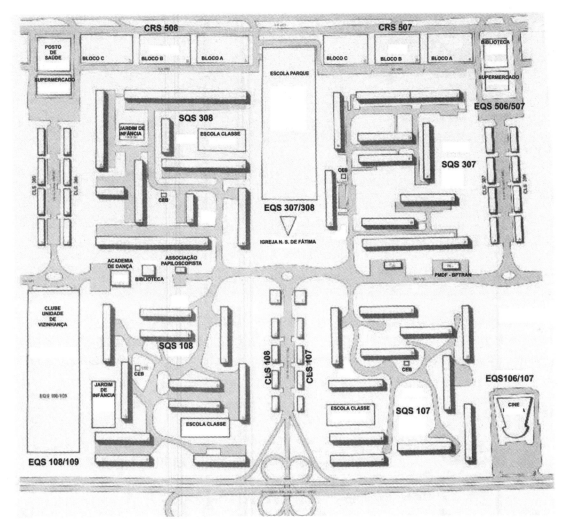

图41. 超级区块SQS308、307、108、107的总平面图
图42. 超级区块SQS308卫星图

1.1 左右，所以区块内有着大片的树林和绿地，居民住宅的一楼也有意地被挑空，让地面景观得以流通。每个"超级区块"配建有自己的商场、中小学、儿童游戏场，试图在社区内部即能满足居民的基本生活需求。

《雅典宪章》的要义在巴西利亚的城市规划中得到了充分的体现：明确的分区、成片的绿地、有层级的交通体系。现代主义城市规划的理性思维在城市道路和住宅区的命名中可见一斑。城市中所有的道路以东西南北加上数字编号命名，如"南1路"代表和东西轴线平行的其南侧的第一条街道。每个"超级区块"以同样的方式命名，如"SQS111"，前两个字母是"超级区块"的缩写，第三个字母代表区块所处的南翼，最后三个数字代表它在南翼的顺序。

作为现代主义城市规划的最重要代表，巴西利亚自然也遭到了众多反对现代主义城市的批评家的攻击。当看到超人尺度的城市中轴线，尤其在城市发展的初期尚有不少建筑未

图43. 超级区块组成的城市居住区鸟瞰

落成之时，批评家普遍认为城市的尺度过于空旷，但他们可能忽略了南北翼的"超级区块"对于中轴线的超人尺度的调和。更何况这是代表巴西的国家轴线，而非普通的城市轴线，超人的尺度似乎也无可厚非。更多的批评认为巴西利亚的规划使得城市缺乏欧洲城市那样的社会活动，但他们可能错误地将巴黎的街头咖啡等同于日常的居住生活。从居住角度来看，"超级区块"的人口密度和大片绿地有力地保障了区块中丰富的日常居住活动。从对"超级区块"的居民调查来看，令居民们最为满意的就是"这里舒适而安静的生活"和"便捷的地段和邻居之间的社交纽带"。[注16]

第十一章

CHAPTER 11

后现代的反思

REFLECTION OF POST-MODERNISM

I AM FOR MESSY VITALITY OVER OBVIOUS UNITY.

我支持乱糟糟的活力胜过一目了然的一致。

-- Robert Venturi, "Complexity and Contradiction in Architecture"

第二次世界大战给欧洲许多城市带来了毁灭性的打击。伦敦和柏林这样的大都市因为轰炸而满目疮痍，而像英国的考文垂和德国的德累斯顿这样的中小城市，在战争期间的大轰炸之后基本上就如同被从地图上抹掉一般。战争结束之后，西方社会迅速地投入到重建工作。城市建设是其中最重要的一项工作，而首要任务又是以最快的速度兴建大量的住宅和厂房，为因战争而流离失所的人们提供居住和工作机会。现代主义城市规划的理性思维契合了这一社会趋势，为战后欧洲的城市重建起到了不可替代的作用。在强调城市功能的基础上，研究现代主义城市规划的学者又进一步引入系统性的概念和数理性的分析方法，使得城市规划和设计显得更加具有分析性和说服力。二战之后，现代主义城市规划在全球得到了广泛的传播和发展。

二战之后欧美社会经历了一段较长的经济繁荣期。尤其是美国经济在两次世界大战中都获益匪浅，社会财富大量增加，国内形成了庞大的中产阶级。汽车工业的蓬勃发展和对中东石油的控制使得汽车在美国加速普及到大众阶层。1956年，美国国会通过了《联邦资助公路法案》[The Federal-Aid Highway Act]，之后覆盖全国的高速公路网逐渐形成。这些因素都加剧了很早就存在于美国社会的郊区化居住的倾向。原先因为交通等限制而属于富人领地的郊区生活，逐渐成为美国梦的具体表现。对于战后的中产阶级而言，只要努力工作，这样的美国梦——在美丽的郊区拥有一栋独立的花园住宅，车库里又停着两辆车供夫妻使用——是触手可及的现实。

图1. 美国的大型购物中心，被面积巨大的停车场环绕，且靠近主要的高速公路。
图2. 美国带状商业区的商业服务设施

大多数美国城市所采用的格网道路尤其适合现代主义的城市规划，加上汽车的真正普及，城市分散理论和现代主义规划紧密地缠绕在一起，引导和推动了战后美国城市的发展进程。随着人口向郊区的外迁，大城市的市中心人口大量流失，白天人流穿梭的街道到了晚上就空无一人，或是被流浪汉所占据。中产阶级基本生活在大都市的郊区，每天驾车在高速公路上通勤一个多小时是家常便饭。当不同方向的高速公路汇集到市区时，由于密度和上下匝道的骤然增多，显得格外的纵横交错，与原先的城市街区之间产生了大量的没有太多使用价值的空间，成为城市中的"失落空间"。而此时的郊区已不再是功能单一的卧城，便宜的郊区土地和州际公路网的快速发展也吸引了工商业的全面外迁，起码在生活方面郊区已经完全不需要再依赖中心城区。郊区的情景更是体现了汽车作为核心的规划理念，一些新型的建筑形式出现在郊区：如地区性的大规模购物中心 [shopping mall]，往往是一组独立的、巨大的、没有太多立面装饰的方盒子建筑，以面积巨大的露天停车场环绕；又比如带状商业区 [strip mall]，小型超市、餐馆、商业机构沿着主要交通干道布置，当然这些商业服务设施和道路之间是带状的停车场而非城市当中的人行道。对于建立在汽车交通基础之上的这些郊区，传统的街道是个不存在的概念，美国郊区的日常生活建立在住宅到购物中心的点对点的直接联系之上，形成了一种与传统城市完全不同的、只有目的地而缺乏过程和交流的生活方式。

在市中心地区，西方城市在二十世纪五十年代也广泛开展了政府资助的城市更新计划。这些城市更新计划往往以大规模的现代主义城市规划为特征，其实施给城市景观带来了永久性的转变。"规划"这个和"现代主义"一起流行起来的词汇，其词汇自身就揭示了这类转变的特质，那就是一种蓝图式的转变。因为蓝图才是规划师们的工作对象，而不是真实的城市，现代主义城市事实上不过是以一种机械运转的方式将蓝图投射到现实当中的结果，而且这个过程往往要求精确而不允许有什么人为的情感因素或是偶发因素的干扰，即使有也会被立即修正。现代主义城市对蓝图的精确映射将原先城市的那种复杂的阅读性剥离了出去，带来的是场所感的消逝。这种场所感和领地感的缺乏激发了现代主义城市发展过程当中的一个副产品——对于往日世界的强烈的怀旧情绪。

二十世纪六十年代，欧美国家的各种社会运动风起云涌。在美国，相继爆发民权运动、反战运动、女权运动，这些运动互为呼应，汇聚成一股洪流在思想文化领域公开地反叛和挑战西方所谓的正统价值，给战后美国社会主流文化带来了一次大规模的冲击。在欧洲大陆，法国学生运动的爆发同样给法国思想界带来了巨大的震动，进而带动整个欧洲乃至全球开始急切地反思战后的由理性和整体所主导的思想秩序，开始更多地转向对于人本的关注。

在这样一个社会大背景之下，城市设计领域的西方学者开始怀疑现代主义的那种宏大的叙事性，开始以一种后现代的态度反思并试图解构现代性。西方社会对于城市的普遍看法迅速地从理性启蒙的立场转向一种浪漫主义的人本立场。

西方文明在欧洲发展了几千年，那些历史悠久的欧洲城市并不是可以轻易地被战争或是运动湮没的。当抹掉世界大战的烟灰之后，那些优美的城市和建筑犹如被擦干净的珍珠仍旧熠熠发光。如同古罗马文化历经上千年的中世纪之后又借助文艺复兴重新闪耀一样，欧洲城市的文脉根植于传统之中而不见枯萎。事实上，现代主义的城市思想在欧洲城市并非横冲直撞，而是一直受到了谨慎的审视。

二十世纪六十年代，在索绪尔 [Saussure] 的语言学研究的基础上，李维 - 斯特劳斯 [Claude Levi-Strauss] 发表了确立结构主义 [structuralism] 思潮的一系列研究原始部落神话学的著作。他以结构语言学的符号学方法分析神话，这种语言分析揭示出原始部落的神话所构成的整体具有一定的形式结构，而且这个结构表现出同构性。他认为，一切神话都源自个人的创造，并且经过历代人的口头传播而最终形成。但是神话经过若干代的从传播者到接受者的传递过程当中，任何由创造者或某个中间传播者所赋予这个神话的具有其个人特质的经验和想象的因素都会被逐渐清除，而只有基于所有传播者共同知觉基础上的集体所需的结构层次才能得以保持稳定的传递，最终形成一个被部落共同体所采纳的神话。在李维看来，神话的形成说明其作为一种文本结构是属于无名氏的创作文本，是一种集体无意识的产物。在结构主义者的视野之中，任何现象背后都隐藏着一种超乎社会和时空范畴的无意识结构。

结构主义思潮对于建筑和城市的最大影响是通过类型学 [typology] 和形态学 [morphology] 来表达的。与结构主义对于神话的深层结构的研究类似，类型学对于建筑和城市的解释来源于建筑和城市自身的结构，而不需要借助外在的因素来说明建筑和城市的发展规律。同时类型学认为建筑和城市的这种内在结构是能够被形式化的，但是决定这种类型的是人类的基本生活方式，形式只有与人类的生活方式相结合才能形成有效的类型。类型学试图揭示隐藏在建筑和城市之后的形式与人类心理经验之间的逻辑结构。在城市领域，类型学并不是一种具体的设计手段，更多的是一种认知和思考城市的方法。

新理性主义
NEO-RATIONALISM

阿尔多·罗西 [Aldo Rossi] 是战后欧洲倡导使用类型学研究建筑和城市的最重要学者。在其 1966 年出版的《城市建筑》[L'architettura della Città] 一书中，将城市中的类型定义为"某种永久和复杂的事物，一种先于形式且构成形式的逻辑原则。"[注1] 罗西将城市视为一个结构，而通过类型学的分析，城市自身就足以来表现和揭示这个结构。所以，类型学的这类逻辑原则是永恒的，罗西将这类原则称为"类型元素"，或简称为"类型"[type]。对于现代主义城市的功能主义导向，罗西认为功能的产生和湮灭并不能影响到某个人造物存在的意义。在类型学的视野中，"形式追随功能"这句格言是彻底失效的。"在现实中，经常发生的是我们会保持对一些随着时间推移而丧失功能的元素的喜爱，而这些人造物的价值通常只存在于它们的形式当中，这个形式是城市的总体形式的组成部分；也可以这样说，是总体形式的一个常量。"[注2] 罗西通过对十九世纪建筑理论家昆西 [Quatremère de Quincy] 的引述，对于"模型"[model] 和"类型"进行了辨析。"模型"是精确的且可以被照样复制的；而"类型"是具有模糊性的，是不能被照样复制的，对于类型的模仿需要情感和精神的注入。所以通过类型学来理解城市这一复杂结构的最好线索是记忆。罗西认为城市中已经发生的和正在发生的事件都给城市留下了某种印记，城市的历史就蕴含在城市自身的这个容器之中，所以"城市是集合记忆的场所"[注3]。

图3. 罗西肖像

对于罗西而言，城市作为一个承载记忆和历史的载体，不再是从现代主义概念出发的、二元对立的、与观察者有着一定距离的客观现实，而是一个基于记忆的心理学层面的现实世界。对于这个观察的转变，罗西认为最好的方式是采用"类推"[analogy] 的设计方式，在类推过程中，类推性的场所可以从历史城市中抽象而来。类推的设计意味着借鉴历史场所和建筑的形式而不需要理会其形式的意义，因为这些意义已经随着时间变化了。罗西意图以类比城市的概念改变实际的城市，但是类比的场所如同幻想出来的现代主义的场所一样也是一种并不真实存在的场所。彼得·埃森曼 [Peter Eisenman] 认为罗西所建议的类比物包含了两种转变——"场所的错置"和"尺度的消融"[注4]，"这个类比过程，当被应用到真实的城市地理当中时，将扮演一个具有腐蚀性的代理人的角色。"[注5] 尽管并没能和现代主义一样提出某种城市发展的新模式，甚至也没能精确地阐述心理环境的存在，但是罗西的类型学城市观标志着战后思潮中的一次最重要的反转，代表了欧洲的新理性主义城市思潮的崛起。

历史主义
HISTORICISM

与现代主义的大踏步向前相反，新理性主义试图回溯历史，从历史形式当中借鉴，这点在历史悠久的欧洲显然绝不缺乏拥趸。其中罗伯·克里尔 [Rob Krier] 和莱昂·克里尔 [Léon Krier] 两兄弟是反对以功能单纯分区为特征的现代主义规划的先锋，莱昂·克里尔认为"现代主义的分区规划导致了公共建筑和私有的建筑被随意地布局。分区规划的不自然和对空间的浪费毁掉了我们的城市。"[注6] 他们在建筑类型学与城市形态学的基础上，对于欧洲城市作了更为具体的图示化语言的分析，以期将街道、拱廊、广场、庭院——这些城市的基本类型元素抽象出来，以重新形成一个可以被清晰阅读的城市结构的文本，以此来医治病态的现代主义城市空间。

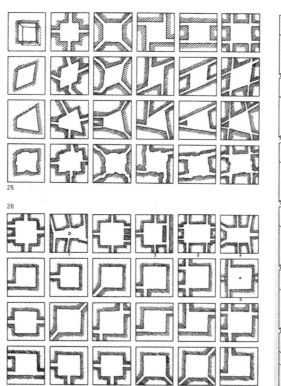

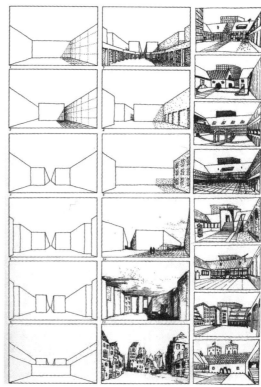

图4. 罗伯·克里尔对于城市空间的平面形态学变化逻辑的研究

图5. 罗伯·克里尔对于城市空间的几何形态学变化的研究

图6. 罗伯·克里尔对于城市空间的围合形态学变化的研究

罗伯·克里尔认为街道和广场是构成城市空间的主要元素，而"了解所有能想到的城市空间的类型和公共空间的各种可能的立面设计，是必要的先决条件"。[注7] 所以他在其著作《城市空间》[Stadtraum] 一书中，巨细靡遗地从空间平面、建筑剖面、建筑立面对西方城镇的空间构成进行了详尽的分析。他以平面为例，从方、圆、三角这样的基本几何原型出发，通过不同变量的改造，如变形（旋转、切割、加减、合并、重叠、扭曲）、规则度（规则或不规则）、围合方式（围合或开放），几乎可以得出无数种城市空间的平面类型。而建筑的不同剖面和立面对于塑造所围合的城市空间也非常重要。"简单的没有空间悬念的格网规划也可以通过采用优美的建筑立面而转变成一个有意义的建筑事件。"[注8]

莱昂·克里尔在其兄长对于城市空间的类型学和形态学分析的基础上，提出了重建"欧洲城市"，这个"欧洲城市"的模型指向的是前工业时代的欧洲城市，是假设去掉了机械动力运输方式的功能混杂的城市。他认为巴黎就是一个运转良好的前工业时代城市的范例，其对于前工业时代的城市功能多样性的保留使得它有着极强的适应性，而这是现代主义城市所缺乏的。而类似英国的米尔顿凯恩斯这样的新城，不可能在经济危机或任何危机中幸存，因为这类新城只不过是一个作为计划性社会发展项目的产物而形成的，而一旦这个支撑它的计划性社会发展模型坍塌，那么城市将随之崩溃。由此，莱昂·克里尔认为只有前工业时代的城市元素才是能保持城市永恒的秘药。现代城市需要从那些优美的前工业时代的城市元素中吸收比例和尺度等形态学的关键因子，同时也要尽可能地沿袭传统建筑材料和建造方式的使用以避免工业化带来的变异。

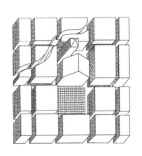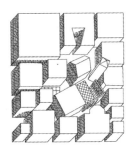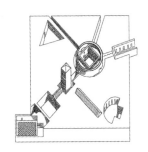

图7. 莱昂·克里尔总结的四种城市空间形式：建筑体块被街道和广场决定；街道和广场被建筑体块所决定；街道和广场形成某种形式；现代城市分区规划导致的建筑体块的随意布局。他认为前三种是可以被类型学归类的，而第四种则毁掉了传统的城市。

　　以克里尔兄弟为代表的欧洲建筑师对于历史主义的重新认识逐渐演变成欧洲城市的历史重建运动，这个运动试图从整体结构和历史文化角度入手对城市的历史性中心进行保护或重建，以使之成为对抗现代主义生活方式的大众生活新的理想模型。欧洲城市的历史重建运动在不同地方也有不同的侧重，在古典主义的历史传承和地域色彩浓重的南部欧洲国家——如意大利和西班牙，对于历史的类型学回溯倾向于直接转化为古典形式语言的再利用，如城市建筑的古典复兴、城市空间的巴洛克式的串联手法，形成了一种新古典主义的城市设计手法。而在法国，柯布西耶的影响和传统上对于社会问题的关注，使得现代主义仍是城市发展的一个重要切入点。新理性主义和现代主义，包括其他后现代的城市理论交织在一起，赋予了法国人保护工业化之前的城市脉络和保持城市现代化并重的城市观。总体来看，欧洲的历史土壤提供从新理性运动到历史主义的后现代城市思潮，对于历史主义的拥抱有效地阻止了现代主义对于欧洲城市尤其是市中心的侵蚀，保护了欧洲城市的历史文化。

对照于欧洲大陆的以结构主义主导的后现代城市思潮，英国和北美或许受到更多这个区域占主导地位的分析哲学的影响，而采取了更为实用主义的立场。尤其是在北美，城市普遍年轻，而且大都按照格网的规划发展而来，欧洲城市那种带有强烈历史传承印记的类型学和形态学研究在北美的城市没有太多用武之地。英美学者同样看到现代主义的单一化对于城市的负面影响，但是对于现代主义的反思也显得更为多元，很难以某种主导性的思潮来进行概括。

二战后的英国进行了大量的城市重建和新建项目，这其中既包括了大伦敦这样的中心城市的规划建设，也有一些如米尔顿凯恩斯这样的新城。但是在英国社会，传统的画意派 [picturesque] 和十九世纪工艺美术运动所蕴含的回归田园的浪漫主义倾向对英国人的城市观有着持续的影响。不管是现代主义还是田园城市，人为的、具有规则性的规划普遍被认为是缺乏城市性的。对于英国人而言，城市性意味着某种视觉上的复杂性和人际间的交互，而这种城市性是很难在一种规则的布局当中被催生出来的。在学术界的持续讨论中，二十世纪五六十年代英国兴起了城镇景观运动 [Townscape Movement]，这场运动既是对现代主义、也是对田园城市理论的挑战，或是对任何忽略文脉的、僵硬的规划的挑战。戈登·卡伦 [Gordon Cullen] 是这个运动的主要鼓吹者，并在 1961 年出版《城镇景观运动》[Townscape] 一书对这个运动进行了归纳总结。他认为对于城市的最直接感受就是每个人的眼睛，不管城市采用什么形式，人的视觉感受是最终的判断标准。所以，人们身处的城市环境就是城市建设的要点所在。但是他认为现代主义所产生的城市环境显然并无吸引人之处。"事实上，与存在着建筑的艺术一样，也存在着关系的艺术。关系的目的是整合所有创造环境的因素：建筑、树木、自然、水景、交通、广告等等，将它们以一种能产生戏剧感的方式编织起来。因为城市就是在环境当中的一个戏剧性事件。"[注9] 与现代主义对于场所文脉的漠视相反，城镇景观运动试图建立建筑和周围所有一切事物的联系。对于个人身处某个城市环境时所产生的情感反应，卡伦认为需要理解三个要素：其一是视觉是否形成序列，其二是对于所处场地的感受，其三是城市的内容和肌理。城镇景观运动继承了"视觉规划"[visual planning] 和"外部修饰"[exterior furnishing] 的概念，发展了综合性的城市设计理念。该运动强调场地的特殊性，对于历史建筑和城市肌理采取容纳和保护的立场，以综合、妥协的手段来完成强调透视法则的整体环境设计。所以城镇景观运动也就产生了许多不规则和不对称的、不追求平面形式的建筑布局和城市规划方案。城镇景观运动追求视觉体验，但是与宏伟的巴洛克恰恰相反，它是朴素的，它只是希望在环境中创造一种和谐的关系，使得环境中的任何元素都能恰如其分地找到位置并进行某种对话，不管是一栋历史建筑，还是一张休息座椅。如卡伦所述，"我并不是在讨论那些绝对的价值，如美丽、完备、艺术，或者是道德。我是在试图描述一个（元素之间）可以畅快聊天的环境，让平凡的事物可以互相对话。"[注10]

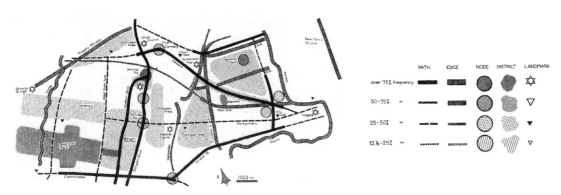

图8. 林奇以其城市的五要素所绘的新泽西城的意象地图

　　英国学术界在二十世纪五十年代发表的大量宣传城镇景观运动的论文在大洋彼岸的美国也引起了广泛的关注。面对现代城市和现代社会所产生的困惑和恐惧，美国社会希望通过对城市的重新人文化来舒缓这种心理不适。城镇景观运动对于个体和环境之间关系的关照带动了在心理学层面对于城市阅读体验的研究。凯文·林奇 [Kevin Lynch] 显然受此趋势的影响，在其 1960 年出版的著作《城市意象》[The Image of the City] 中提出城市环境景观是否能被清晰地阅读——也即城市的可读性 [legibility]，或是可意象性 [imageability]——是城市的重要特性。"随着时间推移，这样一个具有可意象性的城市应该是一个可以被读懂的城市，可以被看作是一个具有高度连续性、许多独特的部分互相清晰地联系在一起的模式。"[注11]林奇将城市的那些独特的元素归纳为道路 [paths]、边界 [edges]、区域 [districts]、节点 [nodes]、地标 [landmarks] 五大要素，通过这五大要素希望构建城市意象的结构，并以此为新建的城市构造一个可意象的景观。从城镇景观运动到意象城市，城市被认为是一个具有整体性的结构，这个整体性包含影响主体感知环境的诸多因素，而不是简单的某个仅仅具有空间逻辑关系的现代主义建筑群的总图。克里斯托弗·亚历山大 [Christopher Alexander] 认为城市发展的至上法则是"每一个新增的建设项目必须以健全城市的方式实现。在这句话中'健全'这个词必须从传统的意义理解为'创造整体性'"。[注12] 这个法则换个角度看，也即一个健全的城市必须建立在局部健全的基础之上，这个局部可以是一个形态、一片区域，也可以是一种功能，而这个局部的健全当然是需要能被清晰阅读的。

图9. 雅各布斯肖像

　　在关于健全城市的讨论中，现代主义显然被认为是一种偏颇的理想形态。以汽车为发展基础的美国城市再自然不过地拥抱了城市的分散理论和现代主义的分区规划。在大量美国人实现美国梦过上郊区别墅生活的同时，美国社会发现这也并不意味着就能直接导向高质量的社区生活。大量原先富有生命力的社区在经过规划部门、银行、开发商合力进行的现代主义的街区更替之后反而面临着衰败。简·雅各布斯 [Jane Jacobs] 是最早发现并研究这一城市问题的美国学者之一。在其 1961 年出版的著作《美国大城市的死与生》[The Death and Life of Great American Cities] 中，她发现被现代主义规划所忽视的人行道才是城市活力的所在，人行道提供了城市生活的安全、交往和儿童的社会同化。以安全问题为例，传统城市中的人流密集的人行道之所以能为城市提供一个安全的环境，因为行人不仅是被动的安全受益者，也是维护安全的积极参与者，足够多的行人眼睛的监视就意味着街道的安全。雅各布斯进一步认为城市的多样性是自然生成的，那些看似系统的、首先将城市功能进行分门别类的分析再将结果拼合起来的规划，是犹如盲人摸象般的做法。她认为城市规划的最重要问题是"城市如何能在不同用途之间制造足够的混合——即足够的多样性——在遍及这些用途的地区，以支撑城市的文明？"[注13]对于城市多样性的产生，雅各布斯提出了四个必要条件：主要用途的混合、较短的街道、老建筑的保留和使用、高密度的人流。雅各布斯这些研究的本质是在呼吁重新塑造具有意义的城市空间，因为只有被赋予了社会学功能和象征性意义的城市空间才能如其书名将美国大城市从衰亡之中拯救出来。

对于后现代主义关于城市多样性的讨论随着罗伯特·文丘里 [Robert Venturi] 的出现达到顶峰。从建筑的角度出发，文丘里明确反对现代主义者的纯粹、一致、秩序的立场，他宣告"我同时拥抱复杂性和矛盾性，我的目的是要正当且有活力……我支持乱糟糟的活力胜过一目了然的一致。"[注14]对于建筑在环境中的作用，他同样认可整体性是凌驾一切的准则。"具有复杂性和矛盾性的建筑对于整体性的达成具有特殊的责任：它的真实意义在于它的总体性或它对于总体性的暗示。它必须体现因兼容而导致的困难的统一，而不是因排他而导致的简单的统一。"[注15]

图10. 文丘里关于建筑和标志的两种研究：小建筑和大标志，建筑物本身作为标志。

就城市而言，文丘里在充斥着现代主义的美国城市中找到了一个另类——拉斯韦加斯 [Las Vegas]。在最不适宜也几乎不可能建立城市、甚至是人类聚居地的沙漠之上，拉斯韦加斯成为二十世纪建立的美国城市当中人口最多的城市。这个荣誉在十九世纪属于芝加哥，美国在工业时代的发展成就了芝加哥和它的高楼。而拉斯韦加斯则见证了消费时代的来临，不同的时代对于城市有着不同的需求。现代主义从某种层面来看是属于工业时代的，是属于某个怀有英雄主义或救世主情结的精英阶层的产物。而在消费时代，对于城市的影响力转向普罗大众，直接的、快速的视觉体验成为决定城市空间的关键因素。在对拉斯韦加斯的研究中，文丘里将其对于建筑的复杂性和矛盾性的研究引申到城市之中。拉斯韦加斯的精华浓缩在一条叫作"商业带" [strip] 的大道上。全球客房数排名前三十位的宾馆超过一半集中在这条 6 公里左右长度的商业带上。车开在这条大道上，进入视线的不是建筑，而是各种图像符号。与刻板单一的国际主义风格城市相比，拉斯韦加斯的这些由图像符号构成的城市意象是杂乱的。从金字塔到威尼斯、从埃菲尔铁塔到纽约、从阿拉伯神话到星际空间站，人类文明中具有标志意义的图像符号，不管是真实的还是科幻的，都被毫不犹豫地拿来妆点这个城市。因为赌场的巨大尺度，所以即使相邻的赌场之间也是非要开车才能到达的。为了吸引驾驶者的视线，除了那些具象化的巨大建筑，每个赌场都垂直于街道布置着高高耸立的巨大的标牌和霓虹。文丘里认为，这些图像符号之于它们后面的赌场饭店或是汽车旅馆，如同穹顶之于罗马的大教堂，主要的目的是为了让其所附属的建筑在城市中占据主导地位。而在消费时代的社会里，为了达到这个目的，图像符号显然是最为直接和经济的方式。当一个巨大的标牌、霓虹，或是某个模仿历史标志物的建筑就能吸引人前来的话，谁还需要花费巨大的人力和金钱去营造某个纪念性意义的空间序列呢？在后现代的城市空间当中，以图像符号为载体的信息交流已经超越空间形式的重要性。

当现代主义事实上已经成为城市多样性的一部分，而且也恰恰代表着矛盾性的其中一极，如何面对这个真实的城市成为现代主义批判的一个绕不过去的门槛。欧洲的历史主义或是复古对于美国城市而言或许是另外一个形式的乌托邦。改进而非改造城市，是后现代主义根本区别于现代主义的态度。柯林·罗 [Colin Rowe] 在其 1978 年出版的著作《拼贴城市》[Collage City] 中提出"拼贴"的概念，建议城市的不同元素可以被拼贴到一个连贯的整体当中。"拼贴的方法，这个实体被引入或被诱出于文脉之外的方法，在目前看来是处理乌托邦和传统的唯一办法；被引入社会性拼贴的那些建筑实体的根源则并不重要。"[注16] 这样的拼贴既不排斥城市已发生的过去，也不排斥某种理想的将来，它包含城市发展的两极，包含乌托邦和反乌托邦。拼贴对于环境的历史和文化、建筑的形式和材料的广泛而敏感的认知要求促成了文脉主义 [contextualism] 的形成：承认周围建筑的形式上的象征意义或是使用上的功能性，不是也没有必要模仿过去，而是通过文脉的理解重新建构城市。

后现代主义是个广泛的思潮，很难做到完整的论述。在对现代主义批判的过程中，由于出发点的差异，不同的思想甚至经常互相抵触，但这或许就是后现代主义本该就有的某种复杂性和矛盾性的体现。总体来讲，由于所针对的现代主义的那种呈现出某种理想化的空间形态上的专制，后现代主义普遍落脚在人本的立场，不管是通过回溯历史，还是借助整体性。

在看待现代主义和后现代主义时，就如同文丘里在《向拉斯韦加斯学习》[Learning from Las Vegas] 的序言中所提到的，尽管批判了现代主义建筑，但是现代主义的初期仍然令人敬佩。那种彻底的革命或许现在看来已经有些陈旧，但远比一些夸夸其谈的象征意义方面的讨论要来得深刻。只是当现代主义所针对的一些问题逐渐消失之后，它自身的一些副作用开始显现出来，而这也正是后现代主义思潮所诟病的。但是由于后现代主义思潮反对普遍性准则的倾向，注定其很难提出一个明确的操作原则，如同前卫艺术一旦脱离思想成为现实就很难再称其为前卫一样。在美国这样的新兴城市集中的国家，还是以拉斯韦加斯为例，我们可以自问这样一个问题：除却那些图像符号，这个城市和那些巨大的赌场宾馆代表了现代主义还是后现代主义？如果能够剥离一切标牌、霓虹、模仿的历史性标志物，即使存在类似金字塔的四棱锥体的建筑，这样一个格网布局的、沿着街道是一个个被停车场围绕的大型建筑的城市很难说它不是现代主义的。由此，我们或许可以认为后现代主义在某种程度上就是依附于现代主义的，当然后现代主义着力修正现代主义的尝试也赋予了现代主义更为广泛的涵义和活力。

参考书目

REFERENCE

书目：

1, The City in History: Its Origins, Its Transformations, and Its Prospects
by Lewis Mumford
Harcourt, Brace & World, 1961
ISBN-10: 0156180359; ISBN-13: 978-0156180351
2, The Culture of Cities
by Lewis Mumford
Mariner Books, 1970
ISBN-10: 0156233010; ISBN-13: 978-0156233019
3, Town Planning in Practice
by Raymond Unwin
The Bresbam Press, 1909
4, Genius Loci, Towards a Phenomenology of Architecture
by Christian Norberg-Schulz
Rizzoli, 1991
ISBN-10: 0847802876; ISBN-13: 978-0847802876
5, Ten Books on Architecture
by Vitruvius Pollio, translated by Morris Hicky Morgan
Harvard University Press, 1914
6, Camillo Sitte: The Birth of Modern City Planning
by George R. Collins and Christiane Crasemann Collins
Dover Publications, Inc., 2006
ISBN-10: 0486451186; ISBN-13: 978-0486451183

Chapter 1
1, Ancient Cities of the Indus Valley Civilization
by Jonathan Mark Kenoyer
Oxford University Press, 1st edition, 1998
ISBN-10: 0195779401; ISBN-13: 978-0195779400
2, The Ancient Indus Valley: New Perspectives
by Jane R. Mcintosh
ABC-CLIO, 1st edition, 2007
ISBN-10: 1576079074; ISBN-13: 978-1576079072
3, Ur Excavations, Volume V. The Ziggurat and its surroundings
by Leonard Woolley
Publication of the joint expedition of the British Museum and of
the University Museum, University of Pennsylvania, Philadelphia, to
Mesopotamia
4, Ur Excavations, Volume VII. The old Babylonian Period
by Leonard Woolley
Publication of the joint expedition of the British Museum and of
the University Museum, University of Pennsylvania, Philadelphia, to
Mesopotamia
5, Ur of the Chaldees: A Revised and Updated Edition of Sir Leonard
Woolley's Excavations at Ur
by Leonard Woolley and P. R. S. Moorey
Cornell University Press, 1982
ISBN-10: 0801415187; ISBN-13: 978-0801415180

Chapter 2
1, The Earth, The Temple, and the Gods: Greek Sacred Architecture
by Vincent Scully
Yale University Press, Revised edition, 1979
ISBN-10: 0300023979; ISBN-13: 978-0300023978
2, Pictorial Dictionary of Ancient Athens
by John Travlos
Hacker Art Books, 1980
ISBN: 087817267X; ISBN-13: 978-0878172672
3, The Urban Development of Athens, 1960
by John Travlos
4, Ancient Town-Planning
by F. Haverfield
Oxford University Press, 1913

Chapter 3
1, The Architecture of Rome: An Architectural History in 400
Presentations
by Stefan Grundmann, Ulrich Fürst
Edition Axel Menges, 1998
ISBN-10: 3930698609; ISBN-13: 978-3930698608
2, The Topography and Monuments of Ancient Rome
by Samuel Ball Platner
Allyn and Bacon, 2nd edition, revised and enlarged, 1911
3, Ancient Town-Planning
by F. Haverfield
Oxford University Press, 1913
4, Roman Cities (Wisconsin Studies in Classics)
by G. Michael Woloch
University of Wisconsin Press, 1984
ISBN-10: 0299089347; ISBN-13: 978-0299089344
5, L'arte e La Città Antica
by Leonardo Benevolo
Ed. Laterza, 1976
6, Cities in the Sand: Leptis Magna, Timgad, Palmyra
by Aubrey Menen
Thames & Hudson Ltd., 1972
ISBN-10: 0500250332; ISBN-13: 978-0500250334

Chapter 4
1, Monte Cassino in the Middle Ages, Vol 1-3
by Herbert Bloch
Harvard University Press, 1988
ISBN-10: 0674586557; ISBN-13: 978-0674586550
2, Roman Architecture in Provence
by James C. Anderson
Cambridge University Press, 2012
ISBN-10: 0521825202; ISBN-13: 978-0521825207
3, Carcassonne
by Lily Devèze, translated by M. Campbell
Bonechi, 1993

ISBN-10: 8870099741; ISBN-13: 978-8870099744
4, Carcassonne: Its City, Its Crown
by Jean Girou, translated by John Gilmer
B. Arthaud, 1930
5, The Medieval Fortress: Castles, Forts and Walled Cities of the Middle
Ages
by J. E. Kaufmann, H. W. Kaufmann, Robert M. Jurga
Da Capo Press, 2004
ISBN-10: 0306813580; ISBN-13: 978-0306813580
6, Art and History of Pisa
by Giuliano Valdes
Casa Editrice Bonechi, 1994
ISBN-10: 888029024X; ISBN-13: 978-8880290247
7, Pisa and the Piazza dei Miracoli
by E. Pauli
Bonechi-Edizioni Il Turismo, 2004
ISBN-10: 8872045657; ISBN-13: 978-8872045657

Chapter 5
1, The Medieval City
by Norman Pounds
Greenwood Press, 2005
ISBN-10: 0313324980; ISBN-13: 978-0313324987
2, Medieval Cities: Their Origins and the Revival of Trade
by Henri Pirenne
Princeton University Press, 1956
ISBN-10: 0691007608; ISBN-13: 9780691007601
3, The Politics of the Piazza: The History and Meaning of the Italian
Square
by Eamonn Canniffe
Ashgate Publishing Limited, 2008
ISBN-10: 0754647161; ISBN-13: 978-0754647164
4, Compositions in Architecture
by Don Hanlon
John Wiley and sons, 2009
ISBN-10: 047005364X; ISBN-13: 978-0470053645
5, A Medieval Italian Commune: Siena under the Nine, 1287-1355
by William M. Bowsky
University of California Press, 1981
ISBN-10: 0520042565; ISBN-13: 978-0520042568
6, Piazza San Marco
by Iain Fenlon
Harvard University Press, 2012
ISBN-10: 0674063554; ISBN-13: 978-0674063556

Chapter 6
1, On the Art of Building in Ten Books
by Leon Battista Alberti, translated by Joseph Rykwert, Neil Leach, Robert
Tavernor
MIT Press, 1988
ISBN-10: 026251060X; ISBN-13: 978-0262510608

2, Utopia
by Thomas More
Arc Manor, LLC., 2007
ISBN-10: 1604500301; ISBN-13: 9781604500301
3, Utopian Thought in the Western World
by Frank Edward MANUEL, Fritzie Prigohzy Manuel, Frank Edward
Manuel
Harvard University Press, 2009
ISBN-10: 0674040562; ISBN-13: 978-0674040564
4, The Built, the Unbuilt, and the Unbuildable: In Pursuit of Architectural
Meaning
MIT press
by Robert Harbison
MIT Press, 1993
ISBN-10: 0262581221; ISBN-13: 978-0262581226
5, Urban Design: Street and Square
by Cliff Moughtin, Miquel Mertens
Routledge, 2007
ISBN-10: 1136350330; ISBN-13: 978-1136350337
6, Sebastiano Serlio on Architecture, Book 1
by Vaughan Hart, Peter Hicks
Yale University Press, 2005
ISBN-10: 0300113056; ISBN-13: 978-0300113051

Chapter 7
1, Space and Movement in High Baroque City Planning
by Paul Zucker
Journal of the Society of Architectural Historians, XIV, 1, 1955
2, Renaissance and Baroque
by Heinrich Wölfflin
Cornell University Press, 1966
ISBN-10:0801490464; ISBN-13: 978-0801490460
3, Space, Time and Architecture: The Growth of a New Tradition
by Sigfried Giedion
Harvard University Press, 1967
ISBN: 0674830407; ISBN-13: 978-0674830400
4, The Invention of Paris: A History in Footsteps
by Eric Hazan, translated by David Fernbach
Verso Books, 2011
ISBN: 1844678008; ISBN-13:978-1844678006
5, Paris: Including a Description of the Principal Edifices and Curiosities
of that Metropolis. Vol II.
by M Mercier
1817
6, L'Enfant's Legacy: Public Open Spaces in Washington
by Michael Bednar
JHU Press, 2006
ISBN: 0801883180; ISBN-13: 978-0801883187
7, Worthy of the Nation: Washington DC, from L'Enfant to the National
Capital Planning Commission
by Frederick Gutheim, Antoinette J. Lee
JHU Press, 2006,
ISBN: 0801883288; ISBN-13: 978-0801883286
8, American Notes: For General Circulation,
by Charles Dickens
Chapman and Hall, 1842

Chapter 8
1, Design and Analysis
by Bernard Leupen, Christoph Grafe, Nicola Körnig, Marc Lampe, Peter

de Zeeuw
Van Nostrand Reinhold, 1997
ISBN: 0442025807; ISBN-13: 978-0442025809
2, Constructing a City: the Cerdà Plan for the Extension of Barcelona
by Eduardo Aiber, Wiebe E Bijker
Science, Technology, & Human Values, Vol. 22, No.1(Winter, 1997).
Sage Publications, Inc.
3,The Making of Urban America: A History of City Planning in the
United States
by John W. Reps
Princeton University Press, 3rd Edition, 1992
ISBN: 0691006180; ISBN-13: 978-0691006185
4, Early American Cartographies
by Martin Brückner
UNC Press Books, 2011
ISBN: 0807834696; ISBN-13: 978-0807834695
5, Old City Philadelphia: Cradle of American Democracy
by Alice L. George
UNC Press Books, 2011
ISBN: 0807834696; ISBN-13: 978-0807834695
6, Savannah Revisited: History & Architecture
by Mills Lane
Beehive Press, 5th Edition, 2001
ISBN: 0883220423; ISBN-13: 978-0883220429
7, Two Centuries of American Planning
by Daniel Schaffer,
Johns Hopkins University Press, 1988
ISBN: 0720118034; ISBN-13: 978-0720118032
8, The Greatest Grid: The Master Plan of Manhattan, 1811-2011
by Hilary Ballon
Columbia University Press, 2012
ISBN: 0231159900; ISBN-13: 978-0231159906

Chapter 9
1, London: A Social History
by Roy Porter
Harvard University Press, 1998
ISBN: 0674538390; ISBN-13: 978-0674538399
2, London, Hub of the Industrial Revolution: A Revisionary History
1775-1825
by David Barnett
I.B. Tauris & Co Ltd, 1998
ISBN: 1860641962; ISBN-13: 978-1860641961
3, London: A History
by Francis Sheppard
Oxford University Press, 2000
ISBN: 0192853694; ISBN-13: 978-0192853691
4, Memoires
by Georges Eugène Haussmann
1890-1893
5, Transforming Paris: The Life and Labors of Baron Haussmann
by David P. Jordan
Simon and Schuster, 1995
ISBN: 0029165318; ISBN-13: 978-0029165317
6, Paris as Revolution: Writing the Nineteenth-Century City
by Priscilla Parkhurst Ferguson
University of California Press, 1997
ISBN: 0520208870; ISBN-13: 978-0520208872
7, Impressionism: Art, Leisure, and Parisian Society
by Robert L. Herbert

Yale University Press, 1991
ISBN: 0300050836; ISBN-13: 978-0300050837
8, The Arcades Project
by Walter Benjamin, edited by Rolf Tiedemann, translated by Howard
Eiland, Keving McLaughlin
Harvard University Press, 1999
ISBN: 067404326X; ISBN-13: 978-0674043268
9, The Chicago School of Architecture: A History of Commercial and
Public Building in the Chicago Area, 1875-1925
by Carl W. Condit
University of Chicago Press, 1973
ISBN: 0226114554; ISBN-13: 978-0226114552
10, Chicago Cable Cars
by Greg Borzo
The History Press, 2012
ISBN: 1609493273; ISBN-13: 978-1609493271
11, The Chicago "L"
by Greg Borzo
Arcadia Publishing, 2007
ISBN: 0738551007; ISBN-13: 978-0738551005

Chapter 10
1, Garden Cities of To-morrow
by Ebenezer Howard
Swan Sonnenschein & Co., Ltd., 1902
2, Raymond Unwin: Garden Cities and Town Planning
by Mervyn Miller
Leicester University Press, 1992
ISBN-10: 0718513630; ISBN-13: 978-0718513634
3, Satellite Cities
by Graham Taylor
D Appleton and Company, 1915
4, The City: Its Growth, Its Decay, Its Future
by Eliel Saarinen
Reinhold Publishing Corporation, 1943
5, Broadacre City
by Frank Lloyd Wright
William Farquhar Payson, 1932
6, Neighborhood and Community Planning
Regional Survey of New York and its Environs, Volume VII, Monograph
One, 21-140.
Arno Press, 1974
7, Toward an Architecture
by Le Corbusier; edited by Jean-Louis Cohen; translated by John
Goodman
Getty Publications, 2007
ISBN-10: 0892368225; ISBN-13: 978-0892368228
8, The City of To-morrow and Its Planning
by Le Corbusier; translated from the 8th French edition of Urbanisme by
Frederick Etchells
Dover Publications, 1987
ISBN-10: 0486253325; ISBN-13: 978-0486253329
9, The Radiant City: Elements of a Doctrine of Urbanism to be Used as
the Basis of Our Machine-Age Civilization
by Le Corbusier
The Orion Press, 1967
ASIN: B001B3QLK8
10, Lucio Costa: Brasilia's Superquadra
by Farès El-Dahdah
Prestel, 2005

ISBN-10: 3791331574; ISBN-13: 978-3791331577

Chapter 11
1, The Architecture of the City
by Aldo Rossi
MIT Press, 1997
ISBN-10: 0262680432; ISBN-13: 978-0262680431
2, Urban Space
by Rob Krier
Rizzoli, 1988
ISBN-10: 0847802361; ISBN-13: 978-0847802364
3, Town Spaces
by Rob Krier
Birkhäuser Architecture, 2nd edition, 2006
ISBN-10: 3764375582; ISBN-13: 978-3764375584
4, Urban Components
by Leon Krier
Architectural Design, vol. 54, no 7/8, 1984
5, The Concise Townscape
by Gordon Cullen
Architectural Press, 1971
ISBN-10: 0750620188; ISBN-13: 978-0750620185
6, The Image of the City
by Kevin Lynch
The MIT Press, 1960
ISBN-10: 0262620014; ISBN-13: 978-0262620017
7, The Oregon Experiment
by Christopher Alexander
Oxford University Press, 1975
ISBN-10: 0195018249; ISBN-13: 978-0195018240
8, A Pattern Language
by Christopher Alexander
Oxford University Press, 1977
ISBN-10: 0195019199; ISBN-13: 978-0195019193
9, A New Theory of Urban Design
Oxford University Press, 1987
ISBN-10: 0195037537; ISBN-13: 978-0195037531
10, The Death and Life of Great American Cities
by Jane Jacobs
Vintage Books, 1992
ISBN-10: 067974195X; ISBN-13: 978-0679741954
11, Complexity and Contradiction in Architecture
by Robert Venturi, Denise Scott Brown, Steven Izenour
The Museum of Modern Art, 1977
ISBN-10:0870702823; ISBN-13: 978-0870702822
12, Learning from Las Vegas
by Robert Venturi, Denise Scott Brown, Steven Izenour
MIT Press, 1972
ISBN-10:0262220156; ISBN-13: 978-0262220156
13, Collage City
by Colin Rowe, Fred Koetter
MIT Press, 1983
ISBN-10:0262680424; ISBN-13: 978-0262680424

网站：

Chapter 1
Mohen-Jodaro
http://www.mohenjodaro.net
Ur
http://www.odysseyadventures.ca/articles/ur%20of%20the%20chaldees/
ur_article.htm
http://www.etana.org

Chapter 2
Agora
http://www.agathe.gr/
http://www.stoa.org/athens/index.html
http://history-world.org/ancient_greece.htm

Chapter 3
Foro Romanum
http://dlib.etc.ucla.edu/projects/forum/
Imperial Fora
http://penelope.uchicago.edu/~grout/encyclopaedia_romana/romapage.
html
Pompeii
http://www.pompeionline.net/pompeii/index.htm
http://pompeii.virginia.edu/

Chapter 4
Carcassonne
http://www.carcassonne.culture.fr
http://www.midi-france.info/03010101_carcassonne.htm
Catholic
http://www.radiovaticana.org/cinesebig5/churchistory/
storiaconcis/1storia000.html
Pisa
http://www.opapisa.it

Chapter 5
Piazza Della Signoria
http://www.mega.it/eng/egui/monu/signo.htm
http://www.museumsinflorence.com/musei/Palazzo_vecchio.html
Doge's Palace
http://venice.jc-r.net/doges-palace/

Chapter 6
Utopia
http://4umi.com/more/utopia/
Sforzinda
http://www.sforzinda.com/english/idealcity.html

Chapter 7
Rome
http://www.cristoraul.com/english/readinghall/modern-history/wars_of_
religion/13-rome-under-sixtus-v.htm
http://rometour.org
http://en.wikipedia.org/wiki/list_of_obelisks_in_rome
http://nolli.uoregon.edu/map/index.html
http://saintpetersbasilica.org/plans/
Paris
http://www.chateauversailles.fr/homepage

http://perso.numericable.fr
Washington
http://www.planetable.org/omeka/exhibits/show/monumentality-in-
microcosm/history-and-context/l-enfant
http://xroads.virginia.edu/~HYPER/DICKENS/titlepg.html

Chapter 8
Turin
http://www.comune.torino.it/canaleturismo/en/history.htm
Amsterdam
http://www.shiftinglands.com/amsterdam%20canal%20project.htm
Barcelona and Cerdà
http://www.anycerda.org
Savannah
http://www.georgiaencyclopedia.org

Chapter 9
London
http://www.uncp.edu/home/rwb/london_19c.html
http://www.victorianweb.org/history/hist4.html
City Beautiful Movement
http://xroads.virginia.edu/~cap/citybeautiful/dchome.html
Chicago
http://www.encyclopedia.chicagohistory.org/
http://cable-car-guy.com

Chapter 10
Letchworth
http://www.letchworth.com
http://www.ourletchworth.org.uk
Brasilia
http://www.aboutbrasilia.com

图文注释

引注：

Chapter 1
1, The City in History, P36,
"for the first use of the wall may have been a religious one; to define the sacred limits of the temenos, and to keep at bay evil spirits rather than inimical men."

2, The City in History, P39,
"The erection of a great temple, itself architecturally and symbolically imposing, sealed this union···the rebuilding and restoration of the ancient temple was no mere act of formal piety, but a necessary establishment of lawful continuity, indeed, a re-validation of the original 'covenant' between the shrine and the palace."

Chapter 2
1, The City in History, P126-127
"The Hellenic city is as, typically, such a union of villages, or synoecism··· But the adhesion was never complete and the rule of the city never absolute."

2, The City in History, P128
"the archaic village component seems much stronger than that of the citadel."

3, The City in History, P127
"In their formative period the Greek cities never lost their connections with their countryside or their villages: there was a tidal drifting in and out of the city within the seasons."

4, The City in History, P148-149
"As usual, the market was a by-product of the coming together of consumers who had many other reasons for assembling that merely doing business···in its primitive state, the agora was above all a place for palaver; and there is probably no urban marketplace where the interchange of news and opinions did not, at least in the past, play almost as important a part as the interchange of goods."

5，The Birth of Modern City Planning, P143
"The agora of the ancient Greek cities was the meeting place of their city council, under the open sky."

6, The City in History, P192
"This Milesian planning introduced, almost automatically, two other elements: streets of uniform width and city blocks of fairly uniform dimensions. The city itself was composed of such standardized block units: their rectangular open spaces, used for agora or temple, were in turn simply empty blocks. If this formal order was broken by the presence of a hill or a curved bay, there was no effort at adaptation by a change of the pattern. With this plan goes a clarification of functions and a respect for

convenience: so the agora shifted toward the waterfront, to be near the incoming ships and warehouses."

7, The City in History, P192-193
"its indifference to the contours of the land , to springs, rivers, shore lines, clump of trees - only made it that much more admirable in providing a minimum basis of order on a site that colonists would not, for long, have the means fully to exploit. Within the shortest possible time, everything was brought under control. This minimal order not merely put everyone on a parity: above all, it made strangers as much at home as the oldest inhabitants. In a trading city, always filled with sailors and foreign merchants, this ease of orientation and identification was no small asset."

Chapter 3
1, Town Planning in Practice, P45
"Where the Greek would adapt his arrangement to the site, the Roman would adapt the site to his arrangement, carving away the rocks and leveling the ground to obtain a clear field for his work."

2, The City in History, P204
"The muscular-cerebral culture of the Greeks gave way to the massively visceral culture of the Romans: the lean Attic diet was replaced by daily feasts on the most colossal scale."

Chapter 5
1, The City in History, P256
"This need gave the feudal landlord an ambivalent attitude toward the city. As power ceased to be represented in his mind in purely military terms, he was tempted to part with a modicum of control over his individual tenants and dependants, in order to have their responsible collective contribution in the form of cash payments and urban rents···That was an important secondary motive for the building of new towns and the granting of new privileges to the centers that were springing up, through sheer population growth, out of mere villages."

2, The Birth of Modern City Planning, P171-172
"if possible, only one street opened at each point, while a second one would branch off further back on this street out of sight from the plaza. However there is more to it. Each of the three or four streets enters the plaza at a different angle···On further reflection, one realizes that by leading the streets off in the fashion of turbine blades, the most favorable condition results, namely, that from any point within the plaza no more than one single view out of it is possible at a time, hence there is only a single interruption in the enclosure of the whole."

3, Design of Cities, P101
"that of establishing a primary center of the city, and a system of subcenters which recall the dominant center."

4, San Marco, Byzantium, and the Myths of Venice, P81
"They play an important role in the space, because Venice is distinctive

among Italian cities in the way that privileged visitors sailed directly to the symbolic heart of the city and experienced the city "from the center outward.""

5, The Birth of Modern City Planning, P196-197
"So much beauty is united on this unique little patch of earth, that no painter has ever dreamt up anything surpassing it in his architectural backgrounds, in no theater has there ever been seen anything more sense-beguiling than was able to arise here in reality···If we were to examine the means by which this unexcelled grandeur was achieved they would, indeed, prove to be extraordinary: the effect of the sea, the accumulation of superlative monumental structures, the abundance of their sculptural decoration, the rich polychromy of S. Marco, the powerful Campanile. However, it is the felicitous arranging of them that contributes so decidedly to the whole effect."

Chapter 6
1, The Ten Books on Architecture, Book 3, P73
"in the human body the central point is naturally the navel. For if a man be placed flat on his back, with his hands and feet extended, and pair of compasses centred at his navel, the fingers and toes of his two hands and feet will touch the circumference of a circle described therefrom. And just as the human body yields a circular outline, so too a square figure may be found from it. For if we measure the distance from the soles of the feet to the top of the head, and then apply that measure to the outstretched arms, the breadth will be found to be the same as the height, as in the case of plane surfaces which are perfectly square."

2, The Ten Books on Architecture, Book 3, P72
"Without symmetry and proportion there can be no principles in the design of any temple; that is, if there is no precise relation between its members, in the case of those of a well shaped man."

3, On the Art of Building in Ten Books, Book 9, P294
"The ornament to a town house ought to be far more sober in character, whereas in a villa the allures of license and delight are allowed. Another difference is that with a town house the boundary of the neighboring property imposes many constraints that may be treated with greater freedom in a villa. Care must be taken that the basement is not prouder than harmony with the neighboring building requires, while the width of a portico is constrained by the line of the adjoining wall."

4, On the Art of Building in Ten Books, Book 1, P23
"the city is like some large house, and the house is in turn like some small city."

5, Utopia, P47
"There is a bridge cast over the river, not of timber, but of fair stone, consisting of many stately arches; it lies at the part of town which is farthest from the sea, so that the ships, without any hindrance, lie all along the side of the town···The town is compassed with a high and thick

wall, in which there are many towers and forts; there is also a broad and deep dry ditch, set thick with thorns, cast round three sides of the town, and the river is instead of a ditch on the forth side···The streets are very convenient for all carriage, and are well sheltered from the winds."

6, Utopia, P47
"Their buildings are good, and are so uniform that a whole side of a street looks like one house. The streets are twenty feet broad; there lie gardens behind all their houses. These are large, but enclosed with buildings, that on all hands face the streets, so that every house has both a door to the street and a back door to the garden."

7, Utopia, P47-48
"there being no property among them ,every man may freely enter into any house whatsoever. At every ten years' end they shift their houses by lots. They cultivate their gardens with great care, so that they have both vines, fruits, herbs, and flowers in them; and all is so well ordered and so finely kept that I never saw gardens anywhere that were both so fruitful and so beautiful as theirs. And this humours of ordering their gardens so well is not only kept up by the pleasure they find in it, but also by an emulation between the inhabitants of the several streets, who vie with each other."

8, Utopia, P48
"for they say the whole scheme of the town was designed at first by Utopus, but he left all that belonged to the ornament and improvement of it to be added by those that should come after him, that being too much for one man to bring to perfection."

9, The City in History, P348
"If one uses the term precisely, there is no renascence city. But there are patches of renascence order, openings and clarifications, that beautifully modify the structure of the medieval city."

10, The Politics of the Piazza: The History and Meaning of the Italian Square, P108
"This reorientation served to emphasize the city's dependency on papal power rather than its notional independence as represented by its ancient origins."

11, Design of Cities, P118
"Without the shape of the oval, and its two-dimensional star-shaped paving pattern, as well as its three-dimensional projection in the subtly designed steps that surround it, the unity and coherence o the design would not have been achieved."

12, The City in History, P278
"The short approaches to the great buildings, the blocked vistas, increase the effect of verticality: one looks, not to right or left over a wide panorama, but skyward."

13, The City in History, P348
"the new planners and builders pushed aside the crowded walls, tearing down sheds, booths, old houses, piercing through the crooked alleys to build a straight street or an open rectangular square."

14, The City in History, P369
"they pass through the midst of the city and lead from one city to another, and that they "serve for the common use of all passengers for carriages to drive or armies to march.""

15, On the Art of Building in Ten Books, Book 4, P106
"When the road reaches a city, and that city is renowned and powerful, the streets are better straight and very wide, to add to its dignity and majesty···Within the town itself it is better if the roads are not straight, but meandering gently like a river flowing now here, now there, from one bank to the other···it is no trifle that visitors at every step meet yet another façade···"

16, The Ten Books on Architecture, Book 5, P150
"Tragic scenes are delineated with columns, pediments, statues, and other objects suited to kings; comic scenes exhibit private dwellings, with balconies and views representing rows of windows, after the manner of ordinary dwellings; satiric scenes are decorated with trees, caverns, mountains, and other rustic objects delineated in landscape style."

Chapter 7
1, The City in History, P379
"But the point of origin in baroque urban culture is as plain as the downward path itself: pleasure."

2, Space, Time and Architecture: The Growth of a New Tradition, P93
"The desire of Sixtus - as expressed by Pastor - was to make the whole of Rome into 'a single holy shrine'."

3, Space, Time and Architecture: The Growth of a New Tradition, P93
"Our Lord [Sixtus], now wishing to ease the way for those who, prompted by devotion or by vows, are accustomed to visit frequently the most holy places of the city of Rome, and in particular the seven churches so celebrated for their great indulgences and relics; opened many most commodious and straight streets in many places. Thus one can by foot, by horse, or in a carriage, start from whatever place in Rome one may wish, and continue virtually in a straight line to the most famous devotions."

4, The City in History, P389
"The forerunner of the asterisk type of avenue plan was, as one might expect from a hunting aristocracy, the royal hunting park itself. Here the long lanes, cut through the trees, enabled the mounted hunters to rally at a central point and go galloping off in every direction."

5, The Invention of Paris, P118
"The magnificent garden of the Tuileries is abandoned today for the avenues of the Champs-Élysées s. One admires the fine proportions and design of the Tuileries, but the Champs-Élysées is where all ages and classes of people gather: the pastoral character of the place, the buildings decked out with terraces, the cafes, a wider and less symmetrical ground, all this acts as an invitation."

6, L'Enfant's Legacy, P7
"No nation had ever before the opportunity offered them of deliberately deciding on the spot where their Capital City should be fixed, or of combining every necessary consideration in the choice of situation, and although the means now within the power of the Country are not such as to pursue the design to any great extent, it will be obvious that the plan should be drawn on such a scale as to leave room for that aggrandizement and embellishment which the increase of the wealth of the nation will permit it to purse at any period however remote."

7, Worthy of the Nation, p23
"These avenues I made broad, so as to admit of their being planted with trees leaving 80 feet for a carriage way, 30 feet on each side for a walk under a double row of trees, and allowing 10 feet between the trees and the houses."

8, The City in History, P404
"Of the sixty-thousand-odd acres included in his plan, 3606 were required for highways, while the land required for public buildings, for grounds or reservations, was only 541 acres. By any criterion that apportionment between dynamic and static space, between vehicles and buildings, was absurd."

9, American Notes, vol 1, P139-140
"It is sometimes called the City of Magnificent Distances, but it might with greater propriety be termed the City of Magnificent Intentions; for it is only on taking a bird's-eye view of it from the top of the Capitol, that one can at all comprehend the vast designs of its projector, an aspiring Frenchman. Spacious avenues, that being in nothing, and lead nowhere; streets, mile-long, that only want houses, roads, and inhabitants; public buildings that need but a public to be complete; and ornaments of great thoroughfares, which only lack great thoroughfares to ornament are its leading features."

10, The City in History, P407
"time is a fatal handicap to the baroque conception of the world: its mechanical order makes no allowances for growth, change, adaptation, and creative renewal. Such a command performance must be executed, once and for all, in its own day."

11, The City in History, P408
"though it did not add to its beauty, was the filling up of the overload of wide streets with sufficient wheeled traffic to justify their existence: this came in only with the motor car."

Chapter 8
1, The City in History, P421-422
"the ideal layout for the business man is that which can be most swiftly reduced to standard monetary units for purchase and sale. The fundamental unit is no longer the neighborhood or the precinct, but the individual building lot, whose value can gauged in terms of front feet··· Such units turned out equally advantageous for the land surveyor, the real estate speculator, the commercial builder, and the lawyer who drew up the deed for sale."

2, The City in History, P442-443
"The plan of the Three Canals was a miracle of spaciousness, compactness, intelligible order···The successive breaks in direction of the spider-web plan keep the distant vista from being empty and oppressive."

3, Two Centuries of American Planning, P11
"a significant shift away from earlier forms of urban design, imbued with socio-political and aesthetic concerns, to simpler and more utilitarian plans intended to facilitate the raped urban development which occurred during the nineteenth century."

Chapter 9
1, The Arcades Project, P3
"These arcades, a recent invention of industrial luxury, are glass-roofed, marble-paneled corridors extending through whole blocks of buildings, whose owners have joined together for such enterprises. Lining both sides of these corridors, which get their light from above, are the most elegant

shops, so that the passage is a city, a world in miniature."

2, London: A Social History, P280
"That great foul city of London···rattling, growling, smoking, stinking - a ghastly heap of fermenting brickwork, pouring out poison at every pore."

3, Impressionism: Art, Leisure, and Parisian Society, P307
"conveniently leading out from barracks! Boulevard and square proclaim your name, and the whole production anticipates a cannonade."

4, Memoires, 3 vols., 1890-1893
"My qualification? I was chosen as demolition artist."

Chapter 10
1, Garden Cities of To-morrow, P18
"Town and country must be married, and out of this joyous union will spring a new hope, a new life, a new civilization."

2, Garden Cities of To-morrow, P129
"The town will grow; but it will grow in accordance with a principle which will result in this-that such growth shall not lessen or destroy, but ever add to its social opportunities, to its beauty, to its convenience."

3, The City: Its Growth, Its Decay, Its Future, P146
"Generally speaking, the guidance of the principles of flexibility and protection, as applied to civic problems, means first, to plan any section of the city so as to make the city's normal growth possible without disturbing other sections; and second, to undertake such measures as could guarantee the protection of established values. In other words, this means: to safeguard continuous healthy growth through "flexible" planning; and to stabilize values by taking "protective" measures."

4, The City: Its Growth, Its Decay, Its Future, P146
"In those cities which are already overgrown, however, flexibility and protection must be instrumental in so organizing conditions that any development toward the future must happen in accordance with the demands of protection and flexibility. To obtain this presupposes a well-studied, comprehensive and gradual surgery according to a pre-established scheme. The objectives of the surgery must be three-fold: first, to transfer activities from decayed areas to such locations as are functionally suitable for these activities, and in accordance with the pre-established scheme; second, to rehabilitate those areas by the foregoing action vacated for such purposes as are best suited here, and in accordance with the pre-established scheme; and third, to protect all values, old and new. "

5, Broadacre City, P20
"The big city is no longer modern."

6, Broadacre City, P17
"We are going to call this city for the individual the Broadacre City because it is based upon a minimum of an acre to the family."

7, Broadacre City, P18
"I see free life in the Broadacre City."

8, Toward an Architecture, P100
"primary forms are beautiful forms"

9, Toward an Architecture, P160
"The house is a machine for living in."

10, Toward an Architecture, P146
"The 'Styles' are a lie. "

11, Toward an Architecture, P290
"Architecture or revolution. "

12, The City of To-morrow and Its planning, P84
"Means of transport are the basis of all modern activity. The security of the dwelling is the condition of social equilibrium. "

13, The City of To-morrow and Its planning, P170
"1. We must de-congest the centres of our cities. 2. We must augment their density. 3. We must increase the means for getting about. 4. We must increase parks and open spaces."

14, The City of To-morrow and Its planning, P280
"a vertical city, a city which will pile up the cells which have for so long been crushed on the ground, and set them high above the earth, bathed in light and air."

15, The Radiant City: Elements of a Doctrine of Urbanism to be Used as the Basis of Our Machine-Age Civilization, P109
"Recessed apartment buildings in the Radiant City. Parks and schools in the middle. Elevator shafts spaced out at optimum distances (it is never necessary to walk more than 100 meters inside the buildings). Auto-ports at the foot of the shafts, linked to the roadways··· In the park, one of the large swimming pools. Along the roofs, the continuous ribbon gardens with beaches for sunbathing."

16, Lucio Costa: Brasilia's Superquadra, P94
"What receives most praise in a neighborhood unit is 'the comfortable and quiet life', 'the privileged location and the social ties with neighbors'."

Chapter 11
1, The Architecture of the City, P40
"I would define the concept of type as something that is permanent and complex, a logical principle that is prior to form and that constitutes it."

2, The Architecture of the City, P60
"In reality, we frequently continue to appreciate elements whose function has been lost over time; the value of these artifacts often resides solely in their form, which is integral to the general form of the city; it is, so to speak, an invariant of it."

3, The Architecture of the City, P130
"The city is the locus of the collective memory."

4, The Architecture of the City, P9
"The subversive analogues proposed in Rossi's work involve two kinds of transformation. One is dislocation of place, the other the dissolution of scale."

5, The Architecture of the City, P9
"The analogous process, when applied to the actual geography of the city, therefore acts as a corrosive agent."

6, Urban Components, P42
"The zoning of modern cities has resulted in the random distribution of both public and private buildings. The artificiality and wastefulness of

zoning has destroyed our cities."

7, Town Spaces, P16
"Knowing all the conceivable urban space typologies and the variety of possible facade designs in public spaces are further necessary prerequisites."

8, Town Spaces, P16
"On the other hand, simple grid pattern layout without spatial suspense can be made into an architectural event through the use of beautiful building facades."

9, The Concise Townscape, P7-8
"In fact there is an art of relationship just as there is an art of architecture. Its purpose is to take all the elements that go to create the environment: building, trees, nature, water, traffic, advertisements and so on, and to weave them together in such a way that drama is released. For a city is a dramatic event in the environment."

10, The Concise Townscape, P15
"I am not discussing absolute values such as beauty, perfection, art with a big A, or morals. I am trying to describe an environment that chats away happily, plain folk talking together."

11, The Image of the City, P10
"Such a city would be one that could be apprehended over time as a pattern of high continuity with many distinctive parts clearly interconnected."

12, A New Theory of Urban Design, P22
"Every increment of construction must be made in such a way as to heal the city. In this sentence the word 'heal' must be understood in its old sense of 'make whole'. "

13, The Death and Life of Great American Cities, P144
"How can cities generate enough mixture among uses - enough diversity - throughout enough of their territories, to sustain their own civilization?"

14, Complexity and Contradiction in Architecture, P16
"By Embracing contradiction as well as complexity, I aim for vitality as well as validity···I am for messy vitality over obvious unity."

15, Complexity and Contradiction in Architecture, P16
"But an architecture of complexity and contradiction has a special obligation toward the whole: its truth must be in its totality or its implications of totality. It must embody the difficult unity of inclusion rather than the easy unity of exclusion."

16, Collage City, P144
"It is suggested that a collage approach, an approach in which objects are conscripted or seduced from out of their context, is - at the present day - the only way of dealing utopia and tradition; and the provenance of the architectural objects introduced into the social collage need not be of great consequence."

插图：

Chapter 1
1, Photographed by Andreas Borchert
2, from BBC
3, Unidentified photographer, http://www.thehistoryhub.com/mohenjo-daro-facts-pictures.htm
4, from The Ancient Indus Valley: New Perspectives, cover, by Jane R. McIntosh
5, Unidentified author
6, Prepared by Zhuo Min, based on Google earth image
7,8, Redrawn from illustrations from Ur Excavations, Volume V. The Ziggurat and its surroundings
9, Ur Excavations, Volume V. The Ziggurat and its surroundings, Plate 86, by Leonard Woolley
10, Ur Excavations, Volume V. The Ziggurat and its surroundings, Plate 41, by Leonard Woolley
11, Unidentified photographer
12,13,14, Redrawn from illustrations from Ur Excavations, Volume VII. The old Babylonian Period

Chapter 2
1, Google earth
2, Prepared by Zhuo Min
3, Prepared by Zhuo Min
4, Google earth
5, Ancient Greek pottery
6, Antique map, 1893
7,8, Unidentified photographer
9, Ancient Greek pottery
10, Google earth
11,12, Unidentified photographer
13, by John Travlos
14,15,16, Prepared by Zhuo Min
17, by Piet de Jong
18, Prepared by Zhuo Min, based on Google earth image
19, Google earth
20, Prepared by Zhuo Min, based on Google earth image
21, Google earth
22, Unidentified photographer
23,24, Prepared by Zhuo Min

Chapter 3
1, She wolf, bronze statue of Rome's symbol
2, Prepared by Renata3
3, Photographed by pe_ha45
4, Renata3
5, Prepared by Tataryn77
6, The Topography and Monuments of Ancient Rome, Fig22, P169-179, by Samuel Ball Platner
7, Unidentified photographer
8, The Topography and Monuments of Ancient Rome, Fig59, P274-275, by Samuel Ball Platner
9, Photographed from Gismondi model of Rome, Museo della Civiltà Romana in EUR
10, Antique print
11, Photographed by Chris 73
12,13, Unidentified photographer
14, from Corinth Computer Project

Chapter 4
1, From Courtauld Institute of Art, Antique print
2, Unidentified photographer, http://www.internetculturale.it
3, Unidentified photographer
4, Drawn by Rudolph Rahn
5, Prepared by WolfD59
6, From a 1950s photograph, antique print
7, Unidentified photographer
8, by J.B. Guibert, prepared by Robert Schediwy, antique postcard
9,10, Antique map, http://www.mapacartografico.com
11, Photographed by Juan Pablo Valenzuela
12, Unidentified photographer, http://maisonjuliette.com/activities
13, Google earth
14,15,16, Unidentified photographer
17, Photographed by Alessio Facchin

Chapter 5
1, La Morra, antique print, http://www.rocchecostamagna.it/RoccheCostamagna/eng/lamorra.htm
2, Photographed by Manfred Heyde
3, Google earth
4, Photographed by Dan Kamminga
5, Google earth
6, Prepared by Zhuo Min
7, Google earth
8, Prepared by Zhuo Min
9, Unidentified photographer
10,11, Photographedy by Nino Barbieri
12, Prepared by Zhuo Min
13, Prepared by Luestling
14, Prepared by Zhuo Min
15, Google earth
16,17, Camillo Sitte: The Birth of Modern City Planning, P172, by George R. Collins and Christiane Crasemann Collins, Dover Publications, Inc., 2006
18, Google earth
19, Prepared by Zhuo Min
20, Google earth
21, Photographed by mtbiker77
22,23,24, Unidentified photographer
25, Prepared by Stepan Frank, http://www.creatores.de/columnae.htm
26, La Piazza di San Marco in Venezia, Plate 1, by Antonio Quadri
27, by Canaletto, circa 1730
28,29, Photographed by Zhuo Min
30, Google earth

Chapter 6
1, by Leonardo Da Vinci
2,3,4, Unidentified photographer
5, Leon Alberti
6, The Ideal City, circa 1470, Galleria Nazionale delle Marche, Urbino
7, The Ideal City, circa 1480 and circa 1484, Walters Art Gallery
8, The Ideal City, circa 1477, Gemäldegalerie
9, Utopia, by Thomas More
10, Sforzinda Plan, 1457
11, from Theatrum Urbium, http://diglib.hab.de
12, Google earth
13, The Topography and Monuments of Ancient Rome, Fig62, P292-293, by Samuel Ball Platner
14, by Étienne Dupérac, 1568, antique print
15, Antique drawing
16, Unidentified photographer
17,18, Photographed by Wikibob
19, Google earth
20,21,22, Sebastiano Serlio on Architecture Book1, P82-93

Chapter 7
1, Pope Sixtus V, antique print
2, by Niccola Zabaglia, 1743
3, Rome plan, 1588, antique print
4, Prepared by Zhuo Min
5, by Antonio Tempesta, 1593, Metropolitan Meseum
6, San Pietro Plan
7, by Antonio Joli
8, by Giuseppe Vasi
9, Nolli map, antique map, http://nolli.uoregon.edu
10, Unidentified photographer
11, Drawn by Eques Carolis Fontana, antique print
12, Google earth
13, Photographed by R. Bitzer
14, Unidentified photographer
15, by Giovanni Battista Piranesi, from Vedute di Roma, antique print
16, Nolli map, antique map, http://nolli.uoregon.edu/
17, Google earth
18, Unidentified photographer
19, by Adam Perelle, 1682, antique print
20, Photographed by Eric Pouhier
21, Unidentified photographer
22, by Delagrife, 1746, antique print
23, by Charles Monnet, 1794, antique print
24, Unidentified author, 1840, from Jean Valmy-Baysse, La curieuse aventure des boulevards extérieurs, Éditions Albin-Michel, 1950.
25, Paris map, produced by Roussel, 1730
26, Unidentified photographer, http://www.shutterstock.com
27, Photographed by Franck Depoortere
28,29, Google earth
30, Pierre L'Enfant, antique print
31, L'Enfant plan, 1792, Library of Congress
32, Ellicott plan, 1792
33, Google earth

Chapter 8
1, Torino map, antique map published by John Stockdale, 1800
2, Google earth
3, Amsterdam map, 1835, antique map
4, Google earth
5,6,7, Unidentified photographer
8, Ildefons Cerdà, http://www.anycerda.org
9,10, Museu d'Historia de la Ciutat, Barcelona
11, Plan produced by Centre de Cultura Contemporània de

Barcelona(CCCB)

12, Google earth

13, Redrawn from "The Architecture of the City" P151

14, Unidentified photographer, http://barcelonaprojects.gatech.edu/city2012/

15, Antique illustration, unidentified author

16, Produced by Isomorphism3000

17, Philadelphia map, 1683, antique map

18, Google earth

19, Prepared by Zhuo Min

20, Savannah, antique print

21, Savannah map, 1818, antique map

22, Google earth

23, New York map, 1811, produced by William Bridges, antique map

24, Antique illustration 1861, New York Times,

25, Google earth

26, Photographed by Javier Salguero

Chapter 9

1, Unidentified photographer

2, Hardie, D. W. F., A History of the Chemical Industry in Widnes, Imperial Chemical Industries Limited, 1950

3, 1891 edition of Fry's London, published by W.H. Allen, London

4, Metropolitan Improvements, by James Elmes, P297, original held and digitised by the British Library

5, ibid, P195

6,7,8, Unidentified author, scanned by Alan Kimball

9, Illustrated in an article entitled the Alien in England in Illustrated London News

10, BBC, in pictures, Sep 08 2012

11, Unidentified photographer, http://www.theworkhome.com/history-workhome/

12, Railway Map of London,1899, from The Pocket Atlas and Guide to London

13, by Claude Monet

14, Original image at NYPLDigitalGallery

15, Unidentified author, http://disciplines.ac-bordeaux.fr

16,17,18, Unidentified photographer

19, Unidentified photographer, http://wallpaperweb.org

20, Paris Souterrain - Les égouts, service de l'assainissement - Collecteur du Boulevard Sébastopol, Carte postale ancienne éditée par ND Phot, scanned by Claude Shoshany

21, Paris Souterrain 1896, Paris Sewers and Sewermen, by Donald Reid, Harvard University Press, 1991

22,23, Unidentified author, http://paris-atlas-historique.fr

24, Photographed by Daniel Kiechle

25, Prepared by Zhuo Min

26, Otis Elevator Company

27, H-3314，Chicago Architectural Photographing Company

28, Lantern Slide Collection #71, Brookline Historical Society, Brookline, MA

29, CCR cable trains passing on Wabash Avenue, Courtesy of Bruce Moffat

30, Photographed by cowspeak1

31, Chicago Loop map, 1921

32, Google earth

33, Chicago Loop, photographed by planckstudios

34, Frederick Law Olmsted, http://www.olmsted.org

35, Photographed by Henri Silberman

36, http://www.aquatravel.es

37, Photographed by Daniel Case

38, Google earth

39, Unidentified photographer

40, Unidentified photographer, http://www.asla.org

41, Map produced by Emerald Necklace Conservancy

42, by Nichols, H. D., published by L. Prang & Co.

43,44, Unidentified photographer

45, National Capital Planning Commission, Washington, DC.

46, Photographed by Carol M. Highsmith

Chapter 10

1, Unidentified photographer, http://www.thehenryford.org

2, Illustrated by Thomas Stedman Whitwell (1784-1840)

3, Garden Cities of Tomorrow, fig2

4, ibid, fig3

5, Welwyn Garden City Library

6, Garden Cities of Tomorrow, fig1

7, ibid, fig7

8, Letchworth Garden City Heritage Foundation

9, Prepared by Charles Purdom

10, Prepared by Patrick Abercrombie

11, Prepared by Herbert A Welch (1884-1953)

12, Photographed by Steve Cadman

13, Prepared by Olmsted, Vaux & Co. Landscape Architects

14, Unidentified photographer, http://1055thehawk.com/wp-content/uploads/2012/02/Cul_de_sac1.jpg

15, Prepared by Zhuo Min, based on Douglas Farr's diagram from Sustainable Urbanism, in turn on Clarence Perry.

16, Prepared by Zhuo Min, based on Radburn Plan.

17, Eliel Saarinen, http://www.kolumbus.fi/johannes.turunen/ark_eliel.html

18, Prepared by Eliel Saarinen

19, Frank Lloyd Wright, United States Library of Congress's Prints and Photographs division under the digital ID cph.3c1

20, Non-Competitive Plan, P98

21,22 "Broadacre City" The Living City - 1958

23, Le Corbusier

24, The City of To-morrow and its Planning, P245

25, ibid, P192

26, ibid, model based on the master plan

27, ibid

28,29,30, Plan Voisin

31,32,33, Plan Obus

34, Illustrated by Helmut Jacoby, 1974

35, Unidentified photographer, http://www.greendigitalcharter.eu/signatory-cities/signatories-map/milton-keynes

36, Sketched by Oscar Neimeyer

37,38, Prepared by Lúcio Costa

39, Google earth

40, Unidentified photographer, http://citynoise.org/article/8716

41, Unidentified author, http://portalarquitetonico.com.br/unidade-de-vizinhanca

42, Google earth

43, Photographed by Joanna Franka, http://www.comunqueitalia.it/2014/06/29/ve-do-brasile-05-brasilia-cuiaba

Chapter 11

1, Unidentified photographer, Mission Valley Shopping Center, 1961, http://www.sandiegohistory.org/timeline/timeline3.htm

2, Unidentified photographer, NH strip mall, http://www.pinterest.com/pin/229261437254375812/

3, Aldo Rossi, http://www.pinterest.com/pin/136304326194675232/

4, Urban Space, P29

5, ibid, P30

6, ibid, P31

7, Urban Components, P42

8, The Image of the City, P27

9, Jane Jacobs, http://www.listal.com/viewimage/1371827

10, Learning from Las Vegas, fig 30,31

11, Las Vegas postal card, Retroland USA

12, Google earth